普通高等教育"十一五"国家级规划教材

机 械 制 图

（非机类） （第 3 版）

徐健　姜杉　主编

天津大学出版社
TIANJIN UNIVERSITY PRESS

内 容 提 要

本书采用最新国家标准,根据高等学校工程图学课程教学指导委员会制订的"普通高等院校工程图学课程教学基本要求"的精神编写而成。

本书以"体"为主,突出形体分析,注重读图训练。内容包括机械制图的基本知识、正投影法基础、截切立体与相贯立体、组合体、图样画法、标准件与常用件、零件图、装配图、其他工程图样以及计算机绘图基础等。

同时出版了《机械制图习题集》(非机类)(第3版)、《机械制图实验指导》(非机类)和《机械制图习题集作业指导与解答》(非机类)(第2版)与本书配套使用。

本书适用于大专院校非机械类型各少学时专业,亦适用于各类高等职业学校,并可供工程技术人员参考。

图书在版编目(CIP)数据

机械制图:非机类 / 徐健,姜杉主编. —3版. —

天津:天津大学出版社,2017.12(2023.8 重印)

ISBN 978-7-5618-5990-2

Ⅰ.机… Ⅱ.①徐… ②姜… Ⅲ.机械制图–高

等学校–教材 Ⅳ.TH126

中国版本图书馆 CIP 数据核字(2017)第 273936 号

出版发行	天津大学出版社	
地　　址	天津市卫津路 92 号天津大学内(邮编:300072)	
电　　话	发行部:022-27403647	
网　　址	www.tjupress.com.cn	
印　　刷	廊坊市海涛印刷有限公司	
经　　销	全国各地新华书店	
开　　本	787mm×1092mm	
印　　张	17.75	
字　　数	443 千	
版　　次	2017 年 12 月第 1 版	
印　　次	2023 年 8 月第 7 次	
定　　价	44.00 元	

序

从制图技术到工程图学的蓬勃发展过程中，凝聚着人类伟大的聪明才智，沉积着古今图学文化的结晶，也铭刻着天津大学图学专家学者们的成就和贡献。

天津大学工程图学类课程历经数代人的传承积累、总结提高、改革创新，不断优化内容体系和模式，形成了特色鲜明且具影响力的全国示范性优秀课程。

本套系列教材包括《机械制图》、《机械制图习题集》、《机械制图实验指导》和《机械制图习题集作业指导与解答》，依据教育部高等学校工程图学课程教学指导委员会制订的"普通高等院校工程图学课程教学基本要求"，对教材内容体系进行了重新规划。强调基础理论以应用为目的，为图学服务的观念；考虑知识储备，保证图学理论的基础内容，为长远发展打下必要的基础；在坚持继承的前提下适度创新。体现了基础性、科学性、创新性、先进性、实践性、适用性、规范化和立体化的特色。

教材在经典投影理论部分论述翔实精辟，特别注重加强空间想象、形体构型、表达绘制、阅读工程图样能力的实践和训练；紧密联系现代技术和发展，以最新的国家标准为基础，以当前流行的计算机辅助设计软件作为绘图工具，阐述了计算机绘图的原理和实际操作；教材紧密联系工程，介绍了多种工程图样，加强制图方法与工程设计及实践的关联，拓宽了适应性；配套的习题集内容简明，深广适宜，题型、题量丰富、多样；配套的习题解答通过立体演示，切实可行地传授学生解题思路和方法，特色鲜明的阶段检测为教师的教学和学生的复习提供依据；配套的课件简明、形象、生动、直观，可视性好，利于辅助课堂教学和自学；配套的实验指导体现出机械制图理论与实践相结合的教学过程，以及先进实验方法和手段。更具特色的是 MOOC 课程上线运行通过"规定大纲"与"自选内容"相结合的课程创新，使课程内涵更丰富；通过网络组织教学和有效互动，使课程学习更适合学生特质；通过教师和助教团队组织面对面的讨论课、答疑课，提升学生的思辨能力、协作能力、表达能力，大力推进教学活动由"教"向"学"，再向"行"的转变。

目前本套教材已形成书本教材、在线课程、助学课件相结合的立体式教材结构，为有效地培养读者空间构思能力、设计思维能力、创造表现能力、图样表达能力、工程意识启蒙打下了坚实基础。语言简洁，流畅；思路清晰，重点突出；概念确切，文图规范；每章附有思考题，富有启发性和指导作用。

天津大学工程图学团队一直将教材建设作为重要工作，不断优化系列教材结构内容，探索书本—在线课堂—面授课教学的新模式，保障优势教学质量，建立特色图学教学新体系。本教材几易其稿，精益求精，力求内容和表述更贴近工程、贴近读者，相信读者在阅读了这本沉积了历代教学和研究精华的教材后，定会受益匪浅。

制图教材是教学的一部分，但不等于机械制图与设计的全部，要圆机械大国梦和实现中国机械的复兴,还要几代人自律自强努力不懈,还有太多的工作等着我们,希望中国高校的图学工作者不忘初心,努力提升我国工程图学课程教学质量和教学水平!

浙　江　大　学　教　授
国　家　级　教　学　名　师
教育部普通高校工程图学课程教学指导委员会主任

2017 年 9 月

前　言

　　本书是在天津大学历次编写的非机械类型《机械制图》教材的基础上,总结多年教学经验编写而成的。2007年入选普通高等教育"十一五"国家级规划教材的《机械制图》(非机类)(第2版)首次出版,深受广大读者的欢迎和厚爱,并荣获中国大学出版社图书奖首届优秀教材一等奖。该书还获得第五届、第八届全国高校出版社优秀畅销书一等奖等。

　　本书根据"普通高等院校工程图学课程教学基本要求",结合多年来机械制图课程教学经验编撰而成。全书以培养学生具有扎实基础知识、强劲的实践能力和良好的专业素质为宗旨,在吸收引进国内外著名大学教材的基础上,根据非机械类本科生培养目标、就业要求、课程学时和综合能力培养方案的要求,坚持"少而精学到手"的原则,精简烦琐内容,更新传统体系,力求教材结构合理新颖,内容简明实用。本书内容符合工程知识的认知规律,层次分明,循序渐进。

　　针对"机械制图"课程理论性和实践性均较强的特点,本书中保留精选的基本理论内容,结合教学要求留给学生一定的思维空间,为激发其独立思维和创新精神提供有利条件。本书以"体"为主介绍正投影基本理论,把抽象难懂的概念与形象真实的物体相结合,把投影理论与绘图实际相结合,突出形体分析,加强读图训练,注重培养从抽象到形象,从空间到平面,又从平面到空间的形象思维和创造思维的能力。通过学习本书,学生能够达到阅读和绘制不太复杂的机械图样的目的。

　　为使学生掌握计算机绘图技术,本书单独一章介绍AutoCAD绘图软件。为适用多专业宽口径的教学需要,本书紧密联系工程,著有"其他工程图样"一章,可根据专业特点选学部分内容。

　　为配合本书的使用,同时出版了《机械制图习题集》(非机类)(第3版)、《机械制图实验指导》(非机类)和《机械制图习题集作业指导与解答》(非机类)(第2版),对本书重点和难点内容进行练习、讲解和分析,供教师备课和学生学习时使用。

　　本书结构紧凑合理,内容由浅入深,重点突出,实用性强,便于组织教学。本书图文并茂,文字通俗易懂,便于读者自学。

　　全书共包括五部分内容:第1、2、3章是机械制图的基础知识和基本理论;第

4、5 章为投影制图;第 6、7、8 章为机械制图;第 9 章是其他工程图样;第 10 章是计算机绘图。

为了全面贯彻国家颁布的最新《技术制图》、《机械制图》有关国家标准,同时考虑到一些院校和读者的反馈意见和建议,本书第 3 版着重对零件图的技术要求部分作了较大的修改;为了适应计算机绘图技术的发展,又重新编写了第 10 章计算机绘图的内容,引用了广泛应用的绘图软件——AutoCAD 2016;对其他各部分内容也作了适当修改,从总体上看基本保持前一版的原貌。

本书授课时数为 50~80 学时,适用于大学本科、专科各非机械类型专业,也可供各类高等职业学校使用,还可供有关工程技术人员参考。

本书由徐健、姜杉主编。参加编写的有徐健、姜杉、丁伯慧、邢元、田颖、杨成娟、安蔚瑾、胡明艳、景秀并、喻宏波、李金和、郑惠江、陈晔。

本书承蒙浙江大学教授、国家级教学名师、教育部普通高校工程图学课程教学指导委员会主任陆国栋老师作序,并且陆教授还提出了许多有益的建议,在此表示衷心的感谢!

本书在修订过程中得到了天津大学机械工程学院和众多读者的大力支持,在此表示诚挚的谢意,并衷心希望广大读者继续对本书提出宝贵意见。

编者
2017 年 9 月

目　　录

绪　　论

1　本课程的内容

机械制图是研究阅读和绘制机械图样的一门学科。

在现代工业生产中,大到机器设备,小到仪器、仪表,在设计、制造、使用和维修中,都离不开机械图样。机械图样是工业生产的重要技术文件,也是进行科技交流的重要工具。因此,图样是技术人员必须掌握的技术语言。

机械图样的内容主要有以下四个方面,如图 0-1 所示。

(1)一组表示机器或零件的形状结构的图形。

(2)说明机器或零件大小的尺寸。

(3)为达到机器的工作性能而提出的技术措施和技术要求。

(4)填写机器或零件的名称、材料、数量、绘图比例等内容的标题栏。

本课程主要介绍前两方面的内容。第一方面包括阅读和绘制机械图样的基本理论——正投影法以及表达机件形状结构的各种方法——机械制图国家标准的有关内容。第二方面介绍标注尺寸的方法和要求。

2　本课程的学习要求

(1)掌握正投影法的基本理论,能阅读和绘制不太复杂的零件图和装配图。所绘制的图样应该作图准确,投影正确,视图表达符合机械制图国家标准,尺寸齐全,图线分明,字体工整,图面整洁。

(2)能正确使用绘图工具,具有一定的绘图技能;具有查阅有关标准、表格的初步能力。

(3)初步了解计算机绘图的有关知识。

3　学习方法

(1)通过听讲或自学,着重掌握正投影的基本理论和绘制、阅读机械图样的主要方法——投影分析法和形体分析法。

(2)及时完成一定数量的习题,才能逐渐掌握本课程的内容和方法,不断提高阅读和绘制图样的能力,发展空间想象力。

(3)在学习本课程、完成习题作业时,要有耐心,按作业要求认真细致地做题绘图,不断总结经验,养成严肃认真的学风。

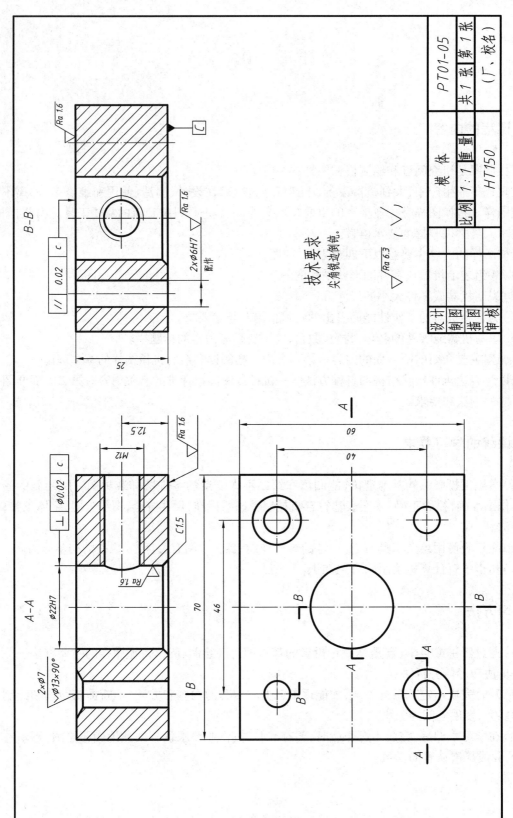

图 0-1　机械图图样示例

2

第1章　机械制图的基本知识

1　国家标准《技术制图》和《机械制图》的若干规定

《技术制图》和《机械制图》国家标准是我国基础技术标准之一,它们起着统一工程"语言"的重要作用。为了准确无误地交流技术思想,绘图时必须严格遵守《技术制图》和《机械制图》国家标准的有关规定。

本节介绍的国家标准一部分源自《技术制图》国家标准,例如 GB/T 14691—1993《技术制图　字体》,其中"GB"为"国标"的汉语拼音字头,"T"为推荐的"推"字的汉语拼音字头,"14691"为标准序列号,"1993"为该标准颁布的年号;另有部分源自《机械制图》国家标准,例如 GB/T 4457.4—2002《机械制图　图样画法　图线》。

1.1　图纸幅面及格式(根据 GB/T 14689—2008)

图纸幅面是指图纸宽度与长度组成的图面。

1.1.1　图纸幅面尺寸和代号

图纸幅面代号及其幅面尺寸(宽度×长度)的对应关系见表1-1。绘制技术图样时,应优先采用表1-1中规定的基本幅面,必要时可按规定加长。

表1-1　基本幅面尺寸 　　　　　　　　　　　　　　　　　　(mm)

幅面代号	A0	A1	A2	A3	A4
尺寸 $B \times L$	$841 \times 1\,189$	594×841	420×594	297×420	210×297
c	10			5	
a	25				
e	20		10		

1.1.2　图框格式

图框是图纸上限定绘图区域的线框。在图纸上必须用粗实线画出图框,其格式分为有装订边和无装订边两种。同一产品的图样只能采用一种格式。

(1)有装订边图纸的图框格式如图1-1所示,图中的尺寸 a 和 c 按表1-1的规定选用。一

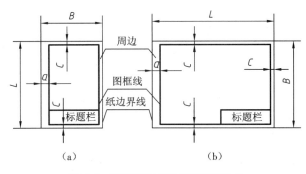

图1-1　有装订边图纸的图框格式

般采用 A4 幅面竖装或 A3 幅面横装。

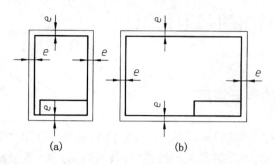

（a）　　　　　　　（b）

图 1-2　无装订边图纸的图框格式

（2）无装订边图纸的图框格式如图 1-2 所示,图中的尺寸 e 按表 1-1 的规定选用。

1.1.3　标题栏及其方位

标题栏是由名称及代号区、签字区、更改区和其他区组成的栏目。

每张图纸上都必须画出标题栏。标题栏的格式和尺寸按 GB/T 10609.1—2008 的规定,如图 1-3 所示。标题栏的位置应配置在图纸的右下角,如图 1-1 及 1-2 所示。必要时也可采用图 1-4 的格式。

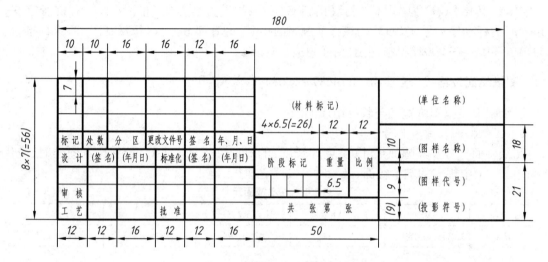

图 1-3　标题栏的格式及尺寸

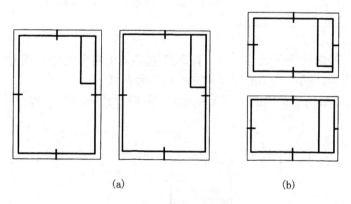

（a）　　　　　　　　　　（b）

图 1-4　图纸的另一种配置方式

1.2　比例（根据 GB/T 14690—1993）

（1）图中图形与其实物相应要素的线性尺寸之比,称为比例。

（2）比值为 1 的比例称为原值比例,即 1∶1。比值大于 1 的比例称为放大比例,如 2∶1 等。

4

比值小于 1 的比例称为缩小比例,如 1:2 等。需要按比例绘图时应由表 1-2 规定的系列中选取适当的比例。一般优先选用原值比例,但根据机件大小和复杂程度也可选用放大或缩小比例。

表 1-2　标准比例

种　类	比　例					
	优先选取		允许选取			
原值比例	1:1					
放大比例	$5:1$　　$2:1$		$4:1$		$2.5:1$	
	$5 \times 10^n:1$　$2 \times 10^n:1$　$1 \times 10^n:1$		$4 \times 10^n:1$		$2.5 \times 10^n:1$	
缩小比例	$1:2$　$1:5$　$1:10$	$1:1.5$	$1:2.5$	$1:3$	$1:4$	$1:6$
	$1:2 \times 10^n$　$1:5 \times 10^n$　$1:1 \times 10^n$	$1:1.5 \times 10^n$	$1:2.5 \times 10^n$	$1:3 \times 10^n$	$1:4 \times 10^n$	$1:6 \times 10^n$

注:n 为正整数。

(3)同一机件的各个视图应采用相同比例,并在标题栏"比例"一项中填写所用的比例。当机件上有较小的或较复杂的结构需用不同比例表达时,可在视图名称的下方标注比例,如图 1-5 所示。

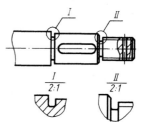

图 1-5　比例的另行标注

1.3　字体(根据 GB/T 14691—1993)

字体是指图中文字、字母、数字的书写形式。书写字体必须做到:字体工整、笔画清楚、间隔均匀、排列整齐。字体高度(用 h 表示)的公称尺寸系列为:1.8、2.5、3.5、5、7、10、14、20 mm。如需书写更大的字,其字体高度应按 $\sqrt{2}$ 的比率递增。字体高度代表字体的号数。各种字体的特点及示例如下。

1. 汉字

汉字应写成长仿宋体,并采用中华人民共和国国务院正式公布推行的简化字。汉字的高度 h 不应小于 3.5 mm,其字宽一般为 $h/\sqrt{2}$,如图 1-6 所示。

10号字

字体工整笔画清楚排列整齐间隔均匀

7号字

横平竖直注意起落结构均匀填满方格

5号字

技术制图机械电子汽车航空船舶土木建筑矿山井坑港口纺织服装

3.5号字

螺纹齿轮端子接线飞行指导驾驶舱位挖填施工引水通风闸阀坝棉麻化纤

图 1-6　长仿宋体汉字示例

长仿宋体汉字的书写要领是:横平竖直、注意起落、结构匀称、填满字格。长仿宋体汉字的基本笔画及写法如图 1-7 所示。

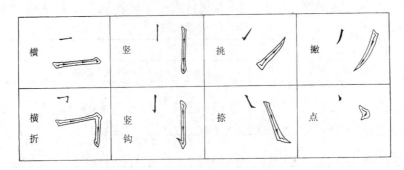

横		竖		挑		撇	
横折		竖钩		捺		点	

图 1-7 长仿宋体汉字的基本笔画

2. 字母和数字

字母和数字分为 A 型和 B 型两种。A 型字体的笔画宽度为字高的 1/14；B 型字体的笔画宽度为字高的 1/10。在同一图样上，只允许选用一种型式的字体。字母和数字可写成斜体或直体。斜体字字头向右倾斜，与水平基准线成 75°。A 型斜体字母及数字如图 1-8 所示。

拉丁字母大写斜体：

ABCDEFGHIJKLMNOP

QRSTUVWXYZ

拉丁字母小写斜体：

abcdefghijklmnopq

rstuvwxyz

希腊字母小写斜体：

αβγδηθικλμνξοπφ

阿拉伯数字斜体：

0123456789

罗马数字斜体：

图 1-8 A 型斜体字母及数字示例

6

1.4 图线及画法(根据 GB/T 17450—1998 和 GB/T 4457.4—2002)

图样中的图线是起点和终点间以任意方式连接的一种几何图形,形状可以是直线或曲线、连续线或不连续线。

1.4.1 图线形式及应用

绘制机械图样时,通常采用的图线形式见表 1-3,各种图线的应用如图 1-9 所示。

表 1-3 常用图线

图线名称	形 式	一般应用	图线名称	形 式	一般应用
粗实线		可见棱边线、可见轮廓线、相贯线等	细虚线	*12d* *3d*	不可见棱边线、不可见轮廓线
细实线		过渡线、尺寸线、剖面线等	细点画线	*24d* *0.5d* *3d*	轴线、对称中心线、剖切线等
波浪线		断裂处边界线、视图与剖视图的分界线	细双点画线	*24d* *0.5d* *3d*	相邻辅助零件轮廓线、可动零件极限位置轮廓线等
双折线		断裂处分界线、视图与剖视图的分界线			

注:表中除粗实线外,其他图线均为细线,d 为相应线宽。

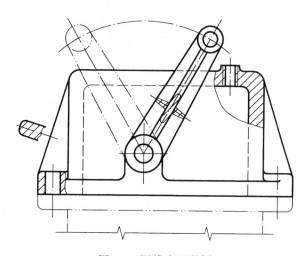

图 1-9 图线应用举例

图线宽度系列为:0.13、0.18、0.25、0.35、0.5、0.7、1、1.4、2 mm。

所有线型的图线宽度应按图样的类型和尺寸大小在上述系列中选择。机械图样中粗线和细线的宽度比率为2:1,粗实线的宽度通常选用 0.5 mm 或 0.7 mm。在同一图样中,同类图线的宽度应一致。

1.4.2 图线画法

(1)图样中各类图线应粗细分清、线型分明。细虚线、细点画线及细双点画线的线段长度应各自一致。

(2)除另有规定外,两条平行线之间的最小间隙不得小于 0.7 mm。

7

（3）细点画线和细双点画线的首末端应是长画而不是点。绘制圆的对称中心线时,圆心一般应为长线的交点。用作轴线及对称中心线的细点画线,两端要超出图形轮廓 2 ~ 5 mm。当在较小图形上绘制细点画线、细双点画线时,可用细实线代替。对称中心线的画法如图 1-10 所示。

（4）当某些图线互相重叠时,应按粗实线、虚线、点画线的顺序只画前面的一种图线。当虚线与粗实线、虚线、点画线相交时,应以画线相交,不应留空隙。但当虚线是粗实线的延长线时,衔接处应留出空隙,如图 1-11 所示。

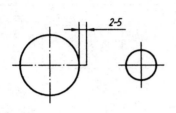

图 1-10　对称中心线的画法

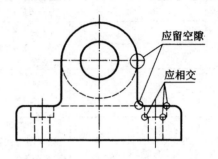

图 1-11　图线相交和衔接画法

1.5　尺寸注法（根据 GB/T 16675.2—1996 和 GB/T 4458.4—2003）

用特定长度或角度单位表示的数值,并在技术图样上用图线、符号和技术要求表示出来的称为尺寸。图形只能表达机件的结构形状,其真实大小由尺寸确定。

一张完整的图样,其尺寸标注应正确、完整、清晰、合理。本节仅对尺寸的正确注法摘要介绍国家标准的有关规定,对尺寸标注的其他要求将在后续章节中介绍。

1.5.1　基本规则

（1）机件的真实大小应以图样上所注的尺寸数值为依据,与绘图的比例及绘图的准确程度无关。

（2）图样中的尺寸以毫米为单位,此时不需标注计量单位的代号或名称。如采用其他单位时,则必须注明相应计量单位的代号或名称。

（3）图样中所标注的尺寸,为该图样所示机件的最后完工尺寸,否则应另加说明。

1.5.2　尺寸组成

一个完整的尺寸由尺寸界线、尺寸线和尺寸数字（包括规定的符号或缩写词）组成,如图 1-12 所示。

1. 尺寸界线

尺寸界线表示所标注尺寸的范围。

（1）尺寸界线用细实线绘制,并应由图形的轮廓线、轴线或对称中心线处引出,其末端超出尺寸线约 2 mm,如图 1-12 所示。

（2）图形的轮廓线、轴线或对称中心线也可作为尺寸界线,如图 1-12 所示。

（3）在光滑过渡处标注尺寸时,必须用细实线将轮廓线延长,从它们的交点处引出尺寸界线,如图 1-13 所示。

2. 尺寸线

尺寸线表示所标注尺寸的方向。

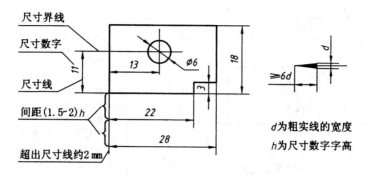

图 1-12　尺寸的组成

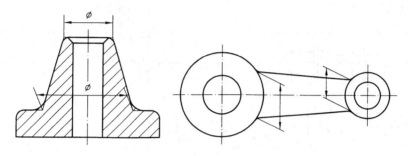

图 1-13　在光滑过渡处标注尺寸

（1）尺寸线必须用细实线画出，不得用其他图线代替，也不得与其他图线重合或画在其延长线上。通常尺寸线应垂直于尺寸界线。

（2）标注线性尺寸时，尺寸线必须与所标注的线段平行。尺寸线与轮廓线的距离以及相互平行的尺寸线间的距离应尽量一致（建议为 $2h$ 左右，h 为尺寸数字的高度），如图 1-12 所示。

（3）尺寸线终端一般应画出箭头，并与尺寸界线相接触。尺寸线终端的箭头如图 1-12 所示。同一图样中所有尺寸箭头的大小应相同。当尺寸界线内侧没有足够位置画箭头时，可将箭头画在尺寸线的外侧；当尺寸界线内、外侧均无法画箭头时，可用圆点代替，圆点必须画在用细实线引出的尺寸界线上，圆点的直径为粗实线的宽度 d。尺寸箭头画在尺寸线的外侧以及用圆点代替箭头的示例，见表 1-4 中的小图形的尺寸标注。

3. 尺寸数字

（1）线性尺寸的数字一般标注在尺寸线的上方（如图 1-14 所示），也允许标注在尺寸线的中断处。当没有足够的位置标注尺寸数字时，可引出标注，见表 1-4 中的小图形的标注示例。

（2）线性尺寸的尺寸数字应按图 1-15 所示的方向注写。水平方向的尺寸数字字头朝上；垂直方向的尺寸数字字头朝左；倾斜方向的尺寸数字字头趋于朝上。要尽可能避免在图 1-15 所示 30°范围内标注尺寸。当无法避免时，可按图 1-16 的形式标注。

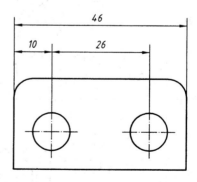

图 1-14　线性尺寸数字的标注位置

表 1-4 尺寸注法

内容	图　例	说　明
直径和半径	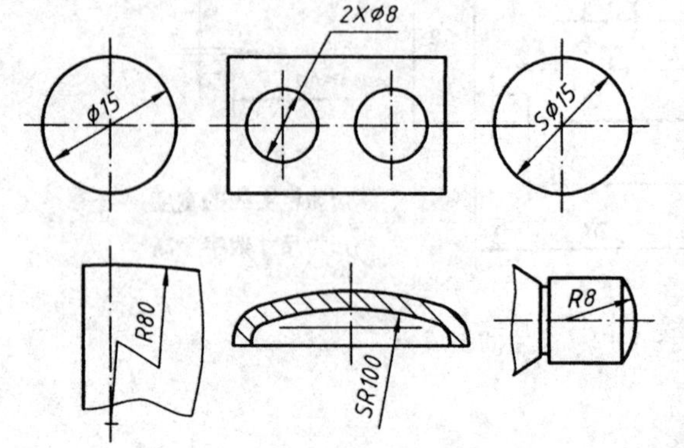	圆及大于半圆的圆弧标注直径，并在尺寸数字前加注符号"ϕ" 等于或小于半圆的圆弧一般标注半径，并在尺寸数字前加注符号"R"，尺寸线通过圆心，箭头指到圆弧上 标注球的直径或半径时，一般应在符号"ϕ"或"R"前再加注符号"S"，在不致引起误解时，也允许省略符号"S" 在同一图形中，对于尺寸相同的孔，可在一个孔上注出其数量和尺寸，如图中 $2 \times \phi 8$ 当图纸范围内无法标出大圆弧圆心位置时，可按左下图标注尺寸。如不需标出圆心位置，可按中下图标注尺寸
小图形	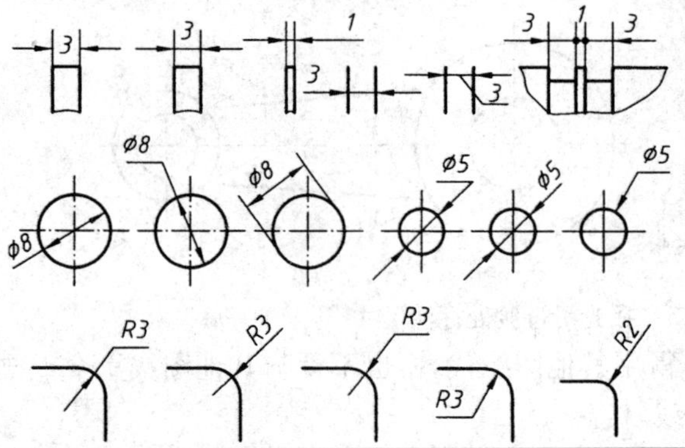	在没有足够的位置画箭头或注写数字时，可按左图形式标注
对称图形和不完整图形	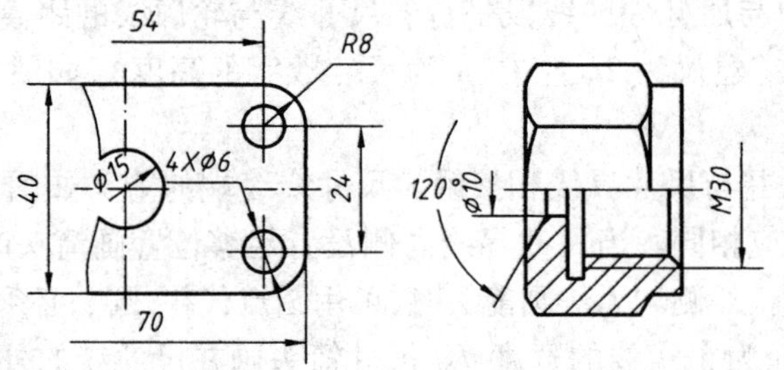	当对称物体的图形只画出一半或略大于一半时，要标注完整形体的尺寸，尺寸线一端画至尺寸界线并画出箭头，另一端略超过对称中心线或断裂处的边界线而不画箭头
角度	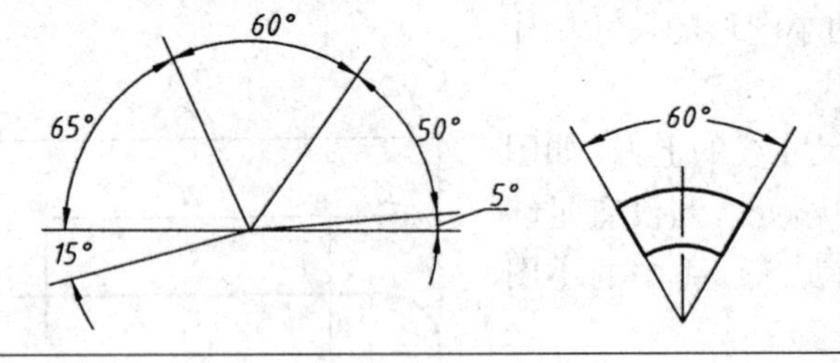	角度尺寸的尺寸界线应沿径向引出 尺寸线应画成圆弧，其圆心是该角的顶点 角度数字一律水平书写，一般注写在尺寸线的中断处。必要时，可注写在尺寸线上方或外边，也可引出标注
正方形结构	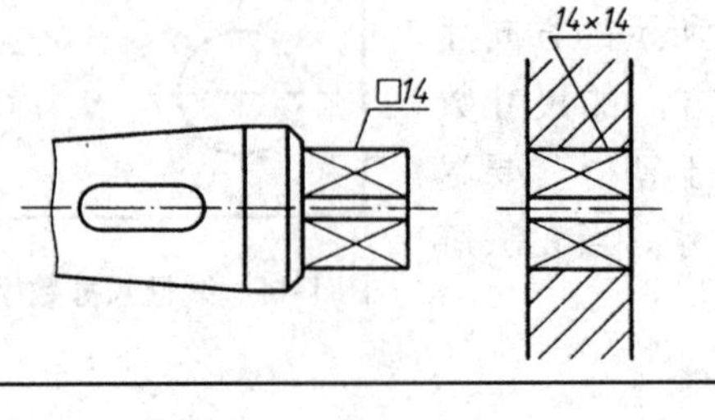	断面为正方形时，可在正方形边长尺寸数字前加注符号"□"或用"$B \times B$"代替，B 为正方形的对边距离

10

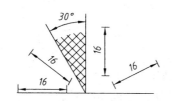
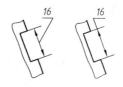

图 1-15　线性尺寸的数字方向　　　　图 1-16　30°范围内标注尺寸

（3）尺寸数字不允许被任何图线穿过。当无法避免时,必须将图线断开,如图 1-17 所示。

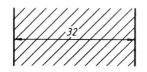
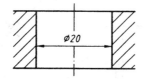
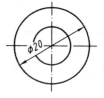

图 1-17　尺寸数字断开各类图线

1.5.3　常用的尺寸注法

表 1-4 中列出了机械图样中常用的尺寸注法。标注尺寸时,应尽可能使用符号和缩写词。常用的符号和缩写词见表 1-5。常用的尺寸简化注法见附表 1。

表 1-5　尺寸符号和缩写词

名　称	符号或缩写词	名　称	符号或缩写词
直　径	∅	45°倒角	C
半　径	R	深　度	⏆
球直径	S∅	沉孔或锪平	⨆
球半径	SR	埋头孔	∨
厚　度	t	均　布	EQS
正方形	□	弧　长	⌒
符号的比例画法	符号的线宽为 h/10（h 为字体高度）		

2　制图工具及其用法

正确使用制图工具可以提高图样质量,加快绘图速度。本节简要介绍常用制图工具及其用法。

2.1　图板

图板板面要平整,图板工作边要光滑平直。用胶纸或胶布将图纸固定在图板左下方的适当位置,如图 1-18 所示。

2.2 丁字尺

丁字尺由尺身及尺头组成,尺身和尺头的工作边都应光滑平直。

使用时,用左手握住尺头,使其工作边紧靠图板左侧工作边,利用尺身工作边由左向右画水平线。由上往下移动丁字尺,可画出一组水平线,如图 1-19 所示。

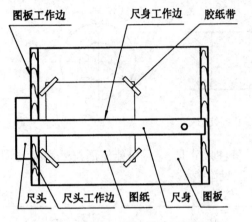

图 1-18 图板、丁字尺及图纸的固定

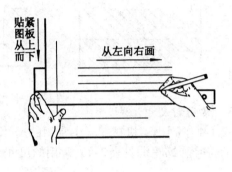

图 1-19 画水平线

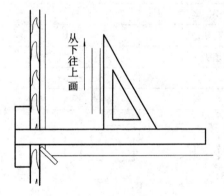

图 1-20 画铅直线

2.3 三角板

一副三角板有两块,一块为 45°等腰直角三角形,另一块为 30°—60°直角三角形。三角板各边要光滑平直,各个角度应准确。

将三角板的一个直角边紧靠丁字尺的尺身工作边,直角在左边。利用另一直角边由下向上画铅直线。由左往右移动三角板,可画出一组铅直线,如图 1-20 所示。一副三角板和丁字尺配合使用,可画出与水平线成 15°整倍数的倾斜线,如图 1-21 所示。

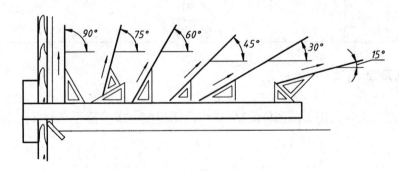

图 1-21 画 15°整倍数的倾斜线

2.4 绘图仪器

图 1-22 为一盒绘图仪器,主要包括鸭嘴笔 1(两支)、分规 2、圆规 3、加长杆 4、小改锥 5、鸭嘴笔插头 6、弹簧规 7、弹簧分规 8、弹簧鸭嘴笔圆规 9、铅芯盒 10 等。下面简要介绍圆规及分规的使用方法。

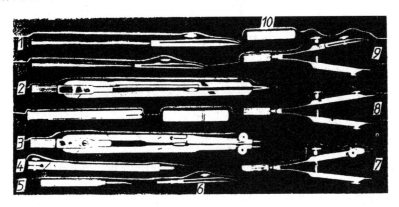

图 1-22　绘图仪器

2.4.1　圆规

圆规主要用于画圆及圆弧。圆规的一条腿装铅芯,另一条腿装钢针。钢针的两端不同,一端有台阶,另一端为锥形。

使用时,针尖要略长于铅芯尖,并将钢针带有台阶的一端扎在圆心处,如图 1-23(a)所示。

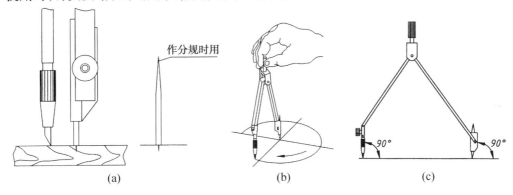

(a)　　　　　　　　　(b)　　　　　　　　　(c)

图 1-23　圆规的用法

画圆时,一般按顺时针方向转动圆规并使圆规向前进方向稍微倾斜,如图 1-23(b)所示。画不同直径的圆时,要注意随时调整钢针和铅芯插腿,使其始终垂直于纸面,如图1-23(c)和图 1-24 所示。

画大直径的圆时,需要接加长杆,如图1-24 所示。

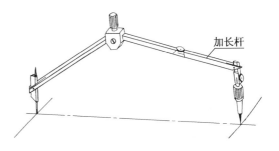

图 1-24　用加长杆画大圆

2.4.2　分规

分规用于量取尺寸和截取线段。当分规

13

两条腿并拢时,两针尖应能对齐。分规的使用方法如图 1-25 所示。图(a)为针尖对齐;图(b)为量取尺寸;图(c)为连续截取等长线段。

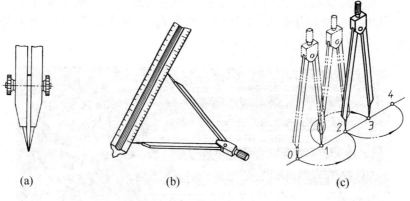

(a)   (b)   (c)

图 1-25　分规的用法

2.5　绘图铅笔及铅芯

绘图铅笔铅芯的软硬用字母"B"和"H"表示。B 前的数值越大,表示铅芯越软;H 前的数值越大,表示铅芯越硬。HB 表示铅芯软硬适中。绘图时,应根据不同用途,按表1-6 选用适当的铅笔及铅芯,并将其削磨成一定的形状。

表1-6　铅笔及铅芯的选用

	用　途	软硬代号	削磨形状	示　意　图
铅笔	画细线	2H 或 H	圆　锥	
	写　字	HB 或 B	钝圆锥	
	画粗线	B 或 2B	截面为矩形的四棱柱	
圆规用铅芯	画细线	H 或 HB	楔　形	
	画粗线	2B 或 3B	正四棱柱	

注:d 为粗实线宽度。

14

2.6 图纸

图纸有正反两面,用橡皮擦拭容易起毛的一面为反面。绘图时应用正面。

3 几何作图

物体的轮廓形状是由不同的几何图形组成的。熟练掌握几何图形的正确画法,有利于提高作图的准确性和绘图速度。本节介绍一些常见的几何图形作图方法。

3.1 正六边形的画法

1.已知对角线的长为 D,作正六边形

画法一如图 1-26(a)所示。

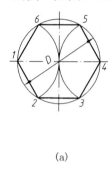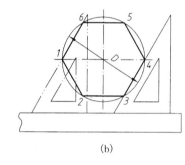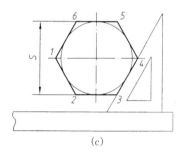

| (a) | (b) | (c) |

图 1-26 正六边形的画法

画两条垂直相交的对称中心线,以其交点为圆心,$D/2$ 为半径作圆。分别以对称中心线与圆的左右两交点为圆心、$D/2$ 为半径画弧交圆于两点,依次连接圆上的六个分点即为正六边形。

画法二如图 1-26(b)所示。

先画对称中心线及外接圆(直径为 D),然后利用丁字尺和30°—60°三角板分别画出各边,即得到圆的内接正六边形。

2.已知对边距离 S,作正六边形

先画对称中心线及内切圆(直径为 S),然后利用丁字尺和30°—60°三角板分别画出各边,即得到圆的外切正六边形,如图 1-26(c)所示。

3.2 图线连接

在制图中,用一条线(线段或圆弧)把两条已知线(线段或圆弧)平滑连接起来称为连接。平滑连接中,线段与圆弧、圆弧与圆弧之间是相切的。因此必须准确地求出切点及连接圆弧的圆心,才能得到平滑连接的图形。

3.2.1 线段连接两已知圆弧

两已知圆弧的圆心分别为 O_1、O_2,半径分别为 R_1 和 R_2,作线段与两已知圆弧相切。可利用"半圆上圆周角为直角"的定理准确求出切点。用线段连接两已知圆弧作图,见表1-7。

表 1-7 用线段连接两已知圆弧

连接方式	作　图	步　骤
线段外连接两已知圆弧（已知两圆弧的圆心分别为 O_1、O_2，半径分别为 R_1、R_2）		1. 求切点 （1）以大圆圆心 O_2 为圆心，$R_2 - R_1$ 为半径画圆 （2）以 O_1O_2 中点 O 为圆心、OO_2 为半径画弧得交点 1 （3）连 O_21 并延长得切点 2，作 $O_13 /\!/ O_22$ 得切点 3 2. 画线段 连接 2、3，完成连接作图
线段内连接两已知圆弧（已知两圆弧的圆心分别为 O_1、O_2，半径分别为 R_1、R_2）		（1）以一个圆的圆心（如 O_2）为圆心，$R_2 + R_1$ 为半径画圆 （2）以与外连接相同步骤完成作图

3.2.2　圆弧连接两已知线段(或圆弧)

已知半径为 R 的圆弧与定直线相切、与定圆外切、与定圆内切的圆的圆心轨迹 OO' 及切点 T 和 T' 的连接作图，如图 1-27 所示。

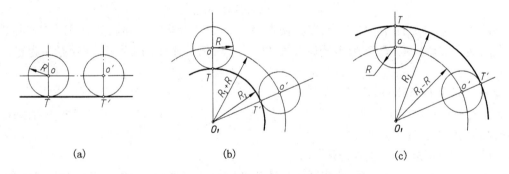

(a)　　　　　　　　(b)　　　　　　　　(c)

图 1-27　连接弧圆的圆心轨迹及切点

用已知半径为 R 的圆弧连接两已知线段(或圆弧)的作图见表 1-8。

16

表 1-8　用已知半径 R 的圆弧连接两已知线段(或圆弧)

连接方式	作　图	步　骤
圆弧连接两垂直直线(已知直线分别为 L_1、L_2,连接圆弧半径为 R)		1. 求切点 　两垂直直线 L_1 和 L_2 交于点 1,以 1 为圆心、R 为半径画圆弧得切点 2、3 2. 找圆心 　分别以 2 及 3 为圆心、R 为半径画圆弧得圆心 O 3. 画圆弧 　以 O 为圆心、R 为半径画圆弧$\stackrel{\frown}{23}$,完成连接作图
圆弧连接线段及圆弧(已知线段 L,已知圆弧圆心为 O_1、半径为 R_1,连接圆弧半径为 R,且 $R>R_1$)		1. 求圆心 　(1)作直线 L_1 平行于已知线段 L,二线距离为 R 　(2)以 O_1 为圆心,$R-R_1$ 为半径画圆弧与 L_1 相交,得圆心 O 2. 找切点 　(1)连接 OO_1,延长得切点 1 　(2)过 O 作直线垂直于已知线段 L,得切点 2 3. 画圆弧 　以 O 为圆心、R 为半径画圆弧$\stackrel{\frown}{12}$,完成连接作图
圆弧外连接两已知圆弧(已知两圆弧的圆心分别为 O_1、O_2,半径分别为 R_1、R_2,连接圆弧半径为 R)		1. 求圆心 　分别以 O_1、O_2 为圆心、$R+R_1$ 和 $R+R_2$ 为半径画圆弧相交得圆心 O 2. 找切点 　连 O_1O 得切点 1,连 O_2O 得切点 2 3. 画圆弧 　以 O 为圆心、R 为半径画圆弧$\stackrel{\frown}{12}$,完成连接作图
圆弧内连接两已知圆弧(已知两圆弧圆心分别为 O_1、O_2,半径分别为 R_1、R_2,连接圆弧半径为 R,且 $R>R_1$、$R>R_2$)		分别以 O_1、O_2 为圆心、$R-R_1$ 和 $R-R_2$ 为半径画圆弧相交得圆心 O,然后以与圆弧外连接相同的步骤完成作图

17

3.3 平面图形的画法

以图 1-28 手柄为例介绍。

3.3.1 分析

1. 平面图形的尺寸分析

平面图形的尺寸可分为定形尺寸和定位尺寸两类。

(1)定形尺寸是确定平面图形中几何元素大小的尺寸,例如线段的长度、圆的直径和圆弧的半径等。如图 1-28 中的 15、$\phi5$、$\phi20$ 以及各圆弧半径等尺寸即为定形尺寸。

(2)定位尺寸是确定几何元素位置的尺寸,例如圆心和线段相对于坐标系的位置等。如图 1-28 中的 8、75 等尺寸即为定位尺寸。

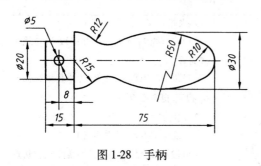

图 1-28 手柄

标注定位尺寸时,必须与尺寸基准相联系。尺寸基准是指标注定位尺寸的起点。对平面图形而言,有上下和左右两个方向的基准,相当于 x、y 坐标轴,通常以图形中的对称线、较大圆的中心线、较长的线段作为尺寸基准。图 1-28 是以距左端 15 mm 处的线段和水平对称轴线分别作为 x 向和 y 向的尺寸基准。$\phi5$ 的 x 方向定位尺寸为 8,其圆心在 y 方向的基准线上,因此 y 方向定位尺寸为零,不标注。$R10$ 的 x 方向定位尺寸为 75,其 y 方向定位尺寸为零,也不标注。

2. 平面图形的图线分析

根据平面图形中所注的图线(线段和圆弧)尺寸,线段可以分为已知、中间和连接图线三类。现以图 1-28 所示的各段圆弧为例进行分析。

1)已知弧 已知半径尺寸和圆心的两个定位尺寸的圆弧称为已知弧,如图中的 $\phi5$、$R15$ 和 $R10$ 等。已知弧可以直接画出。

2)中间弧 已知半径尺寸和圆心的一个定位尺寸的圆弧称为中间弧。如图中的 $R50$ 圆弧,其圆心 x 方向的定位尺寸不知,需要利用与 $R10$ 圆弧的连接关系(内切)才能求出它的圆心和连接点(切点)。

3)连接弧 只知半径尺寸的圆弧称为连接弧,如图中的 $R12$ 圆弧。由于连接弧缺少圆心的两个定位尺寸,故需利用与其相邻的两线段的相切关系才能确定圆心位置,因此 $R12$ 圆弧必须利用与 $R50$ 和 $R15$ 两圆弧的外切关系才能画出。

画圆弧连接图形底稿时,应先画已知弧,再画中间弧,最后才能画出连接弧。

3.3.2 作图

作图步骤见表 1-9。

表 1-9 　手柄绘图步骤

步　　骤	图　　示
（1）画基准线 A 和 B	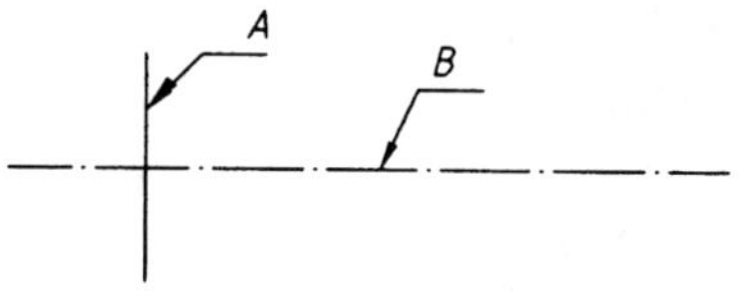
（2）画各已知线段及已知弧	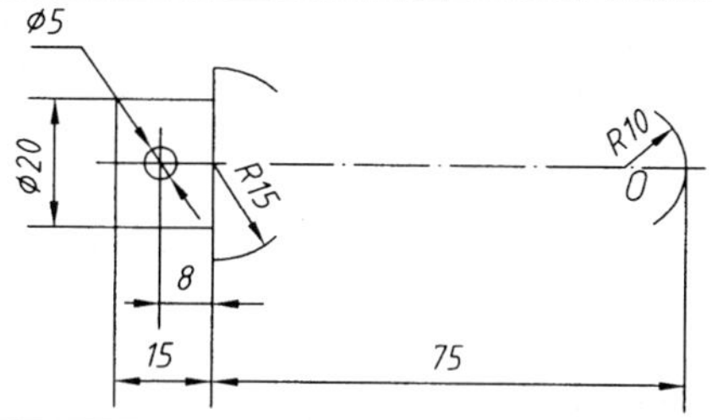
（3）按尺寸及相切条件找出中间弧 $R50$ 的圆心 O_1、O_2 及切点 T_1、T_2，画两段 $R50$ 的中间弧	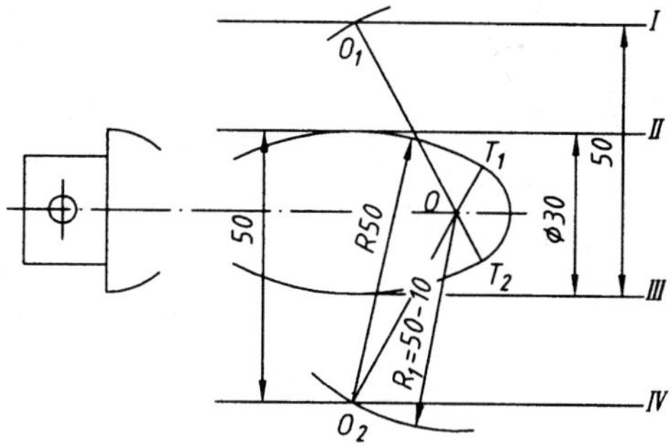
（4）按尺寸及相切条件找出连接弧 $R12$ 的圆心 O_3、O_4 及切点 T_3、T_5、T_4、T_6，画两段 $R12$ 的连接弧，完成手柄图形底稿	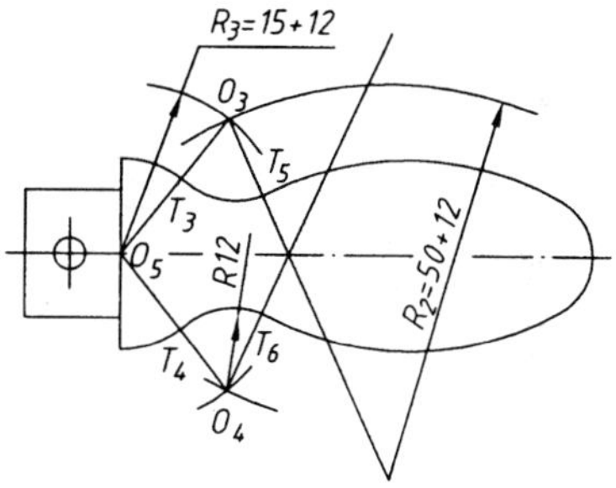
（5）标注尺寸，校核，描深图线，即完成全图	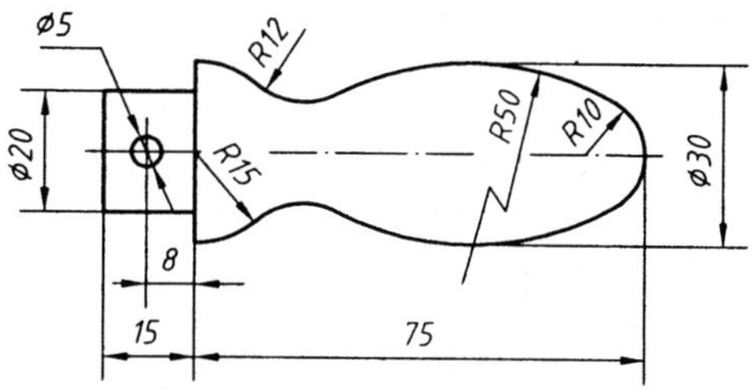

3.4　平面图形的尺寸注法

标注平面图形的尺寸，应遵守国家标准的有关规定，并做到不遗漏、不重复。

常见平面图形的尺寸注法如表 1-10 所示。

19

表 1-10　常见平面图形的尺寸注法

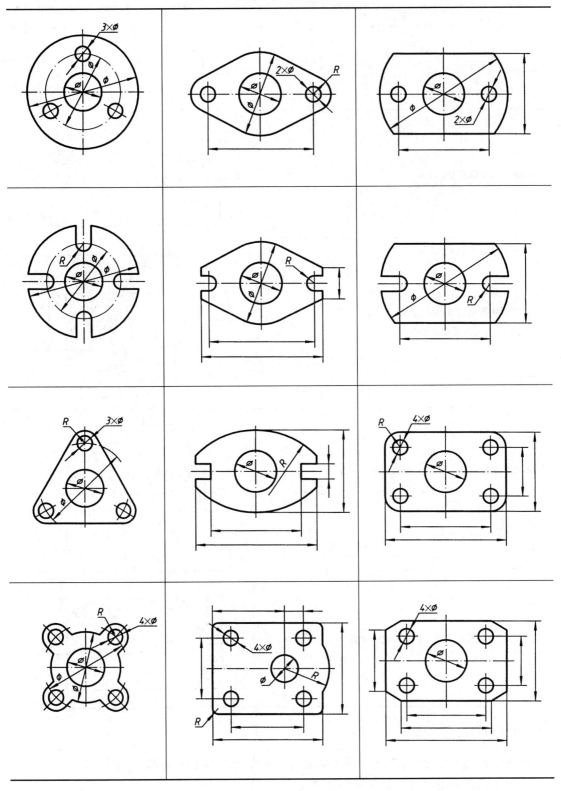

3.5 斜度和锥度

3.5.1 斜度

斜度是指一直线或平面对另一直线或平面的倾斜程度,一般用两直线或平面间夹角的正切来表示,如图 1-29(a)所示。在图样中以 1:n 的形式标注,即

$$斜度 = \tan \alpha = H/L = 1:L/H = 1:n$$

1.画法

若直线 AC 对另一已知直线 AB 的斜度为 1:5,如图 1-29(b)所示,求直线 AC 的作图步骤是:

(1)将已知线段 AB 分为五等份;

(2)过 B 作 AB 的垂线 BC,并使 $BC = AB/5$;

(3)连接 AC 即为所求直线。

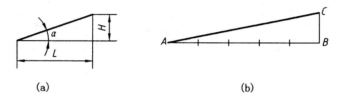

(a)   (b)

图 1-29 斜度及其画法

2.标注

斜度符号按图 1-30(a)所示绘制,符号的线宽为尺寸数字高度 h 的 1/10。标注时,斜度符号的倾斜方向应与斜度方向一致,如图 1-30(b)所示。

3.5.2 锥度(GB/T 15754—1995)

锥度是正圆锥底圆直径与其高度之比或圆台的两底圆直径之差与其高度之比,如图 1-31(a)所示,即

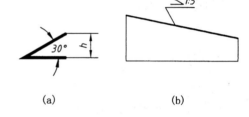

(a)   (b)

图 1-30 斜度符号及标注

$$锥度\ C = \frac{D}{L} = \frac{D - d}{l} = 2\tan \alpha$$

(a)   (b)

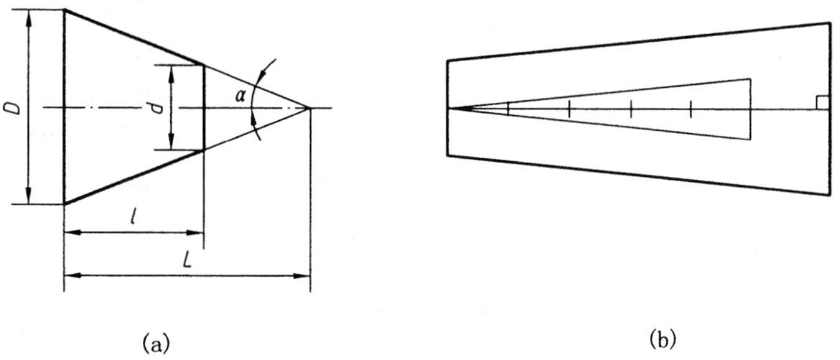

图 1-31 锥度及其画法

式中,α 为半锥角,D、d 分别是圆台两底圆的直径。在图纸上常用比值表示锥度的大小,并将前项化为 1,如 $1:n$。

1. 画法

画锥度时,一般先将锥度转化为斜度,如锥度为 $1:5$,则斜度为 $1:10$,然后按斜度的画法作图。图 1-31(b)给出了锥度为 $1:5$ 的画法示例。

2. 标注

锥度符号按图 1-32(a)所示绘制,符号的线宽为尺寸数字高度 h 的 1/10。标注锥度时,符号的方向应与锥度的方向一致,如图 1-32(b)所示。

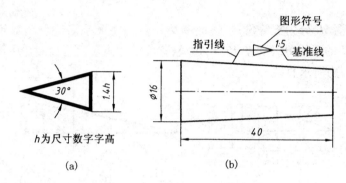

图 1-32　锥度符号及其标注

4　绘图步骤和方法

4.1　仪器绘图

1. 准备工作

(1)将绘图工具及仪器擦拭干净,削磨好铅笔及铅芯,把桌面收拾整齐,洗净双手。

(2)根据图形大小、复杂程度及数量选取比例,确定图纸幅面。

(3)鉴别图纸正反面,将图纸用胶带固定在图板左下方适当位置。

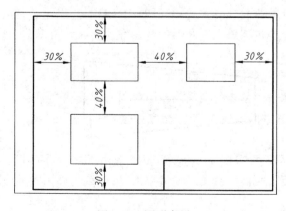

图 1-33　图形布局

a. 画各个图形的主要基准线,如对称中心线、轴线等;

2. 画底稿

使用 2H 或 H 铅笔,按各类图线的长短规格轻轻用细线画出。

(1)画图幅边框、图框及标题栏。

(2)布局,确定各图形在图框中的位置。图框与图形、图形与图形之间应留出适当的间隔。三视图的布局通常是在水平或铅直方向上使图框与图形的间隔为全部间隔的 30%,两图形的间隔为 40%,这种布局方法简称为 3:4:3 布局法,如图 1-33 所示。

(3)画图形的步骤如下:

b.画各个图形的主要轮廓；

c.画细节,完成全部图形底稿。

(4)画出尺寸界线和尺寸线(根据情况,也可画出箭头)。

(5)检查,擦去不要的图线,完成全部底稿,如图1-34(a)所示。

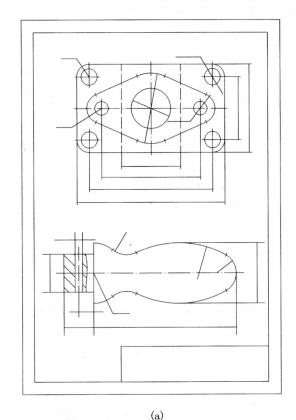

(a)

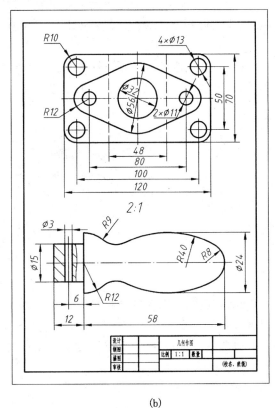

(b)

图1-34　仪器绘图

3.加深图线

利用铅芯为B或2B的铅笔及铅芯为2B或3B的圆规,加深粗实线。其他细线可用相应铅笔和圆规(参见表1-6)加深,也可在画底稿时一次完成。

图样中的所有图线只有粗、细两种宽度,加深时应按照先细后粗的原则进行。每种宽度图线的加深顺序为:加深所有圆和圆弧;由上至下加深所有水平线;由左至右加深所有铅直线;加深所有倾斜线。

4.注写文本

画箭头,注写尺寸数字,填写标题栏及其他文字。

5.整理图纸

校核全图,取下图纸,沿图幅边框裁边。

绘制完成后的图样如图1-34(b)所示。绘制的仪器图应该做到字体端正,线型分明,作图准确,图面整洁。

4.2 徒手绘图

以目测估计图形与实物的比例,按一定画法要求徒手(或部分使用绘图仪器)绘制的图称为草图。徒手绘图是一项基本技能,在机器设计、测绘、修配等方面都有应用。

草图没有比例,但应由目测使图形基本保持物体各部分的比例关系。绘草图决不意味着潦草,应该做到字体端正,线型分明,比例匀称,图面整洁。

4.2.1 画线段

画线段时,眼睛要注视线段的终点,这样才能保持图线平直。画较短线段时,只运动手腕;画较长线段时,才运动手臂。一般由左向右、自上而下画线比较顺手,如图1-35所示。

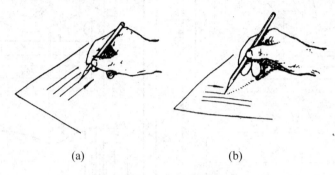

(a)   (b)

图1-35 徒手画线段

练习徒手绘图,常在方格纸上进行。画水平线和铅直线时,要尽量使图线与方格线重合,以保证图线平直。

画与水平线成30°、45°、60°角度的斜线时,可用3/5、1、5/3作为相应角度的正切值确定端点,如图1-36所示。

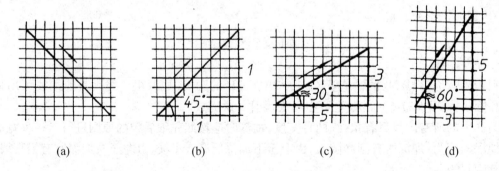

(a)   (b)   (c)   (d)

图1-36 徒手画常见斜线

画各个方向的斜线时,可适当将图纸转到绘图顺手的位置。

4.2.2 画圆

画小圆时,可在对称中心线上目测截取半径得到四个点,然后过四点徒手画圆,如图1-37(a)所示。画大圆时,除在对称中心线上取四个点外,还可过圆心再画两条45°斜线,并在斜线上按圆的半径另取四点,然后过八点徒手画圆,如图1-37(b)所示。

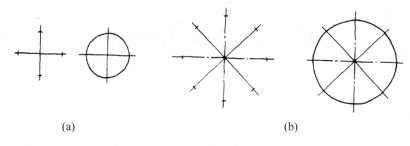

(a)   (b)

图 1-37　徒手画圆

思考题

1. 图纸幅面指什么？试述图框的格式和标题栏的内容。
2. 图样中的比例指什么？
3. 图样中的字体有哪几种？书写字体的基本要求是什么？
4. 试述机械图样中常用图线的画法。
5. 试述机械图样中尺寸注法的基本规则、尺寸的组成和常用尺寸的注法。
6. 试述丁字尺、三角板、圆规的用法。如何选用铅笔及铅芯？
7. 如何确定图线连接中连接弧的圆心及切点？
8. 试述平面图形的尺寸分析、图线分析及作图步骤。
9. 试述斜度和锥度的画法及标注。

第2章 正投影法基础

1 正投影法

机械图样是按照正投影法绘制的。掌握正投影法的基本理论,并能熟练应用,才能为读图和绘图打好理论基础。

1.1 投影法和投影

投射线通过物体向选定的平面投射,并在该面上得到图形的方法,称为投影法。根据投影法所得到的图形,称为投影(投影图)。

工程上用物体的投影表示空间物体。

1.2 投影法的分类

根据投射线汇交或平行,投影法分为中心投影法和平行投影法两种。

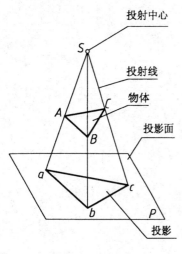

图 2-1 中心投影法

1.2.1 中心投影法

如图 2-1 所示,设有一个平面 P 和不在平面 P 上的一个定点 S。投影法中,得到投影的面 P 称为投影面,定点 S 称为投射中心。如果空间有一个 $\triangle ABC$,过投射中心 S 分别向 $\triangle ABC$ 的各顶点引直线,并与投影面相交于 a、b、c,则 $\triangle abc$ 称为 $\triangle ABC$ 在投影面 P 上的投影。发自投射中心且通过被表示物体上各点的直线称为投射线。如直线 SAa、SBb、SCc 即为投射线。这些投射线均交于投射中心。这种投射线汇交一点的投影法称为中心投影法,其投射中心位于有限远处。根据中心投影法得到的图形称为中心投影。

物体的中心投影不能反映物体真实形状和大小。因此,机械图样中的图形不采用中心投影法绘制。

1.2.2 平行投影法

如图 2-2 所示,当投射中心沿一不平行于投影面的方向远离投影面而移到无穷远时,各投射线互相平行,这种投射线相互平行的投影法称为平行投影法,其投射中心位于无限远处。这时,投射线的方向称为投射方向。

平行投影法又分为斜投影法和正投影法两种。投射线与投影面相倾斜的平行投影法称为斜投影法,根据斜投影法所得到的图形称为斜投影(斜投影图),如图 2-2(a)所示。投射线与投影面相垂直的平行投影法称为正投影法,根据正投影法所得到的图形称为正投影(正投影图),如图 2-2(b)所示。

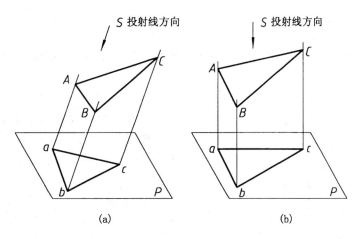

图 2-2 平行投影法

1.3 正投影法的投影特点

（1）当平面图形或线段平行于投影面时，其投影反映实形或实长。如图 2-3（a）所示，△ABC 平行于平面 P，则△abc≌△ABC。这种特点称为反映实形。

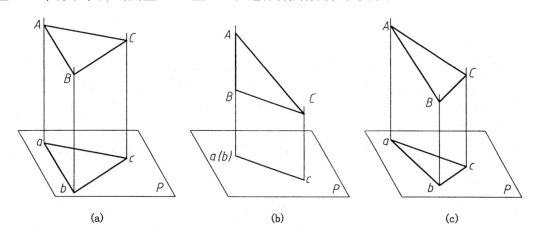

图 2-3 正投影法的投影特点

（2）当平面或直线垂直于投影面时，其投影成为一直线或一点。如图 2-3（b）所示，△ABC 垂直于平面 P，则 abc 积聚成一条直线；直线 AB 垂直于平面 P，则 a（b）积聚成一点。在投射方向上，由于点 B 被点 A 挡住而不可见，所以在投影图上用 b 加括号即（b）表示。这种特点称为有积聚性。

（3）当平面图形或线段倾斜于投影面时，平面图形的投影成类似形，线段的投影比实长短。如图 2-3（c）所示，△ABC 倾斜于平面 P，则 abc 仍为三角形，但不反映实形，称为类似形；直线 AB 倾斜于平面 P，则 ab < AB。

机械图样采用正投影法绘制，使所绘图形既反映物体的真实形状和大小，又简单易画。

本书通常将正投影简称为投影。

1.4 物体的三面投影图

物体在一个投影面上的投影不能完全表示其形状。因此,在机械图样中用多面正投影表示物体。

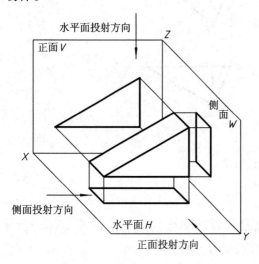

图 2-4 物体的三面投影

1.4.1 三面体系的形成

三面投影是最常见的多面正投影。

选定三个两两互相垂直的投影面,放置成图 2-4 所示位置,分别称为正面投影面(简称正面,用 V 表示)、水平投影面(简称水平面,用 H 表示)、侧面投影面(简称侧面,用 W 表示)。三个相互垂直的投影面之间的交线称为投影轴,分别用 OX、OY、OZ 表示。三个投影轴交于原点 O。这样放置的三个两两互相垂直的投影面构成三投影面体系,简称三面体系。

1.4.2 物体在三面体系中的放置

如图 2-4 所示,使物体上尽可能多的表面平行或垂直于投影面。这样,得到的投影能反映物体的真实形状,并且简单易画。

1.4.3 物体在三面体系中的投影

将物体置于三面体系中,使其由前向后投射,在正面投影面上得到的图形称为正面投影。使物体由上向下投射,在水平投影面上得到的图形称为水平投影。同样,使物体由左向右投射,在侧面投影面上可得到侧面投影。如图 2-4 所示,三棱柱的正面投影是三角形,水平投影是矩形,侧面投影也是矩形。

本书有关图中正面投射方向、水平面投射方向和侧面投射方向分别表示投射线对正面、水平投影面和侧面的投射方向。

1.4.4 三面体系的展平——三面投影图

为了使空间的三面投影能画在同一张图纸上,国家标准规定,正面投影面不动,将水平投影面连同水平投影绕 OX 轴向下转 90°,侧面投影面连同侧面投影绕 OZ 轴向右转 90°,这样就得到在同一平面上的三面投影图,如图 2-5(a)、(b)所示。投影面是无限的,因此,在三面投影图中,不画投影面的边界线,如图 2-5(c)所示。为了简便作图,合理利用图纸,也不画投影轴,这样就得到如图 2-5(d)所示的三面投影图。在机械图样上,物体的可见轮廓线用粗实线绘制,不可见轮廓线用细虚线绘制。

1.4.5 三面投影的投影规律

三面投影的投影规律是在三面投影图中每两个投影之间的对应关系,简称为投影规律。

三面体系展平后,OY 轴一分为二,如图 2-5(c)所示。在三面投影图中,每一个投影都能反映物体在两个投影轴方向上的尺寸大小。

物体沿 OX 轴(即左右方向)的大小称为长度;沿 OY 轴(即前后方向)的大小称为宽度;沿 OZ 轴(即上下方向)的大小称为高度。这样,在三面投影图中,正面投影反映了物体的长度和高度,水平投影反映了物体的长度和宽度,侧面投影反映了物体的宽度和高度,如图 2-5(d)所示。

由展平后的三面投影图可以看出,三个投影的相对位置是一定的,即以正面投影为主,水平投影在其正下方,侧面投影在其正右方。三个投影之间保持着正面投影和水平投影长对正,正面投影和侧面投影高平齐,水平投影和侧面投影宽相等的投影关系。

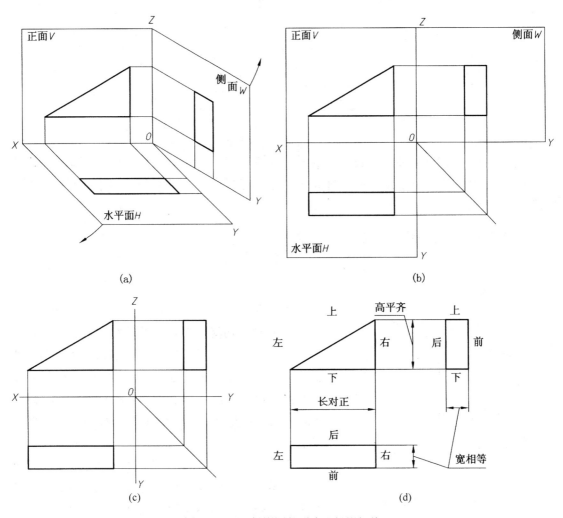

图 2-5　三面投影图的形成和投影规律

这就是三面投影的投影规律,这个投影规律可简述为"长对正、高平齐、宽相等"。

应该注意,水平投影和侧面投影都能反映物体的宽度,在这两个投影中远离正面投影的那一面是物体的前面,靠近正面投影的那一面是物体的后面,如图 2-5(d)所示。

"长对正、高平齐、宽相等"不但是整个物体三个投影之间的投影规律,也是物体上每一点、线、面的三面投影之间的投影规律。

2　立体上点的投影

2.1　立体上点的三面投影

点的三面投影就是从点分别向三个投影面所作垂线的垂足。

立体上点的三面投影如图 2-6 所示。空间的点用大写字母表示,点的水平投影用相应的小写字母表示,点的正面投影和侧面投影分别用相应的小写字母加一撇和两撇表示。

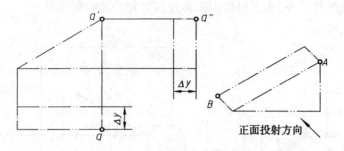

图 2-6　立体上点的投影

点的三面投影同样遵守"长对正、高平齐、宽相等"的投影规律。这种投影规律在图 2-6 中表现为 $a'a \perp OX$;$a'a'' \perp OZ$(图中没有画出投影轴);a 到所选的基准的宽度等于 a'' 到同一基准的宽度。

2.2　立体上两点的相对位置

立体上两点的相对位置是指这两点在空间的左右(X)、前后(Y)、上下(Z)三个方向上的相对位置。

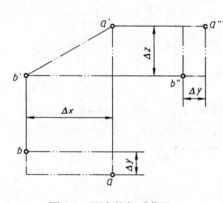

图 2-7　两点的相对位置

图 2-7 画出了立体上两点 A、B 的三面投影,其任意两面投影均能反映两点的相对位置。如正面投影反映了点 A 在点 B 的右方和上方,其 OX 轴向距离和 OZ 轴向距离分别为 ΔX 和 ΔZ;在水平投影上又反映出点 A 在点 B 的前方,其 OY 轴向距离为 ΔY。因此,在空间,点 A 在点 B 的右、上、前方相应位置处。

在今后的学习中,要注意培养由图纸上的三面投影图想象出其对应的空间形状的能力,不断发展空间想象力,逐渐提高读图和绘图能力。

3　立体上直线的投影

3.1　直线的投影

本书中后面所述直线一般指线段。

直线的投影一般还是直线。两点确定一条直线,因此,直线的投影是直线上两点同面投影(同一投影面上的投影)的连线。如图 2-8 所示,直线 SA 的投影为其两端点 S 和 A 的同面投影的连线。所以,其水平投影为 sa,正面投影为 $s'a'$,侧面投影为 $s''a''$。直线的三面投影也符合"长对正、高平齐、宽相等"的投影规律,即 $s'a'$ 和 sa 长对正,$s'a'$ 和 $s''a''$ 高平齐,sa 和 $s''a''$ 宽相等(均为 ΔY)。

30

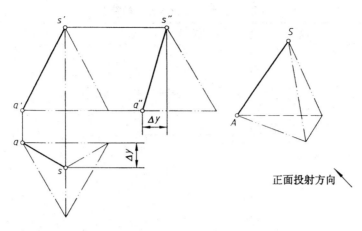

图 2-8　直线的投影

3.2　各种位置直线的投影特点

在三面体系中,有一般位置直线、投影面的平行线和投影面的垂直线三种位置直线,后两种直线统称为特殊位置直线。

3.2.1　一般位置直线

与三个投影面都倾斜的直线称为一般位置直线。直线与水平面、正面和侧面的倾角分别用 α、β 和 γ 表示。

图 2-8 中三棱锥的侧棱 SA 为一般位置直线。它的投影特点是三个投影都倾斜于投影轴,并且比实长短。

图中虽没有画出投影轴,但是读者也应该熟知三面投影图中各投影轴的方向。

3.2.2　投影面的平行线

只平行于一个投影面的直线称为投影面的平行线。只平行于水平面的直线称为水平线;只平行于正面的直线称为正平线;只平行于侧面的直线称为侧平线。

如图 2-9 所示,三棱柱上的直线 CD 为正平线,即 $CD /\!/ V$ 面。它的水平投影 $cd /\!/ OX$ 轴,侧面投影 $c''d'' /\!/ OZ$ 轴,正面投影反映实长,即 $c'd' = CD$,并且正面投影 $c'd'$ 与 OX 轴及 OZ 轴间的夹角反映了直线 CD 对 H 面及 W 面的倾角 α 和 γ。

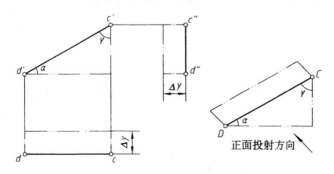

图 2-9　正平线的投影

同样,水平线和侧平线也有类似的投影特点,见表 2-1。

表2-1　投影面平行线的投影特点

	水 平 线	正 平 线	侧 平 线
投影图	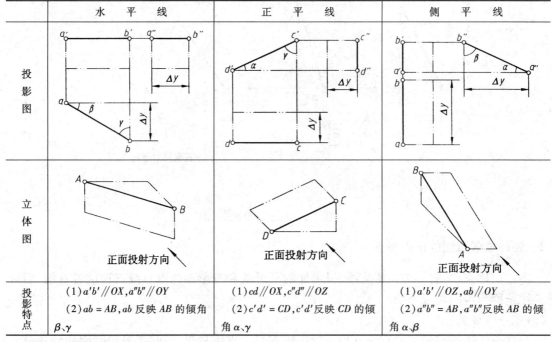		
立体图			
投影特点	(1) $a'b' /\!/ OX,a''b'' /\!/ OY$ (2) $ab = AB,ab$ 反映 AB 的倾角 β、γ	(1) $cd /\!/ OX,c''d'' /\!/ OZ$ (2) $c'd' = CD,c'd'$ 反映 CD 的倾角 α、γ	(1) $a'b' /\!/ OZ,ab /\!/ OY$ (2) $a''b'' = AB,a''b''$ 反映 AB 的倾角 α、β

总之,投影面的平行线的投影特点是:

(1)两个投影平行于相应的投影轴;

(2)第三个投影(在平行于直线的投影面上的投影)为斜直线,且反映实长和直线对另外两个投影面的倾角。

3.2.3　投影面的垂直线

垂直于一个投影面的直线称为投影面的垂直线。垂直于水平面的直线称为铅垂线;垂直于正面的直线称为正垂线;垂直于侧面的直线称为侧垂线。

垂直于一个投影面的直线必定平行于另外两个投影面。但是应把这种直线称为投影面的垂直线,而不应称为投影面的平行线,以免混淆这两种特殊位置直线的概念及投影特点。

如图2-10所示,三棱柱上的直线 BC 为正垂线,即 $BC \perp V$ 面。它的正面投影 $(b')c'$ 积聚成一点;水平投影 $bc \perp OX$ 轴,并且反映实长,即 $bc = BC$;侧面投影 $b''c'' \perp OZ$ 轴,也反映实长,即 $b''c'' = BC$。

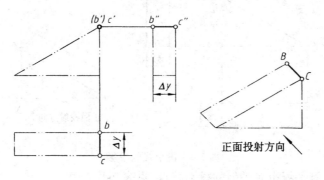

图2-10　正垂线的投影

同样,铅垂线和侧垂线也有类似的投影特点,见表 2-2。

表 2-2　投影面垂直线的投影特点

	铅　垂　线	正　垂　线	侧　垂　线
投影图	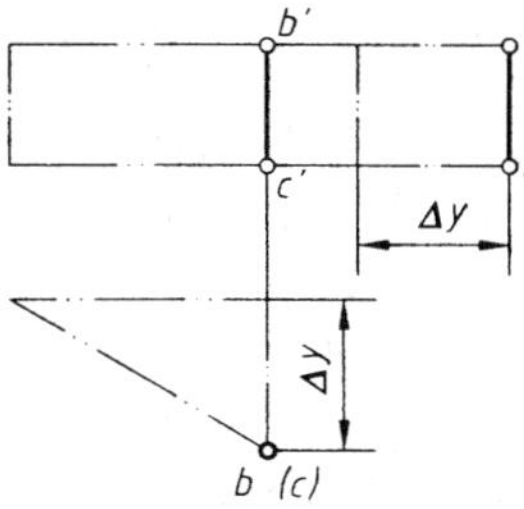	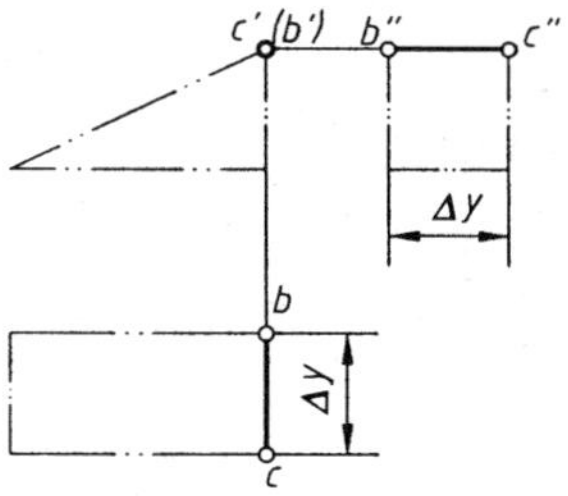	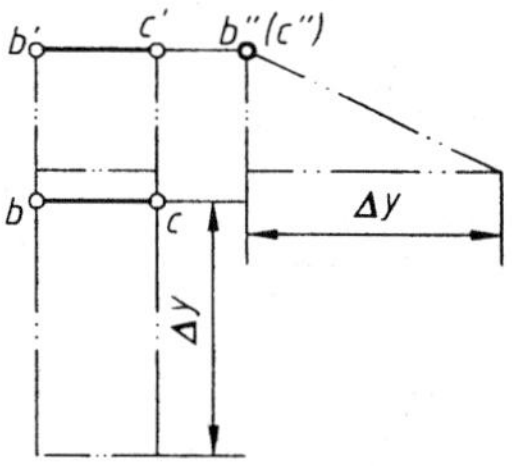
立体图	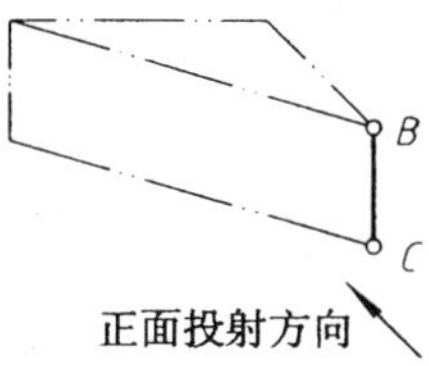 正面投射方向	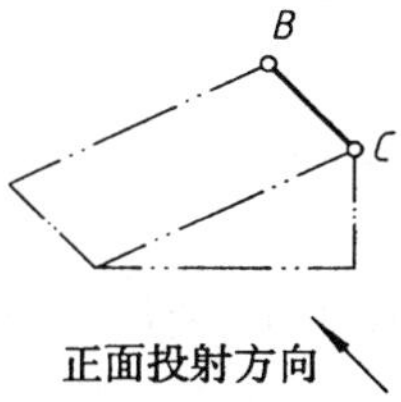 正面投射方向	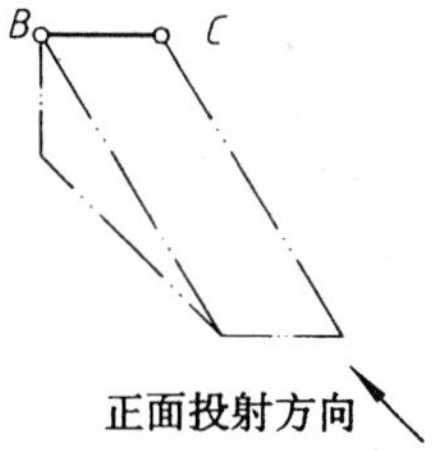 正面投射方向
投影特点	(1)$b(c)$积聚成一点 (2)$b'c' \perp OX$,$b''c'' \perp OY$, 　　$b'c' = b''c'' = BC$	(1)$(b')c'$积聚成一点 (2)$bc \perp OX$,$b''c'' \perp OZ$, 　　$bc = b''c'' = BC$	(1)$b''(c'')$积聚成一点 (2)$b'c' \perp OZ$,$bc \perp OY$, 　　$b'c' = bc = BC$

总之,投影面垂直线的投影特点是:

(1)直线垂直于某个投影面,它在该投影面上的投影积聚成一点;

(2)另外两个投影垂直于相应的投影轴,且反映实长。

3.3　直线投影的几个特性

(1)直线的投影一般仍为直线,特殊时积聚成一点。

(2)点在直线上,则点的投影在直线的同面投影上,并且点分线段长度之比等于其投影长度之比。

如图 2-11 所示,点 K 在直线 SA 上,则 k 在 sa 上,k' 在 $s'a'$ 上,k'' 在 $s''a''$ 上,并且

$$\frac{sk}{ka} = \frac{s'k'}{k'a'} = \frac{s''k''}{k''a''} = \frac{SK}{KA}$$

(3)平行直线的同面投影一般仍然平行。

如图 2-12 所示,在三棱锥表面上,直线 $MN /\!/ SA$,则 $mn /\!/ sa$,$m'n' /\!/ s'a'$,$m''n'' /\!/ s''a''$。

直线投影的上述特性,简称为线性不变、从属性不变、平行性不变的三不变投影特性。

3.4　两直线的相对位置

立体上两直线有平行、相交和交叉三种相对位置。

3.4.1　两直线平行

如前所述,如果空间两直线互相平行,则其同面投影仍然平行,且投影长度之比相等,字母顺序相同;反之,若两直线的同面投影都平行,则两直线在空间也平行,如图 2-12 所示。

3.4.2　两直线相交

如果空间两直线相交,则它们的同面投影必相交,并且各同面投影的交点符合点的投影规

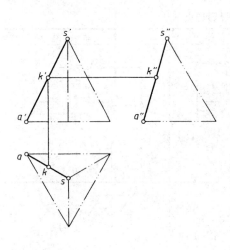 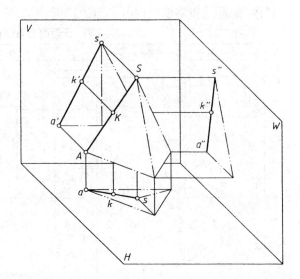

图 2-11　直线上点的投影

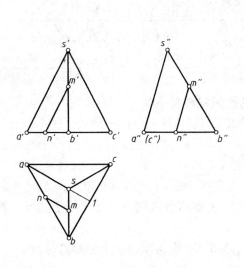 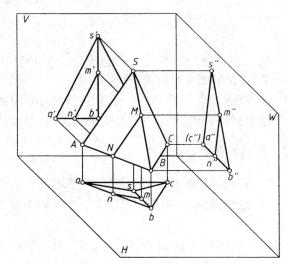

图 2-12　两直线的相对位置

律;反之,若两直线的同面投影都相交,且各同面投影的交点符合点的投影规律,则两直线在空间一定相交。

如图 2-12 所示,在三棱锥上,直线 *SA* 与 *SB* 交于 *S* 点,则 *sa* 与 *sb* 交于 *s*,*s'a'* 与 *s'b'* 交于 *s'*,*s"a"* 与 *s"b"* 交于 *s"*,并且 *s*、*s'* 和 *s"* 是点 *S* 的三面投影。

3.4.3　两直线交叉

在空间既不平行也不相交的两直线称为交叉直线。因此在投影图上既不符合平行直线的投影特性,又不符合相交直线的投影特性的两直线就是交叉两直线。

交叉两直线的同面投影可能有一对或两对互相平行,但绝不会三对同面投影都平行。交叉两直线可能有一对、两对甚至三对同面投影相交,但是三面投影中同面投影的三个交点绝不符合一点的投影规律。

如图 2-12 所示,直线 *SA* 与 *BC* 为交叉两直线,它们的同面投影虽然相交(或延长相交),

34

但其三个交点 a'、1 和 a'' 不符合一个点的投影规律,不是同一个点的三面投影。

4 立体上平面的投影

4.1 立体上平面的投影

立体上的平面是由若干条线围成的平面图形,因此立体上平面的投影就是这些线的投影。平面的三面投影也应符合"长对正、高平齐、宽相等"的投影规律。

4.2 各种位置平面的投影特点

在三面体系中,有一般位置平面、投影面的垂直面和投影面的平行面三种位置平面。后两种平面统称为特殊位置平面。

4.2.1 一般位置平面

与三个投影面都倾斜的平面称为一般位置平面。该平面对水平面、正面和侧面的倾角分别用 α、β 和 γ 表示。

在图 2-13 中,三棱锥的侧面 $\triangle SAB$ 为一般位置平面,它的三面投影为其三个顶点 S、A 和 B 的同面投影的连线,或为其三边的同面投影。所以,其水平投影为 $\triangle sab$,正面投影为 $\triangle s'a'b'$,侧面投影为 $\triangle s''a''b''$。

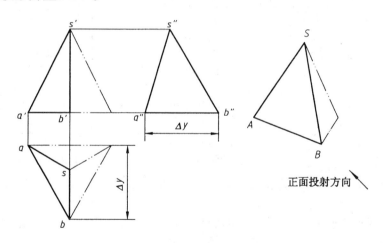

图 2-13 一般位置平面的投影

一般位置平面的投影特点是:其三个投影均为类似形,均不反映实形,也不反映平面对投影面的倾角。

4.2.2 投影面的垂直面

只垂直于一个投影面的平面称为投影面的垂直面。只垂直于水平面的平面称为铅垂面,只垂直于正面的平面称为正垂面,只垂直于侧面的平面称为侧垂面。

为叙述简便,将空间的平面用一个大写字母表示,水平投影用相应的小写字母表示,正面投影和侧面投影分别用相应的小写字母加一撇和两撇表示。字母注写形式如图 2-14 所示。

在图 2-14 中,三棱柱上的平面 P 是正垂面,即 $P \perp V$。其正面投影 p' 积聚成一条直线,并且正面投影 p' 与 OX 轴和 OZ 轴的夹角分别反映平面 P 对 H 面和 W 面的倾角 α 和 γ。水平投

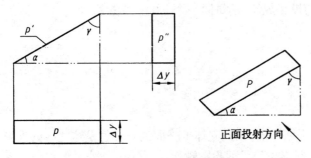

影 p 和侧面投影 p'' 为类似形。

同样,铅垂面和侧垂面也有类似的投影特点,见表2-3。

总之,投影面的垂直面的投影特点是:

(1)平面垂直于投影面,它在该投影面上的投影积聚成一条斜直线,且反映平面对另外两个投影面的倾角;

图2-14 正垂面的投影

(2)另外两个投影为类似形。

表2-3 投影面的垂直面的投影特点

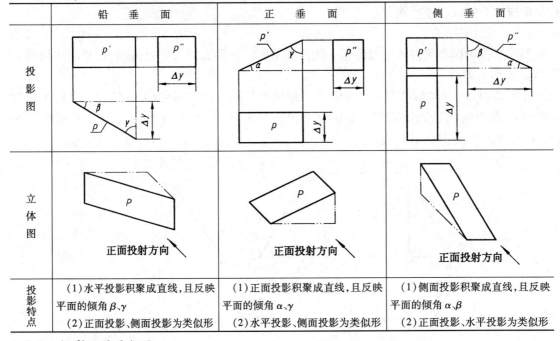

铅 垂 面	正 垂 面	侧 垂 面
投影图		
立体图		
投影特点 (1)水平投影积聚成直线,且反映平面的倾角 β、γ (2)正面投影、侧面投影为类似形	(1)正面投影积聚成直线,且反映平面的倾角 α、γ (2)水平投影、侧面投影为类似形	(1)侧面投影积聚成直线,且反映平面的倾角 α、β (2)正面投影、水平投影为类似形

4.2.3 投影面的平行面

平行于一个投影面的平面称为投影面的平行面。平行于水平面的平面称为水平面,平行于正面的平面称为正平面,平行于侧面的平面称为侧平面。

平行于一个投影面的平面必定垂直于另外两个投影面,但是不能把投影面的平行面称为投影面的垂直面,不要混淆这两种特殊位置平面的概念及投影特点。

在图2-15中,三棱柱上的平面 Q 为正平面,即 $Q/\!/V$。其水平投影 q 和侧面投影 q'' 都积聚成直线,并且 $q/\!/OX$ 轴、$q''/\!/OZ$ 轴;其正面投影 q' 反映平面 Q 的实形。

同样,水平面和侧平面也有类似的投影特点,见表2-4。

总之,投影面的平行面的投影特点是:

(1)两个投影积聚成直线,并且分别平行于相应的投影轴;

(2)第三个投影(在平行于平面的投影面上的投影)反映实形。

表 2-4 投影面的平行面的投影特点

	水 平 面	正 平 面	侧 平 面
投影图			
立体图	正面投射方向	正面投射方向	正面投射方向
投影特点	(1)正面投影、侧面投影积聚成直线,且分别平行于 OX 轴和 OY 轴 (2)水平投影反映实形	(1)水平投影、侧面投影积聚成直线,且分别平行于 OX 轴和 OZ 轴 (2)正面投影反映实形	(1)正面投影、水平投影积聚成直线,且分别平行于 OZ 轴和 OY 轴 (2)侧面投影反映实形

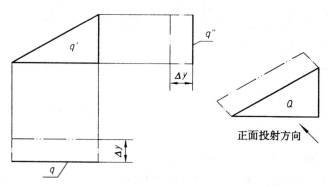

图 2-15　正平面的投影

5　平面立体的三面投影图及其表面取点

　　表面都为平面的立体称为平面立体。常见的平面立体有棱柱和棱锥。平面立体的投影为立体表面各个平面图形的投影。

　　如前所述,投影图好像人从远处观察物体所得到的图像,因此,就有可见性问题。正面投影上,只有立体前面没被遮挡的轮廓可见;水平投影上,只有立体上面没被遮挡的轮廓可见;侧面投影上,只有立体左面没被遮挡的轮廓可见。

　　位于可见表面上的点和线均可见,位于不可见表面上的点和线均不可见。点的不可见投影用投影符号加括号表示。

5.1 正六棱柱

5.1.1 正六棱柱的三面投影图

正六棱柱放置成如图2-16(a)所示位置,左右四个侧面为铅垂面,前后两个侧面为正平面,上下底面为水平面。立体左右对称,前后对称。

正六棱柱三面投影的画法如下。

(1)画出三面投影的对称中心线。

(2)画出上下底面 $ABCDEF$ 和 $A_1B_1C_1D_1E_1F_1$ 的三面投影(先画反映其实形的水平投影,后画其余二投影)。

(3)连接上下底面对应顶点的正面投影和侧面投影,就得到正六棱柱的三面投影,如图2-16(b)所示。图中仅标出了可见点的投影符号。

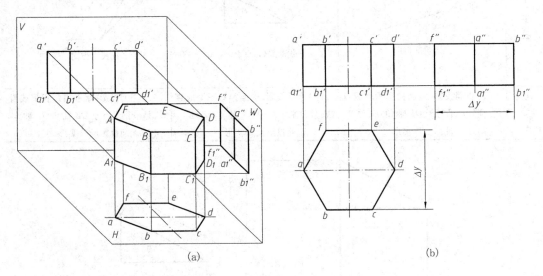

(a)   (b)

图 2-16 正六棱柱的三面投影图

在立体的三面投影中必须画出对称中心线。

画正六棱柱三面投影时,要遵守投影规律。看图时,也要按照投影规律,根据线面投影的特点,分析出立体各表面的形状、位置和立体各棱线的位置,从而想象出立体的形状。读者可自己分析正六棱柱各表面及棱线的三面投影的位置及其对应关系。

5.1.2 正六棱柱的表面取点

立体表面取点,就是已知立体表面上点的一个投影,求其余两个投影。

下面举例介绍立体表面取点的一种方法——利用积聚性法。

[例] 已知正六棱柱表面上点 M 的正面投影 m',求点 M 的其余两个投影,如图2-17所示。

[解] 分析:由点 M 正面投影 m' 的位置及可见性,可判断出它在正六棱柱的左前侧面上,此侧面为铅垂面,其水平投影积聚为斜直线。因此,点 M 的水平投影 m 应在此斜直线上。

作图步骤如下。

(1)根据"长对正",由点 M 的已知正面投影 m' 作铅直线,与正六棱柱左前侧面的水平投影(直线)相交,交点即为点 M 的水平投影 m。

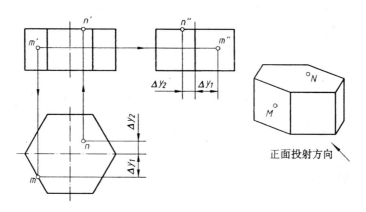

图 2-17　利用积聚性在立体表面取点

（2）根据"高平齐、宽相等"，由正面投影 m' 和水平投影 m，求得侧面投影 m''。这种由两个已知投影求第三个投影的方法简称为二求三。

（3）由点 M 所在的面，判别其侧面投影可见，所以 m'' 可见。此面的水平投影有积聚性，这时，不必判别 m 的可见性。

由此例可以看出，如果点在特殊位置的平面上，就可以利用积聚性在其有积聚性的投影上求点的第二个投影。然后由二求三，得到第三个投影。

又如，已知正六棱柱上点 N 的水平投影 n，求 n' 和 n''，就可以利用上底面的正面投影和侧面投影有积聚性求解。作图方法如图 2-17 所示。

5.2　正三棱锥

5.2.1　正三棱锥的三面投影图

图 2-18 所示正三棱锥为左右对称，其底面为水平面，左右两个侧面为一般位置平面，后侧面为侧垂面，其三面投影图的画法如下。

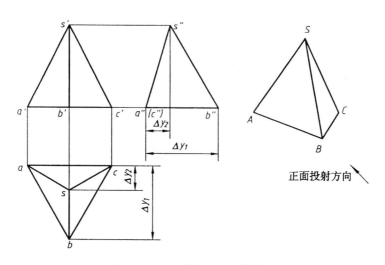

图 2-18　正三棱锥的三面投影图

（1）画出棱锥顶点 S 及底面正三角形 ABC 的三面投影。

（2）分别连接棱锥顶点与底面三角形各个顶点的同面投影，即得正三棱锥的三面投影图。

5.2.2 正三棱锥的表面取点

在特殊位置平面上取点，可以利用积聚性法求解；而在一般位置平面上取点，则要利用辅助线法求解，即先在平面上过点取辅助直线，然后在此直线上求点得解。

在平面上取线，就是已知平面上一直线的一个投影，求其余两个投影。在平面上作辅助直线的方法如下。

（1）经过平面上的两点作直线。

（2）经过平面上的一点，并且平行于平面上另一条已知直线作直线。

[**例**] 已知正三棱锥表面上一点 M 的正面投影 m'，求点 M 的其余两个投影，如图 2-19 所示。

[**解 1**] 分析：由点 M 正面投影 m' 的位置及其可见性，可判断出它在正三棱锥的 SAB 侧面上。SAB 为一般位置平面，不能用积聚性法求 m 及 m''，这时，可过点作辅助线求解。因此，可以过平面上的两点作辅助直线，通常是过点 M 及锥顶 S 作辅助线 $S\text{I}$。

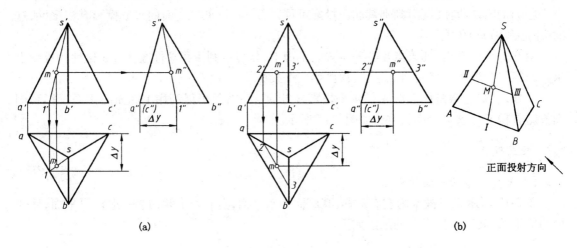

(a)   (b)

图 2-19 利用辅助线在立体表面取点

如图 2-19（a）所示，作图步骤如下。

（1）过点的已知投影作辅助线的一个投影。在 $s'a'b'$ 内作 $s'm'$ 得 $s'1'$，$s'1'$ 为辅助线 $S\text{I}$ 的正面投影。

（2）求辅助线的其余二投影。由 $s'1'$ 得 $s1$，由 $s'1'$ 及 $s1$ 得 $s''1''$。

（3）在辅助线的投影上求点的同面投影。根据投影规律及从属性不变的投影特性，由 m' 分别作铅直线和水平线，在 $s1$ 上求得 m，在 $s''1''$ 上求得 m''。

[**解 2**] 分析：过平面上一点及一已知直线方向作辅助直线，通常是过点 M 作底边 AB 的平行线 Ⅱ Ⅲ。

如图 2-19（b）所示，作图步骤如下。

（1）过点的已知投影作辅助线的一个投影。在 $s'a'b'$ 内过 m' 作 $2'3'$∥$a'b'$，$2'3'$ 为辅助线 Ⅱ Ⅲ 的正面投影。

（2）求辅助线的其余二投影。由 $2'$ 得 2，并根据平行性不变的投影特性，作 23∥ab，由 $2'3'$ 直接得 $2''3''$。

(3)在辅助线上求点得解。由 m' 在 23 上求得 m，在 $2''3''$ 上求得 m''。

最后判别可见性。由于 $\triangle SAB$ 的水平投影及侧面投影都可见,因此,点 M 的水平投影 m 及侧面投影 m'' 也都可见。

6 回转体的三面投影图及其表面取点

一动线绕与它共平面的一条定直线回转一周,形成回转面。这条定直线称为回转面的轴线,简称为轴。动线称为回转面的母线。回转面上任意位置的一条母线称为素线。

由回转面或回转面和平面围成的实体称为回转体,常见的回转体有圆柱、圆锥、球、圆环和圆弧回转体等。

6.1 圆柱

6.1.1 圆柱的形成

圆柱体是由圆柱面和垂直于轴的上、下底面围成的,简称圆柱。以直线为母线绕与它平行的轴回转一周所形成的面称为圆柱面,如图 2-20(a)所示。

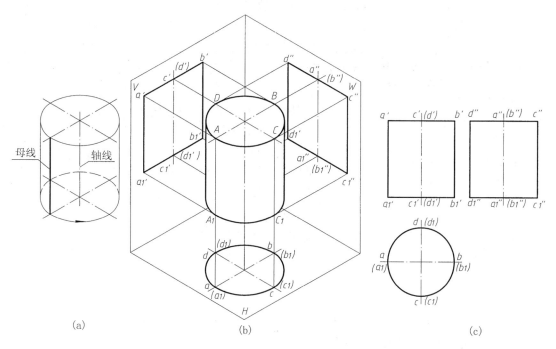

图 2-20 圆柱的形成和三面投影图

6.1.2 圆柱的三面投影图

在图 2-20 中,圆柱的轴线为铅垂线,因此,圆柱面的每一条素线均为铅垂线。圆柱面垂直于水平面,上、下底面为水平面。

圆柱的三面投影画法如下。

(1)画出轴线的正面投影和侧面投影,并画出水平投影的对称中心线。

(2)画出上、下底面圆的三面投影。先画反映实形的水平投影,后画有积聚性的正面投影和侧面投影。

(3)画出圆柱面的三面投影。圆柱面的水平投影积聚成圆。正面投影上,只画正面投射方向上转向轮廓素线 AA_1 和 BB_1 的正面投影 $a'a_1'$ 和 $b'b_1'$。侧面投影上,只画侧面投射方向上转向轮廓素线 CC_1 和 DD_1 的侧面投影 $c''c_1''$ 和 $d''d_1''$。因此,圆柱的三面投影为一个圆和两个矩形。

在正面投射方向上,以圆柱的轮廓素线 AA_1 和 BB_1 为分界,前半圆柱面可见,后半圆柱面不可见。因此,圆柱面正面投射方向的轮廓素线是圆柱面正面投影可见与不可见部分的分界线。同样,圆柱面侧面投射方向的轮廓素线是圆柱面侧面投影可见与不可见部分的分界线。左半圆柱面的侧面投影可见,右半圆柱面的侧面投影不可见。

回转面的轮廓素线与投射方向有关。图 2-20 中,圆柱面正面投射方向的轮廓素线为 AA_1 和 BB_1,它们的侧面投影不再处于轮廓位置而在轴线位置处,所以不画它们的侧面投影;同理,侧面投射方向的轮廓素线 CC_1 和 DD_1 的正面投影也不应画出来。

回转面轮廓素线的投影简称轮廓线。

6.1.3 表面取点

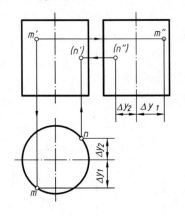

图 2-21 圆柱的表面取点

[例] 已知圆柱表面上点 M 的正面投影 m',求其余二投影,如图 2-21 所示。

[解] 分析:由点 M 正面投影 m' 的位置及可见性,可判断出它在左前圆柱面上;而圆柱面的水平投影有积聚性,可利用积聚性法在面上取点。

作图步骤如下。

(1)利用圆柱面水平投影的积聚性,先由 m' 求得 m。

(2)再由 m'、m,求得 m''。

(3)判别可见性。由于点 M 在左半圆柱面上,因此 m'' 可见。圆柱面的水平投影有积聚性,不判别 m 的可见性。

[例] 已知圆柱表面上点 N 的侧面投影 (n''),求其余二投影。

[解] 根据上例的分析,n、n' 的作图及其可见性的判断如图 2-21 所示,不再赘述。

6.2 圆锥

6.2.1 圆锥的形成

圆锥体是由圆锥面和垂直于轴的底面围成的,简称圆锥。以直线为母线,绕与它相交的轴回转一周所形成的面为圆锥面,如图 2-22(a)所示。

6.2.2 圆锥的三面投影图

在图 2-22 中,圆锥的轴线为铅垂线,圆锥面上每一条直素线都与水平面成相同的倾角。底面为水平面。

圆锥的三面投影画法如下。

(1)画出轴线的正面投影和侧面投影,并画出水平投影的对称中心线。

(2)画出顶点 S 和底面圆的三面投影。先画反映底面实形的水平投影,后画底面有积聚性的正面投影和侧面投影。

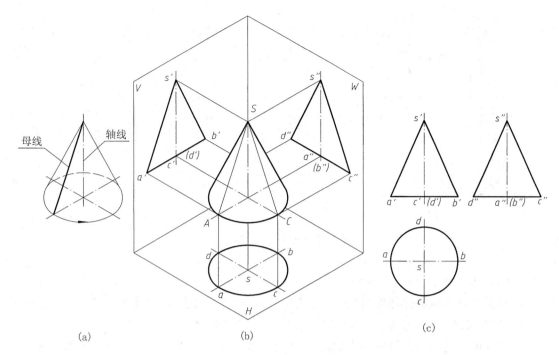

图 2-22　圆锥的形成和三面投影图

（3）画出圆锥面的三面投影。圆锥面的水平投影与底面圆的水平投影重合。圆锥面的正面投影上，只画正面投射方向的轮廓素线 SA 和 SB 的正面投影 s′a′ 和 s′b′。侧面投影上，只画侧面投射方向的轮廓素线 SC 和 SD 的侧面投影 s″c″ 和 s″d″。因此，圆锥的三面投影为一个圆和两个等腰三角形。

正面投射方向的轮廓素线 SA 和 SB 是圆锥面正面投影可见与不可见部分的分界线，前半圆锥面的正面投影可见，后半圆锥面的正面投影不可见。侧面投射方向的轮廓素线 SC 和 SD 是圆锥面侧面投影可见与不可见部分的分界线，左半圆锥面的侧面投影可见，右半圆锥面的侧面投影不可见。

6.2.3　表面取点

圆锥由圆锥面和底面围成。如果在底面上取点，则可利用积聚性法在表面取点。如果在圆锥面上取点，由于圆锥面的三个投影均无积聚性可利用，这时，可用辅助线法在表面取点。在圆锥面上，可以过锥顶作辅助素线；当圆锥轴线垂直于投影面时，也可使用平行于底面的辅助圆。

［**例**］　已知圆锥面上点 M 的正面投影 m′，求其余二投影，如图 2-23 所示。

［**解 1**］　分析：由点 M 的正面投影 m′ 的位置及可见性，可判断出点 M 在左前部分圆锥面上，可以由点 M 过锥顶 S 作辅助素线求解。

如图 2-23（a）所示，作图步骤如下。

（1）过点 M 的已知正面投影作 s′m′，得辅助素线 S Ⅰ 的正面投影 s′1′。

（2）由 s′1′ 得到辅助素线的其余二投影 s1 及 s″1″。

（3）在辅助素线上取点。由 m′ 在 s1 上求得 m，在 s″1″ 上求得 m″。

［**解 2**］　分析：因圆锥轴线垂直于水平面，所以可利用过点 M 的平行于底面的辅助圆求

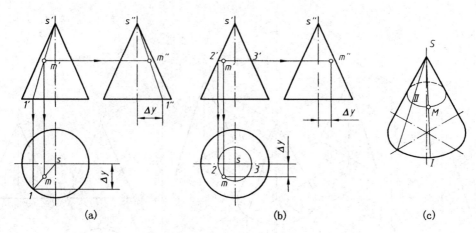

图 2-23　圆锥的表面取点

解。

如图 2-23(b)所示,作图步骤如下。

(1)过点的已知投影作辅助圆的一个投影。过点的正面投影 m' 作水平线 $2'3'$,它平行于锥底面的正面投影。$2'3'$ 即是辅助圆的正面投影,其长度等于辅助圆的直径。

(2)求辅助圆的其余二投影。由 $2'$ 得 2,在水平投影上,以 s 为圆心 $s2$ 为半径画圆,得辅助圆的水平投影。辅助圆的侧面投影由"高平齐"得到。

(3)在辅助圆的投影上求点的同面投影。由 m' 在辅助圆水平投影的前半圆上求得 m,由 m'、m 求得侧面投影 m''。

最后,判别可见性。点 M 在左前锥面上,这部分锥面的水平投影和侧面投影都可见,因此,m、m'' 都可见。

6.3　球

6.3.1　球的形成

球体是由球面围成的,简称球。以半圆为母线,以它的直径为轴,回转一周所形成的面为球面,如图 2-24(a)所示。

6.3.2　球的三面投影图

球的三面投影均为圆,其直径与球的直径相等。它们分别为球面上平行于三个投影面的最大圆的投影。

如图 2-24(b)所示,球正面投影的轮廓素线是球面上平行于正面的大圆 A 的正面投影,它为球面正面投影可见与不可见部分的分界线。前半球面的正面投影可见,后半球面的正面投影不可见。大圆 A 的水平投影 a 和侧面投影 a'' 不再处于投影的轮廓位置,而在相应的对称中心线上,不应画出。球平行于水平面和侧面的大圆 B 和 C 的三面投影,分析同上,投影如图 2-24(c)所示。

6.3.3　表面取点

球面的三个投影均无积聚性,因此,球面上取点要用辅助线法。球面上作不出辅助直线,但是过球面上任一点,可以作出三个平行于投影面的辅助圆。

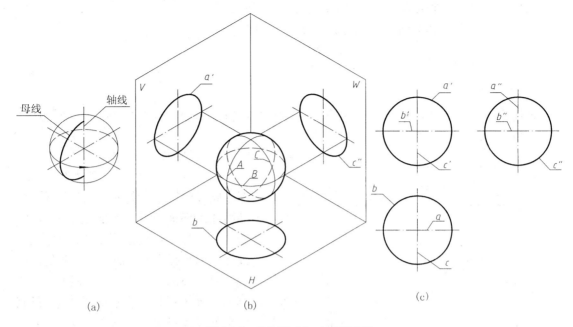

(a)　　　　　　　(b)　　　　　　　(c)

图 2-24　球的形成和三面投影图

[例]　已知球面上点 M 的正面投影 m'，求其余二投影，如图 2-25 所示。

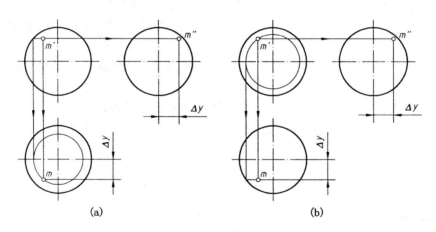

(a)　　　　　　　　　　　　(b)

图 2-25　球面取点

[解]　分析：由点 M 正面投影 m' 的位置及可见性，可判断出点 M 在左、上、前八分之一球面上，应该在这部分球面的水平投影及侧面投影范围内求 m、m''。

图 2-25(a)为过点 M 作水平辅助圆求解。作图步骤如下。

(1)过点 M 已知的正面投影 m' 作水平线，处于球的正面投影轮廓之间的这段水平线即为水平辅助圆的正面投影，线段长度等于辅助圆直径。

(2)在水平投影上，以球心的投影为圆心，上述线段长的一半为半径画圆，即为水平辅助圆的水平投影。

(3)由 m' 可在水平辅助圆水平投影的前半圆周上求得 m；再由 m'、m 求得侧面投影 m''。

(4)判别可见性。点 M 在左、上、前球面上，这部分球面的水平投影及侧面投影都可见，因此，m、m'' 都可见。

45

用过点 M 的正平辅助圆求 m、m'' 的作图,如图 2-25(b)所示。

用过点 M 的侧平辅助圆求 m、m'',请读者自己作图。

6.4 圆环及圆弧回转体

6.4.1 圆环的形成

圆环体是由圆环面围成的,简称圆环。一个圆母线,绕与它共平面且不与圆相交的轴回转一周所形成的面为圆环面。

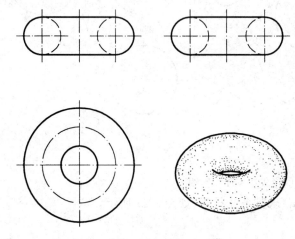

6.4.2 圆环的三面投影图

圆环的三面投影如图 2-26 所示。图中圆环的轴线为铅垂线,圆环面由外环面和内环面组成。正面投影上,粗实线的半圆为外环面正面投影的轮廓线。细虚线的半圆为内环面正面投影的轮廓线。两个圆的切线为内外环面分界线(圆)的正面投影。在正面投影上,只有前半外环面可见。在水平投影上,大圆为外环面的上、下半环分界线的水平投影,小圆为内环面的上、下半环分界线的水平投影,点画线圆为母线圆心轨迹的水平投影。在水平投影中,上半内、外环面可见。侧面投影情况与正面投影类

图 2-26 圆环的三面投影图

似,读者可自行分析。

实际上物体的圆环面经常是部分环面的圆弧回转面。如图 2-27(a)中的半个内环面和图 2-27(b)中的半个外环面,通常称为圆角。

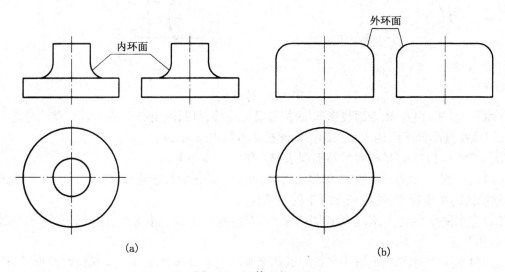

图 2-27 立体上的环面

本节及上节介绍的棱柱、棱锥、圆柱、圆锥、球和圆环等立体统称为基本立体。

思考题

1. 试述正投影法的投影特点。
2. 试述物体三面投影图的展平及投影规律。
3. 如何根据立体表面上点的两个投影求第三个投影？
4. 立体上直线和平面相对于投影面有几种位置？试述各种位置直线和平面的投影特点。
5. 试述直线投影的线性、从属性和平行性。
6. 在投影图中如何表示平面立体和回转体？
7. 什么是回转体的轮廓素线？不同投射方向的轮廓素线相同吗？
8. 立体表面取点的方法有几种？在球面上取点能用辅助直线吗？为什么？

第3章 截切立体与相贯立体

1 截切立体的三面投影图

  立体被平面所截称为截交。截交时,平面与立体表面的交线称为截交线,该平面称为截平面。在实际物体中,经常见到被平面截切去一部分的立体,这时的截平面是立体的一个表面,截交线就是该截平面的边界线,如图3-1(b)的立体图所示。画截切立体的三面投影时,既要画出截切立体表面上截交线的投影,又要画出立体剩余部分的投影。

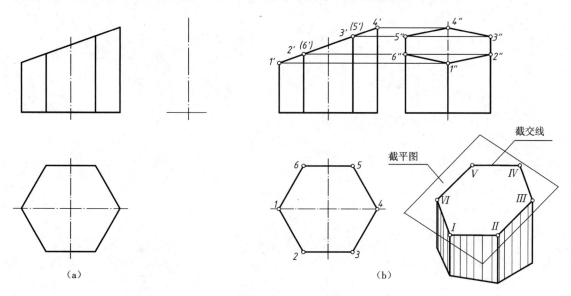

图 3-1 斜截六棱柱的三面投影图

  截交线一般为封闭的平面图形,其形状与被截切立体的形状及截平面与立体的相对位置有关。截交线上的点是截平面与立体表面的公有点。画截交线的投影时,如果截交线的投影中有直线段,则只需求其两端点的投影,再连成直线;如果截交线的投影是圆,应先找出圆的半径及圆心的位置,再画圆;如果截交线的投影是非圆曲线,则必须求出截交线上的特殊点(一般指轮廓线上的点、端点、椭圆长短轴端点等)和适当数量一般位置点的投影,再依次连点成平滑曲线。

  求截交线上点的方法,就是立体表面取点的方法。

1.1 截切正六棱柱

  [**例**] 已知斜截六棱柱的正面投影和水平投影,如图3-1(a)所示,求其侧面投影。

  [**解**] 分析:由图3-1(a)可以看出,六棱柱被一正垂面斜截去上面一部分,截交线是六边形,六边形的顶点是六棱柱各侧棱与截平面的交点。截交线的正面投影积聚为一段直线,截交

线的水平投影是正六边形。画斜截六棱柱的侧面投影时,既要画出截交线的侧面投影,又要画出六棱柱各棱线的投影。

如图 3-1(b)所示,作图步骤如下。

(1)画出完整六棱柱的侧面投影。

(2)求截交线的侧面投影。

a. 由截交线各顶点的正面投影 1′、2′、3′、4′、(5′)、(6′)及水平投影 1、2、3、4、5、6,可在六棱柱相应侧棱的侧面投影上求得 1″、2″、3″、4″、5″、6″;

b. 依水平投影的顺序,连接 1″、2″、3″、4″、5″、6″、1″得截交线的侧面投影,它与截交线的水平投影都是截交线的类似形。

(3)确定棱线的侧面投影,判别可见性。

侧面投影上截交线的投影均可见。各侧棱的投影到它们与截平面交点的投影为止,其余部分擦去。侧棱Ⅳ的侧面投影不可见,应画成细虚线,其下面一段细虚线与侧棱Ⅰ侧面投影的粗实线重合,不再画出。

(4)检查、加深图线,完成全图。

1.2 截切圆柱

截切圆柱的基本形式有三种,见表 3-1。

表 3-1 截切圆柱的基本形式

截平面位置	垂直于圆柱轴线	平行于圆柱轴线	倾斜于圆柱轴线
立体图	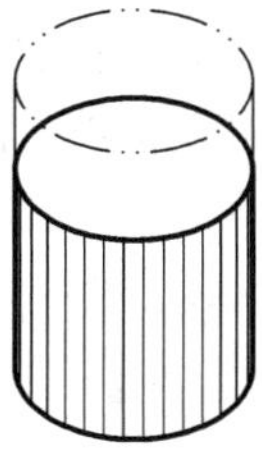	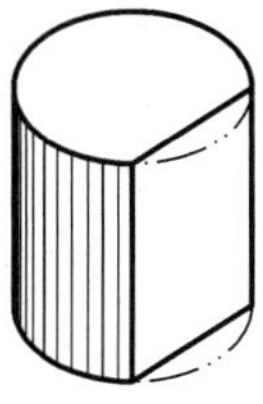	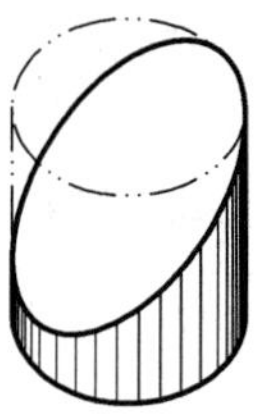
截交线形状	圆	矩形(一对边是圆柱面的素线,另一对边是上下底面圆的弦)	椭圆
三面投影图	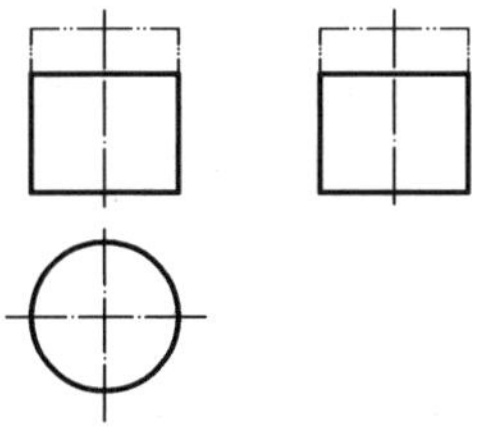	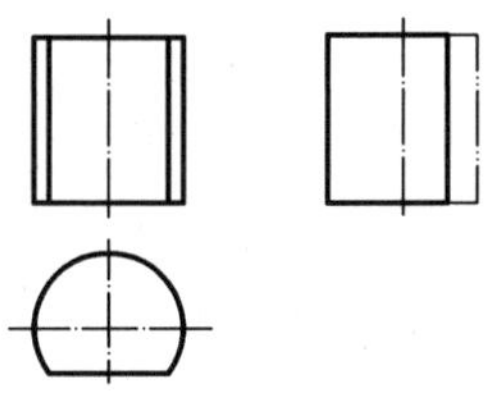	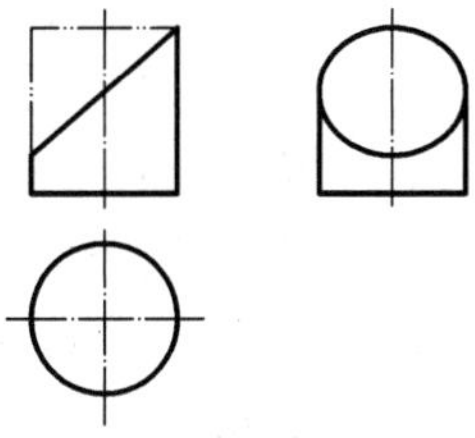

下面以斜截圆柱三面投影的画法为例,介绍截切圆柱的作图步骤。

[例] 已知斜截圆柱的正面投影和水平投影,如图 3-2(a)所示,求其侧面投影。

[解] 分析:圆柱被平面斜截,截交线为椭圆。截平面为正垂面,圆柱轴线为铅垂线,则截交线的正面投影为一段直线,水平投影为圆,侧面投影一般为椭圆(但不反映实形)。

如图 3-2(b)所示,作图步骤如下。

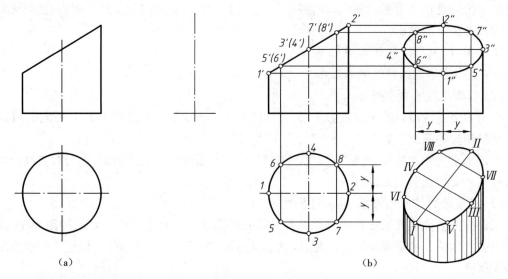

图 3-2　斜截圆柱的三面投影图

（1）画出完整圆柱的侧面投影。

（2）求截交线的侧面投影。

a. 求截交线上特殊点（主要指轮廓素线上的点）的侧面投影。由圆柱面正面投射方向轮廓素线上点 Ⅰ、Ⅱ 的正面投影 1′、2′ 及圆柱面侧面投射方向轮廓素线上点 Ⅲ、Ⅳ 的正面投影 3′、(4′)，求得相应的水平投影为 1、2、3、4 和侧面投影 1″、2″、3″、4″。

b. 求适当数量中间点的侧面投影。为使作图准确，还应在特殊点之间的适当位置取截交线上的若干个点。如在已知的正面投影上取点的投影 5′、(6′)，然后利用圆柱表面取点的方法，由 5′、(6′) 得到 5、6，再用分规在水平投影中截取 y，以前后对称面为基准，在侧面投影上量取相等的 y，即宽相等的原理，便可求得 5″、6″。同理，取 7′、(8′)，可得 7、8 及 7″、8″。

c. 按截交线水平投影的顺序，平滑连接所求得的各点的侧面投影，得到截交线的侧面投影——椭圆。

（3）整理侧面投影轮廓线，判别可见性。

圆柱面的侧面投影轮廓线到 3″、4″ 为止，其余部分擦去。侧面投影均可见。

（4）检查、加深图线，完成全图。

被几个平面截切的圆柱，可看成上述基本截切形式的组合。画图前要分析各截平面与立体的相对位置（即与立体轴线的相对位置），弄清截交线的形状，然后分别画出各个截交线的投影。画图时要注意相交的两个截平面应画出其交线的投影。

［例］　求图 3-3（a）所示带切口圆柱的侧面投影。

［解］　分析：圆柱上的切口是由两个截平面形成的。一个截平面是垂直于圆柱轴线的水平面，它与圆柱面的截交线为一段圆弧 Ⅱ Ⅰ Ⅲ；另一个截平面是倾斜于圆柱轴线的正垂面，它与圆柱面的截交线为两段椭圆弧 Ⅱ Ⅵ Ⅷ Ⅳ 和 Ⅲ Ⅶ Ⅸ Ⅴ，与顶面的截交线为正垂线 Ⅳ Ⅴ。两截平面的交线为正垂线 Ⅱ Ⅲ。

如图 3-3（b）所示，作图步骤如下。

50

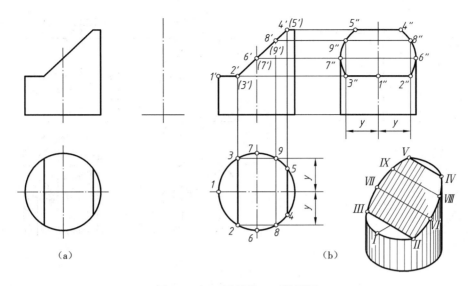

图 3-3　切口圆柱的三面投影图

（1）画出完整圆柱的侧面投影。

（2）画截交线的侧面投影。

a. 水平截平面与圆柱表面截交线的水平投影为$\overset{\frown}{213}$，其侧面投影为直线 2″1″3″，此直线根据"宽相等"作出。

b. 按上例（2）的步骤，作出椭圆弧$\overset{\frown}{2″6″8″4″}$和$\overset{\frown}{3″7″9″5″}$，直线 Ⅳ Ⅴ 的侧面投影为 4″5″。

c. 画两截平面交线的侧面投影，截平面交线 Ⅱ Ⅲ 的侧面投影与 2″1″3″重合，不必重画。

（3）整理侧面投影轮廓线，判别可见性。在侧面投影上，圆柱面轮廓线到 6″、7″为止，顶面的投影为 4″5″。侧面投影均可见。

（4）检查、加深图线，完成全图。

［例］　求图 3-4（a）所示开槽圆柱的侧面投影。

［解］　分析：槽是由三个截平面形成的，左右对称的两个截平面是平行于圆柱轴线的侧平面，它们与圆柱面的截交线均为两条直素线，与顶面的截交线为正垂线；另一个截平面是垂直于圆柱轴线的水平面，它与圆柱面的截交线为两段圆弧。三个截平面间产生了两条交线，均为正垂线。

如图 3-4（b）所示，作图步骤与上例相同。

但要注意，截平面交线的侧面投影不可见，应画成细虚线。圆柱面侧面投影的轮廓线画到 1″、2″为止。

［例］　求图 3-5（a）所示开槽空心圆柱的侧面投影。

［解］　分析：在上例开槽圆柱的基础上，作出一个与外圆柱面同轴的圆柱孔，就形成开槽的空心圆柱。圆柱孔把槽断成两部分，这在水平投影上看得很清楚。

如图 3-5（b）所示，作图步骤略。

但要注意，截平面间交线的侧面投影不可见，细虚线 1″（2″）与（3″）4″为两段，（2″）（3″）不能连起来。圆柱孔的轮廓线及截平面与圆柱孔的截交线的侧面投影均不可见。

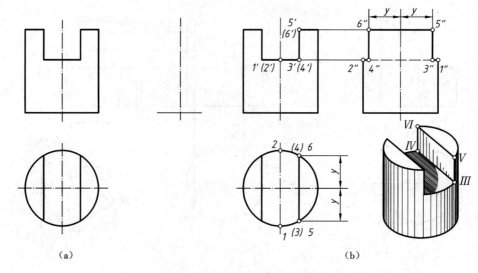

图 3-4　开槽圆柱的三面投影图

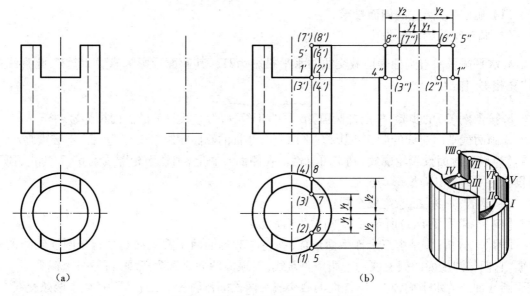

图 3-5　开槽空心圆柱的三面投影图

1.3　截切圆锥

截切圆锥的基本形式有五种,见表 3-2。

下面举例介绍截切圆锥的作图步骤。

表 3-2　截切圆锥的基本形式

截平面位置	过圆锥锥顶	不 过 圆 锥 锥 顶			
		$\theta = 90°$	$\alpha < \theta < 90°$	$\theta = \alpha$	$0° \leq \theta < \alpha$
立体图	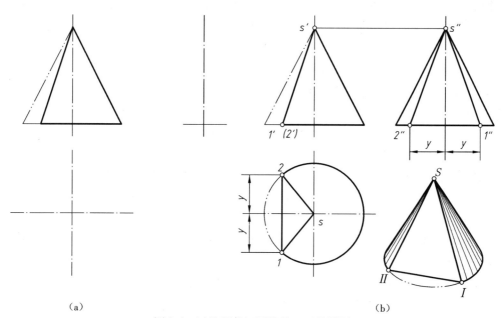				
截交线形状	等腰三角形	圆	椭 圆	抛物线和直线	双曲线和直线
投影图					

[例]　已知斜截圆锥的正面投影,求其余二投影,如图 3-6(a)所示。

[解]　分析:截平面过锥顶截切圆锥,截交线为等腰三角形,截平面与圆锥面及底面的截交线分别为等腰三角形的两腰及底。由于截平面为正垂面,所以等腰三角形的正面投影积聚成直线,其水平投影和侧面投影为类似形(三角形)。

如图 3-6(b)所示,作图步骤如下。

(a)　　　　　　　　　　　　　(b)

图 3-6　过锥顶截切圆锥的三面投影图

53

（1）画出完整圆锥的水平投影和侧面投影。

（2）求截交线的水平投影和侧面投影。由截交线两个端点Ⅰ、Ⅱ的正面投影 1′、2′ 先求得水平投影 1、2，然后求得侧面投影 1″、2″。连接Ⅰ、Ⅱ及锥顶点 S 的同面投影，得 △s12 和 △s″1″2″，即为截交线的水平投影和侧面投影。

（3）整理水平投影和侧面投影的轮廓线，判别可见性，擦去不要的图线。

显然，水平投影和侧面投影均可见。

（4）检查、加深图线，完成全图。

［例］　已知截切圆锥的正面投影，求其余二投影，如图 3-7(a)所示。

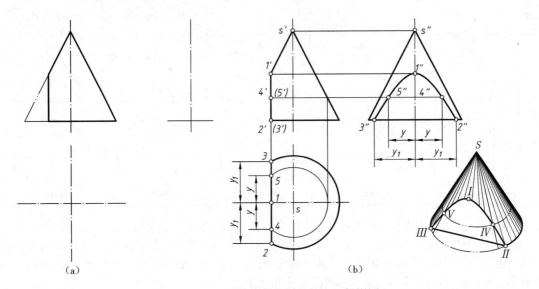

图 3-7　平行于轴线截切圆锥的三面投影图

［解］　分析：截平面为不过锥顶但平行于圆锥轴线的侧平面，截交线是双曲线和直线。截交线的正面投影和水平投影都为一段直线，其侧面投影反映实形。

如图 3-7(b)所示，作图步骤如下。

（1）画出完整圆锥的水平投影和侧面投影。

（2）求截交线的水平投影和侧面投影。

a. 求特殊点。圆锥面正面投射方向轮廓素线上的点Ⅰ（双曲线的顶点）以及截平面与底面圆的交点Ⅱ、Ⅲ（双曲线的两端点）为特殊点，由它们的正面投影 1′、2′、(3′) 可直接求得水平投影 1、2、3 及侧面投影 1″、2″、3″。

b. 求适当数量的中间点（以点Ⅳ、Ⅴ为例）。在截交线已知的正面投影上适当取两点的投影 4′ 及 (5′)，用辅助线法（图中用辅助圆）在圆锥表面取点，求得水平投影 4、5 及侧面投影 4″、5″。

c. 依次连接各点的同面投影成平滑曲线，水平投影 24153 是直线，侧面投影 2″4″1″5″3″ 为双曲线，且反映实形。

d. 截交线ⅡⅢ的水平投影和侧面投影均与其他投影重合，不再画出。

（3）整理水平投影和侧面投影的轮廓线，判别可见性，擦去不要的图线。

显然水平投影和侧面投影均可见。

[**例**] 已知带切口圆锥的正面投影,求其余二投影,如图 3-8(a)所示。

[**解**] 分析:切口是由两个截平面形成的。一个截平面是过圆锥顶的正垂面,为三角形,其中两条边是此截平面与圆锥面的截交线,另一条边是两截平面的交线,为正垂线。另一个截平面是垂直于圆锥轴线的水平面,为弓形。弓形的圆弧是此截平面与圆锥面的截交线,弓形的弦是两截平面的交线。

如图 3-8(b)所示,作图步骤如下:

(1)画出完整圆锥的水平投影与侧面投影;

(2)分别画出各截平面的水平投影和侧面投影(画截平面的投影,就是画出截平面与立体表面的截交线及截平面间交线的投影);

(3)整理水平投影和侧面投影的轮廓线,判别可见性,擦去不要的图线。

截平面间的交线 Ⅰ Ⅱ 在两个投影中均不可见,其水平投影 12 画成细虚线,侧面投影 1″2″ 不再画出。在侧面投影中,圆锥面的轮廓线画到 3″、4″ 为止。

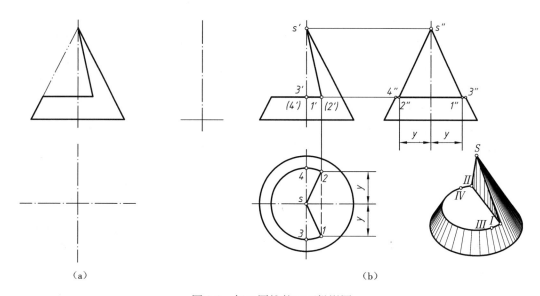

图 3-8　切口圆锥的三面投影图

1.4 截切球

常见的截切球的两种投影形式,见表 3-3。

平面截切球面时,截交线总是圆。该圆的直径大小与球的大小及截平面到球心的距离有关,圆的投影形状与截平面对投影面的相对位置有关。

由表 3-3 可以看出,当截平面平行于投影面时,求截交线圆的分析及作图与在球面上取平行于投影面的辅助圆的方法相同。

表 3-3　截切球的两种投影形式

截平面位置	平行于投影面(如正平面)	垂直于投影面(如正垂面)
立体图		
三面投影图		

下面举例介绍截切球的作图步骤。

[例]　已知截切球的正面投影,求其余二投影,如图 3-9(a)所示。

[解]　分析:平面截切球,截交线为圆,截平面为正垂面。因此,圆的正面投影为一段直线,线段长等于圆的直径。圆的水平投影和侧面投影均为椭圆。

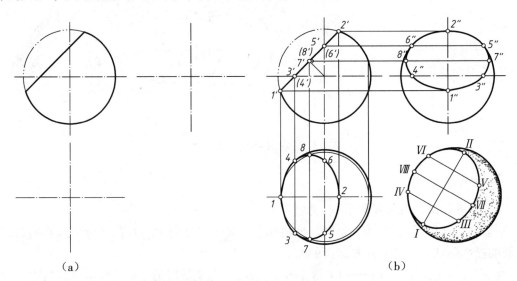

（a）　　　　　　　　　　　　　　（b）

图 3-9　截切球的三面投影图

如图 3-9(b)所示,作图步骤如下。

(1)画出完整球的水平投影和侧面投影。

(2)求截交线的水平投影和侧面投影。

a.求特殊点。由截平面的正面投影确定截交线上的球面正面投影轮廓线上点 1′、2′,水平

56

投影及侧面投影轮廓线上点 3′、(4′)及 5′、(6′),以及水平投影和侧面投影椭圆长轴端点 7′、(8′)。利用在球面轮廓线上取点的方法,由 1′、2′、3′、(4′)、5′、(6′)直接求得 1、2、3、4、5、6 和 1″、2″、3″、4″、5″、6″。由 7′、(8′)利用辅助圆在球面上取点,求得 7、8 及 7″、8″。

b.求适当数量的中间点。在特殊点之间的适当位置,选取截交线上点的正面投影,再用球面取点的方法,求得其水平投影和侧面投影。读者可自己作图。

c.依次连点成平滑曲线,得到截交线的水平投影和侧面投影——椭圆。

(3)整理水平投影和侧面投影的轮廓线,判别可见性,擦去不要的图线。

在水平投影上,球的轮廓线的左边画到 3、4 为止。侧面投影上,球的轮廓线的上边画到 5″、6″为止。

[例] 已知开槽半球的正面投影,求其余二投影,如图 3-10(a)所示。

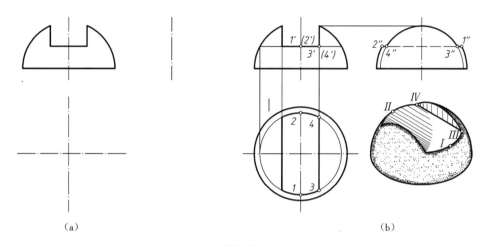

图 3-10 开槽半球的三面投影图

[解] 分析:槽由两个侧平面和一个水平面形成,左右对称。两个侧平截平面与球面的截交线均为一段圆弧,与水平截平面的交线为正垂线,截平面为弓形,其侧面投影反映实形。水平截平面与球面的截交线是两段圆弧,截平面的水平投影反映实形。

作图:与带切口圆锥的作图步骤相同,画法如图 3-10(b)所示。但要注意,侧面投影上 3″4″线不可见,球的轮廓线只画到 1″、2″为止。

1.5　截切组合体

组合体是由一些简单基本立体组成的几何体。

画所求截切组合体的某投影时,先要看懂所给的投影,分析组成组合体的各基本立体的形状,了解截平面与基本立体的相对位置,确定截平面和各基本立体的截交线的形状,然后画图。

[例] 已知带切口组合体的正面投影,补全水平投影,求出侧面投影,如图 3-11(a)所示。

[解] 分析:图中组合体是回转体,其轴线为铅垂线。组合体上部是半球,下部是圆柱,半球面与圆柱面平滑相切,因此在投影上没有分界线。切口由水平面与侧平面形成,左右对称。水平截平面只截切圆柱,其形状为弓形。圆弧 Ⅰ Ⅵ Ⅴ 为水平截平面与圆柱面的截交线。

侧平截平面既截切半球又截切圆柱,截平面为拱形,其半圆 Ⅱ Ⅲ Ⅳ 为侧平截平面与半球的截交线,直线ⅠⅡ和ⅣⅤ为侧平截平面与圆柱面的截交线,直线ⅠⅤ则为两截平面间的交线。

作图如图3-11(b)所示。

水平投影可根据正面投影直接画出。侧面投影上,水平截平面的投影为一段水平线1″6″5″,侧平截平面的投影反映实形。

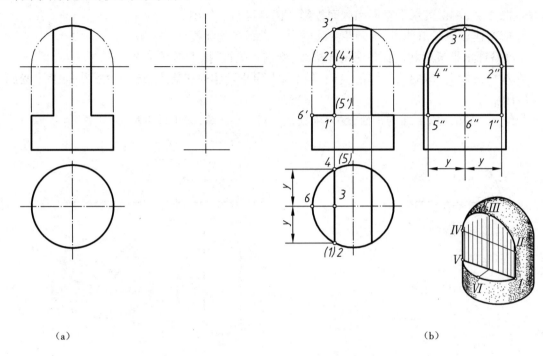

(a)   (b)

图 3-11 带切口组合体的三面投影图

2 相贯立体的三面投影图

两立体相交称为相贯。两立体表面的交线称为相贯线,如图3-12(b)所示。画相贯立体的三面投影时,既要画出立体表面相贯线的投影,又要画好相贯立体轮廓线的投影。

本节主要介绍常见的回转体相贯。相贯线一般是封闭的空间曲线,特殊情况是平面曲线或直线。

相贯线上的点是两个立体表面的公有点。因此,求相贯线的投影,就是求相贯线上适当数量公有点的投影,并连点成平滑曲线。

求相贯线上公有点的常用方法有利用积聚性法和辅助平面法。

2.1 利用积聚性法求相贯线

圆柱与另一回转体相贯时,若圆柱轴线垂直于某一投影面,就可以利用圆柱面投影的积聚性得到相贯线的一个投影。然而,相贯线也应在另一立体表面上,所以可在该立体表面上取线,求得相贯线的其他投影。

2.1.1 圆柱与圆柱相贯

1.两圆柱正交相贯

[例] 已知正交相贯两圆柱的水平投影和侧面投影,求正面投影,如图3-12(a)所示。

[解] 分析:两圆柱正交,就是其轴线垂直相交。图中,大圆柱轴线为侧垂线,所以大圆柱面的侧面投影积聚成圆,相贯线的侧面投影应为这个圆上的一段圆弧。小圆柱轴线为铅垂线,则相贯线的水平投影应在小圆柱面的水平投影上,为一个圆。因此,只需求相贯线的正面投影。

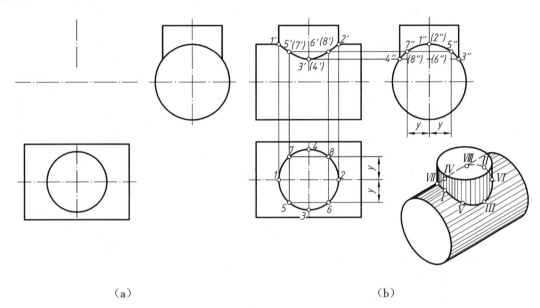

(a)　　　　　　　　　　　　　　　　　　　(b)

图3-12　两圆柱正交相贯的三面投影图

如图3-12(b)所示,作图步骤如下。

(1)画出相贯立体的正面投影轮廓。

(2)求相贯线的正面投影。

a.求特殊点。在水平投影上取1、2确定正面投影轮廓线上的点,取3、4确定侧面投影轮廓线上的点,从而求得正面投影1′、2′、3′、(4′)。

b.求适当数量的中间点(图中以Ⅴ、Ⅵ点为例)。在水平投影上取5、6,再求得侧面投影5″、(6″),最后得到正面投影5′、6′。

c.依次连点成平滑曲线,得到相贯线的正面投影。

d.判别相贯线的可见性。前半相贯线的正面投影可见,后半相贯线的正面投影与前半重影。

(3)画好正面投影轮廓线,并判别可见性。轮廓线画到公有点的投影1′、2′为止。1′2′之间为实体。没有轮廓,不要连线。正面投影轮廓线都可见。

(4)检查、擦去不必要的图线,加深保留的图线,完成全图。

2.两圆柱正交相贯的基本形式

两圆柱正交相贯的基本形式见表3-4。

表 3-4　两圆柱正交相贯的基本形式

两圆柱 直径对比	直径不等		直 径 相 等
	直立圆柱大	直立圆柱小	
立 体 图	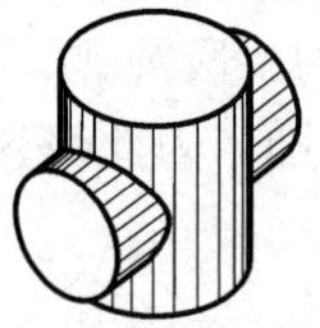	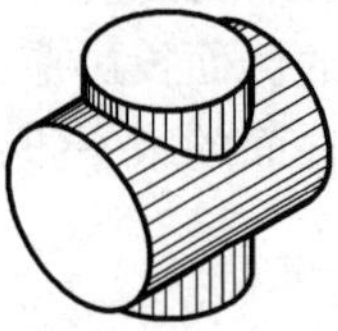	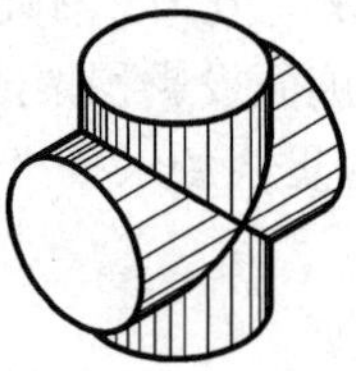
相贯线 形　状	左右两条空间曲线	上下两条空间曲线	两个椭圆
三 面 投 影 图	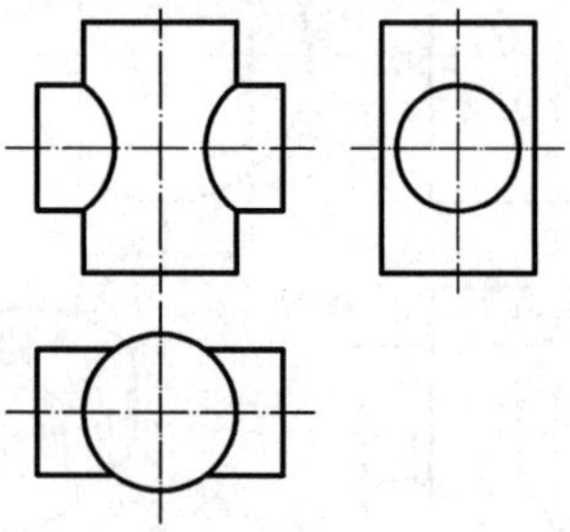	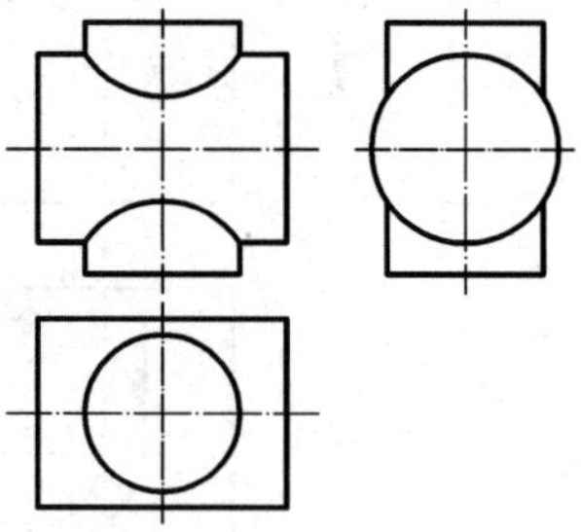	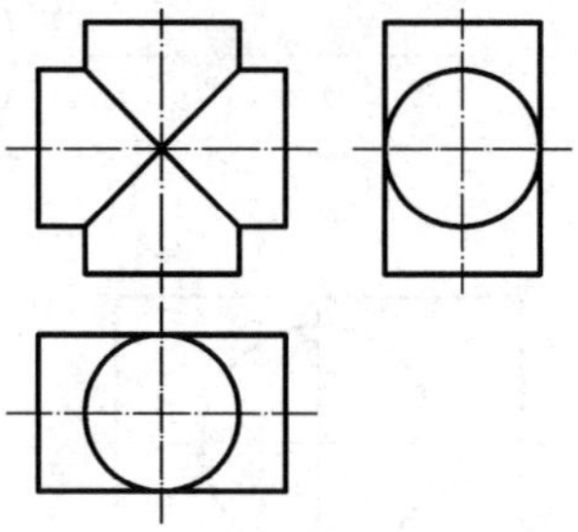
相贯线 的投影[①]	以小圆柱轴投影为实轴的双曲线		相交二直线

①相贯线的投影是指相贯线在平行于两正交轴线的投影面上的投影。

3. 圆柱孔的正交相贯

圆柱孔的正交相贯见表 3-5。

表 3-5　圆柱孔的正交相贯形式

	圆柱上钻孔	两圆柱孔相贯	半圆筒上钻孔
立 体 图	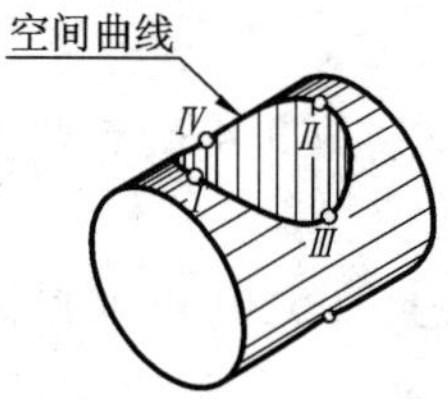	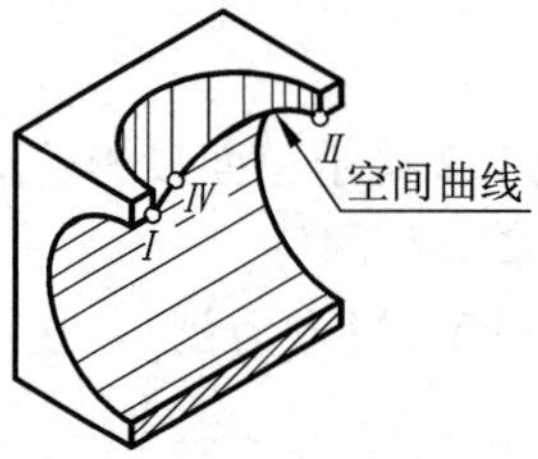	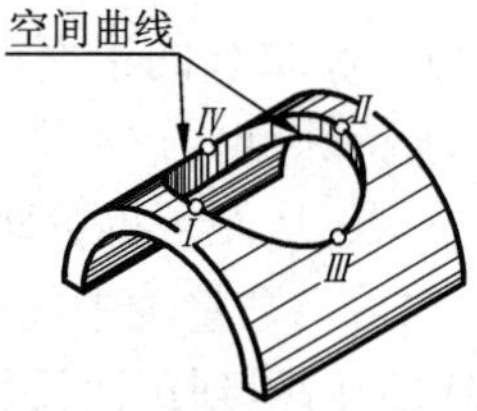
三 面 投 影 图	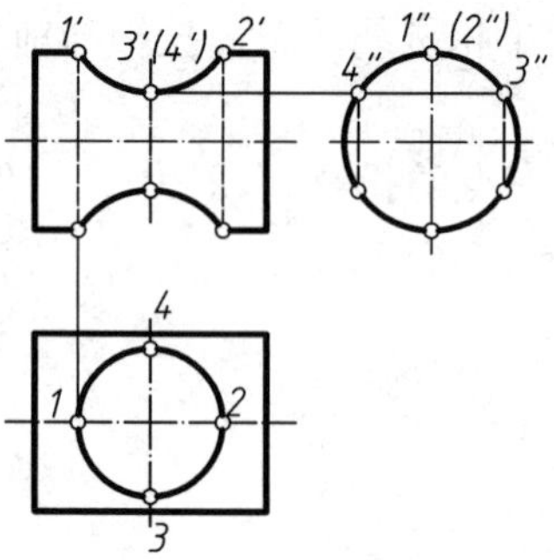	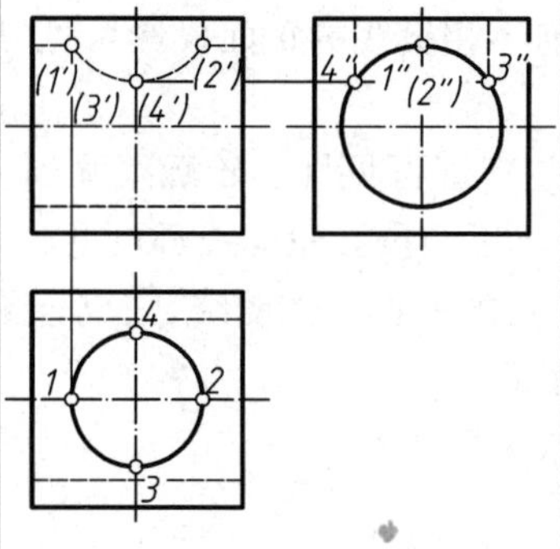	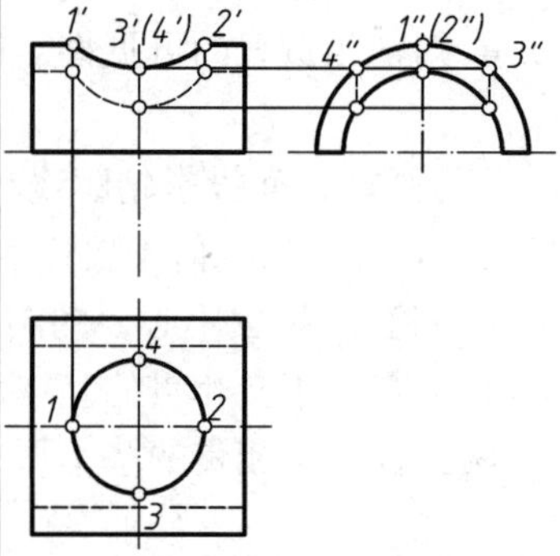

圆柱孔是内圆柱面。画含有圆柱孔相贯立体的三面投影时,求相贯线的方法步骤与上述圆柱相贯相同。但要注意,孔的轮廓线不可见,并且只画到轮廓线上公有点为止。判别相贯线可见性的原则是:在某投影面上,凡处于两立体均可见表面上的相贯线,其投影可见,否则不可见。

4. 圆筒与圆筒相贯

圆筒与圆筒相贯的三面投影如图 3-13 所示。

2.1.2　圆柱和方柱相贯

圆柱和方柱相贯可用求截交线的方法求出相贯线,其相贯形式见表 3-6。

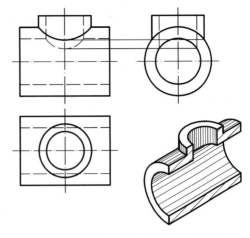

图 3-13　圆筒与圆筒相贯的三面投影图

表 3-6　圆柱和方柱相贯

	圆柱和方柱相贯	圆柱上开方孔	圆筒上开方孔
立体图			
三面投影图			

2.1.3　圆柱和圆锥相贯

[例]　已知圆柱和圆锥正交相贯,试画全其正面投影和水平投影,如图 3-14(a)所示。

[解]　分析:圆柱轴线为侧垂线,相贯线的侧面投影在圆柱面的侧面投影圆上。由于相贯线又在圆锥表面上,因此可利用圆锥表面取点的方法,求出相贯线的水平投影和正面投影。

如图 3-14(b)所示,作图步骤如下。

(1)求相贯线的正面投影和水平投影。

a.求特殊点。由侧面投影判定,圆柱和圆锥的正面投射方向上的轮廓素线在立体上相交于两点 Ⅰ、Ⅱ。1″、2″是 Ⅰ、Ⅱ 的侧面投影,1′、2′是其正面投影,由 1′、2′求得 1、(2)。相贯线在圆柱水平投射方向上的轮廓素线上的点 Ⅲ、Ⅳ 的侧面投影为 3″、4″,其余二投影用辅助圆法求得。即过两点 Ⅲ、Ⅳ 作水平辅助圆,其侧面投影为过 3″、4″的水平直线,其正面投影也为水平直

61

线。辅助圆的水平投影反映实形,它与圆柱水平投影轮廓线的交点 3、4 即为Ⅲ、Ⅳ的水平投影。由3、4在正面投影上求得3′、(4′)。在侧面投影中过锥顶作圆柱侧面投影圆的切线$s''a''$和$s''b''$,得切点 5″、6″,即最外辅助素线上点 Ⅴ、Ⅵ的侧面投影。利用圆锥表面取点的辅助素线法求得Ⅴ、Ⅵ的水平投影和正面投影。

b.求适当数量的中间点。在两点 Ⅰ、Ⅱ间适当位置作水平辅助圆,求得若干公有点。图中示出Ⅶ、Ⅷ两点的作图,先在圆柱面有积聚性的侧面投影上作水平辅助圆的侧面投影,确定7″、8″,根据"宽相等"在辅助圆的水平投影上求得(7)、(8),进而可求得正面投影7′、(8′)。

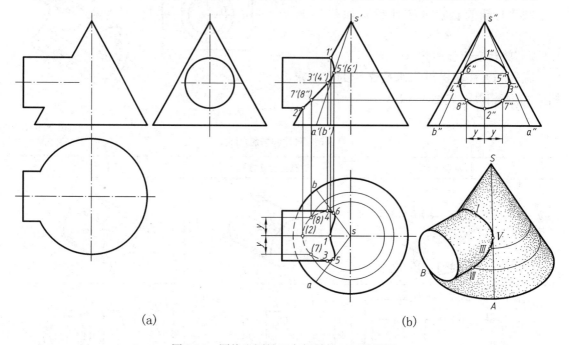

(a)　　　　　　　　　　　　　　(b)

图 3-14　圆柱和圆锥正交相贯的三面投影图

c.依次连点成平滑曲线。按相贯线侧面投影的顺序,分别连接同面投影各点成平滑曲线,得到相贯线的水平投影及正面投影。

d.判别可见性。在正面投影上,前半相贯线的投影可见,后半相贯线的投影与前半重影。在水平投影上,上半圆柱面上相贯线的投影 35164 可见,3、4 是相贯线水平投影的虚实分界点,线 3(7)(2)(8)4 不可见。

(2)画好立体正面投影、水平投影的轮廓线,并判别可见性。轮廓线画到公有点的投影为止。因此,在水平投影上圆柱的轮廓线画到3、4。圆锥的底圆被圆柱挡住的部分不可见,画成细虚线。

圆柱和球相贯也可用在球表面取点的求解方法。

2.2　利用辅助平面法求相贯线

两立体相贯时,为了求得相贯线,可在适当位置选择一个辅助平面,使它与两立体表面截交,得到两条截交线,这两条截交线的交点就是辅助平面与两个立体表面的公有点,亦即相贯线上的点。改变辅助平面的位置,可以得到适当数量的公有点,再依次平滑连接各点的同面投影,就得到相贯线的投影。

62

选择辅助平面的原则是:辅助平面与两个立体截交线的投影都应是简单易画的图线——直线或圆弧。

[例] 已知圆台与半球相贯,试画全其三面投影,如图 3-15(a)所示。

[解] 分析:圆台与半球相贯,它们的三个投影都没有积聚性,所以应采用辅助平面法求相贯线上的公有点。本题宜选择水平辅助面。水平辅助面与圆台锥面的交线是圆,与半球面的交线也是圆,这两个圆的水平投影反映实形,其交点就是相贯线上公有点的水平投影。

如图 3-15(b)所示,作图步骤如下。

(1)求相贯线的三面投影。

a.求特殊点。立体前后对称,正面投射方向上,圆台锥面及半球的轮廓素线相交于两点Ⅰ、Ⅱ。由Ⅰ、Ⅱ的正面投影 1′、2′可求得水平投影 1、2 及侧面投影(1″)、2″。过圆台轴线作侧平辅助面 Q(其正面投影为 q′),它与圆台的截交线等腰梯形和它与半球的截交线半圆相交,交点的侧面投影为 3″、4″,由 3″、4″求得 3′、(4′)及 3、4。

b.求适当数量的中间点(图中示出求Ⅴ、Ⅵ两点的作图)。在适当位置,选取水平辅助面 P(其正面投影为 p′),它与圆台及半球的交线均为圆,两个圆水平投影的交点为 5、6,由 5、6 在 p′上求得 5′、(6′),进而可得 5″、6″。

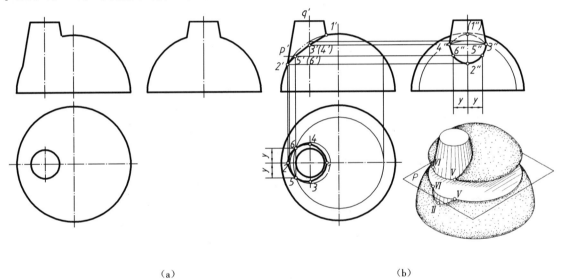

（a）　　　　　　　　　　　　　　（b）

图 3-15　圆台与半球相贯的三面投影

c.依次连点成平滑曲线,得到相贯线的三面投影。

d.判别可见性。整个立体前后对称,所以前半相贯线的正面投影可见,后半相贯线的正面投影与前半重合。相贯线的水平投影都可见。侧面投影上,只有圆台左半锥面上的相贯线的投影 3″5″2″6″4″可见,3″、4″是相贯线侧面投影的虚实分界点,3″(1″)4″不可见。

(2)画好立体各投影的轮廓线,并判别其可见性。

圆台侧面投影轮廓线画到 3″、4″为止。圆台锥面及半球面的侧面投影轮廓线在立体上不相交。所以,在侧面投影上,圆台锥面及半球面轮廓线的交点不是两立体表面公有点的投影,即相贯线的侧面投影不经过该点。在轮廓线交点之间,半球面的轮廓线应画成细虚线,如图 3-15(b)所示。

2.3　同轴回转体相贯

　　同轴的两个回转体相贯,其相贯线是垂直于回转体轴线的圆。当回转体轴线平行于投影面时,相贯线在该投影面上的投影是垂直于轴线投影的直线,如图 3-16 所示。其中图 3-16(a)和(b)是圆柱和球同轴相贯,在图 3-16(c)的立体上,左端为圆台和圆柱同轴相贯,右端为圆台和球同轴相贯。

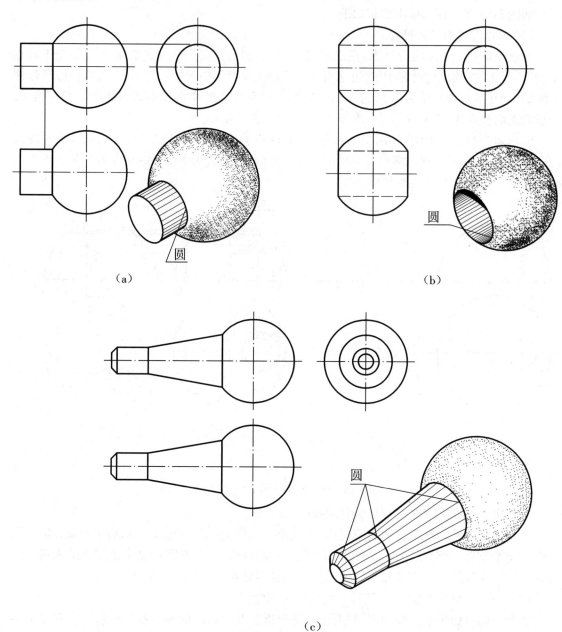

（a）　　　　　　　　　　　　　　　　　（b）

（c）

图 3-16　同轴回转体相贯

2.4 截交相贯的综合举例

在实际物体中,经常遇到几个基本形体组合在一起彼此相交的情况。这时,立体表面上既有截交线,又有相贯线,它们分别为相关两个表面的交线。在画这种立体的三面投影时,先要看懂已给的投影,分析组成立体的各基本立体的形状及其相对位置,确定各相关表面相交的形式,然后分别画出各条交线的投影,再画好轮廓线,判别可见性,完成全图。

[**例**] 试画全图3-17(a)所示立体的正面投影和水平投影。

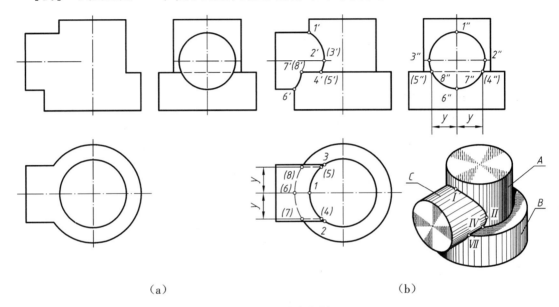

（a）　　　　　　　　　　　　　　　　（b）

图3-17　综合举例

[**解**] 分析:立体由三个圆柱组成。圆柱 A 和 B 同轴,轴线是铅垂线。圆柱 C 的轴线是侧垂线,圆柱 C 同时与圆柱 A、B 正交相贯,因此,相贯线的侧面投影均已知。圆柱 B 的顶面与圆柱 C 表面截交,截交线为两条直线,其侧面投影积聚为两点。

如图3-17(b)所示,作图步骤如下。

(1)分别画出各条交线的水平投影和正面投影。

a.圆柱 C 与 A 相贯线的侧面投影为(4″)2″1″3″(5″),由此求得水平投影(4)213(5),然后求出正面投影4′2′1′(3′)(5′)。

b.圆柱 C 与 B 相贯线的侧面投影为7″6″8″,由此得到水平投影(7)(6)(8),然后求出正面投影7′6′(8′)。

c.画出截交线的正面投影7′4′、(8′)(5′)及水平投影(7)(4)、(8)(5)。

(2)判别各交线的可见性。立体前后对称,所以前半交线的正面投影可见,后半交线的正面投影与前半重影。相贯线的水平投影积聚在相应的圆柱面的水平投影上。截交线的水平投影(7)(4)、(8)(5)不可见。

(3)画好立体轮廓线并判别可见性。在正面投影上,圆柱 B 上底面的投影左边画到7′为止。在水平投影上,圆柱 C 的轮廓线右边画到2 及3 为止,圆柱 B 的轮廓圆被圆柱 C 挡住的部分不可见,画成细虚线。

(4)检查,擦去不必要的图线,加深图线,完成全图。

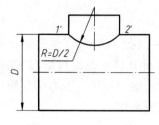

图 3-18 相贯线的近似画法

2.5 两正交圆柱相贯线投影的近似画法

正交圆柱相贯线的投影可用近似画法——以圆弧代替曲线画出,如图 3-18 所示。以大圆柱半径($D/2$)为半径(R),作出过 $1'$、$2'$ 两点的圆弧代替相贯线的投影。此方法可以在以后的作图中应用。

思考题

1. 试述截交线的形状和求截交线的步骤。

2. 截交立体的棱线或轮廓线如何处理?

3. 多平面截切立体时,除了求截交线外,还应求什么交线?

4. 什么是相贯线? 试述求相贯线的方法。

5. 两正交圆柱相贯线的变化趋势如何?

6. 回转体相贯时,相贯线有哪些特殊情况?

第4章 组 合 体

1 概述

从几何角度分析,许多物体都可以看成是由棱柱、棱锥、圆柱、圆锥、球、环等基本立体组成的。这种由多个基本立体组合而成的物体称为组合体。本章介绍组合体的画图、读图和尺寸注法。

1.1 组合体的组合方式

为了便于分析、研究组合体,按照组合体中各基本立体表面间的接触方式,可以把各基本立体间的组合方式分为堆积、相切和相交三种形式,如图4-1所示。

1.1.1 堆积

两基本立体间以平面方式相互接触时称为堆积。图4-1(a)中,圆柱、八棱柱和圆台都以平面互相接触,它们之间的组合方式为堆积。画图时,按各基本立体的相对位置分别画出各形体的投影图。

1.1.2 相切

两基本立体间有平面和曲面或曲面和曲面光滑连接时称为相切。图4-1(b)中,凸耳前后两平面分别和圆柱面相切,由于相切处为光滑连接,没有交线,因此,画图时相切处不能画线。

1.1.3 相交

两基本立体间有截交和相贯时称为相交。这时立体表面上有截交线和相贯线。无论是截交线还是相贯线,均为两立体表面的分界线,画图时,要按第3章所介绍的方法正确求出截交线和相贯线。在图4-1(c)中,凸耳前后两平面和圆柱面相交,其交线为截交线(直线),而图4-1(d)为圆台锥面和圆柱面相交,其交线为相贯线(空间曲线)。

如果两基本立体中的两个平面互相平齐而成为一个平面时,则它们之间的分界线不再存在。图4-1(b)、(c)中,凸耳顶面和圆柱顶面互相平齐而成为一个平面,所以在水平投影图中不能画出分界线(图中的虚线圆弧为凸耳下方圆柱面的投影)。同样,两基本立体组合成为一个整体时,结合部分的表面也不存在。如图4-1(b)、(c)所示,由于凸耳右侧面与圆柱面的左上方互相结合,其结合面不存在,因此,在正面投影图中不应画出结合部分圆柱面的轮廓线。

1.2 形体分析法

如上所述,组合体可看成是由若干个基本立体组成。因此,可以假想将复杂的组合体分解为若干个较简单的基本立体,分析各基本立体的形状、组合方式和相对位置,然后有步骤地进行画图、读图和标注尺寸。这种化繁为简,把复杂立体分解为若干个简单立体的分析方法称为形体分析法。它是组合体画图、读图和标注尺寸的主要方法。

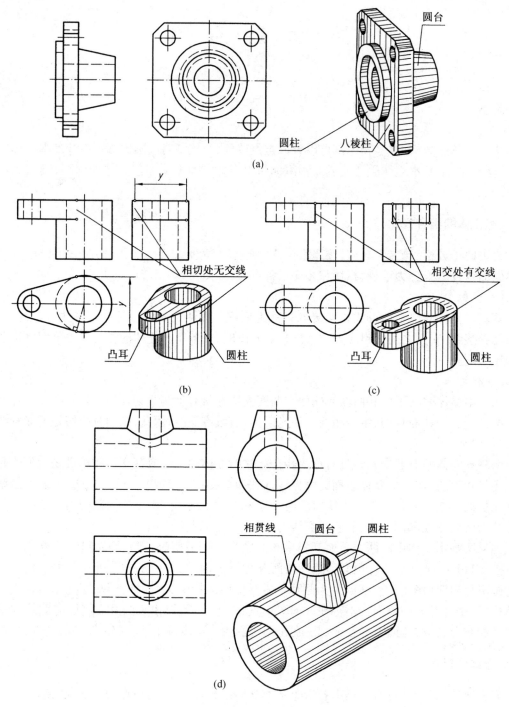

图 4-1　组合体的组合方式

2　画组合体的三面投影图

图 4-2(a)为一轴承座。现以该轴承座为例,说明画组合体三面投影图的方法和步骤。

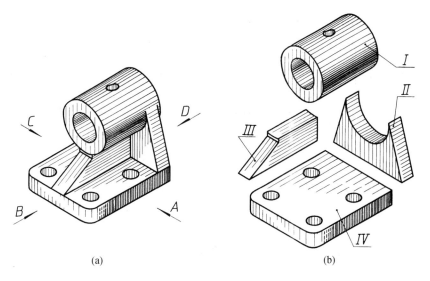

图 4-2 轴承座

2.1 形体分析

画图前,先对轴承座进行形体分析。假想将轴承座分解为Ⅰ、Ⅱ、Ⅲ、Ⅳ四个简单立体,其中Ⅰ为上部有一小圆柱孔的轴套(空心圆柱),Ⅱ为上部有部分圆柱面的支板(棱柱),Ⅲ为上部有部分圆柱面的肋板(棱柱),Ⅳ为有两个圆角和四个小圆柱孔的底板(柱体),如图 4-2(b)所示。在四个简单立体中,Ⅱ、Ⅲ、Ⅳ之间都以平面接触,为堆积方式;Ⅰ、Ⅱ为相切方式;Ⅰ、Ⅲ为相交方式,交线为截交线。

2.2 选择正面投影图

正面投影图是三面投影图的主要投影图。选择正面投影图时必须考虑组合体的安放位置和正面投射方向。

组合体的安放位置一般选择为组合体安放平稳的位置。如图 4-2(a)所示,轴承座的底板应位于下方且水平放置。

正面投射方向一般是选择最能反映组合体各组成部分的形状特征和相互位置关系的方向,同时还应考虑到使其他投影图虚线较少和图幅的合理利用。在图 4-2(a)中,以箭头 A 的方向作为正面投射方向,所得到的正面投影图如图 4-3(a)所示,该投影图能反映肋板Ⅲ的实形,且能较清楚地反映各组成部分的相对位置和组合方式。以箭头 B 作为正面投射方向所得到的正面投影图如图 4-3(b)所示,它能反映支板Ⅱ的实形、轴套Ⅰ与支板Ⅱ的相切关系和轴承座的对称情况。若以箭头 C 作为正面投射方向,得到如图 4-3(c)所示的正面投影图,尽管该图所表示的内容与图 4-3(a)相同,但将使侧面投影图虚线过多。若以箭头 D 作为正面投射方向,得到的正面投影图如图 4-3(d)所示,该正面投影图虚线过多。

由以上分析可知,图 4-2(a)中箭头 C 和 D 所示的方向不宜作正面投射方向,而 A 和 B 所示的方向虽然都可作为正面投射方向,但考虑到图幅的合理使用,以 A 向作正面投射方向为好。

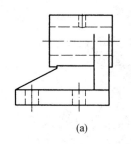 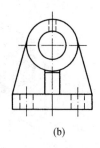 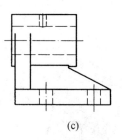 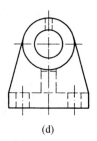

(a)　　　　　　　(b)　　　　　　　(c)　　　　　　　(d)

图4-3　轴承座的正面投影图的选择

确定正面投影图后,水平投影图和侧面投影图也就相应确定了。

2.3　确定比例和图幅

投影图确定后,根据组合体大小和复杂程度确定绘图比例和图幅大小,一般应采用标准比例和标准图幅。绘图比例尽量采用1:1。

2.4　画图步骤

画组合体的三面投影图时,要逐个形体画。对于每个形体,要从反映其形状特征的投影图画起,各投影图对应画。若相交表面具有积聚性,则应由具有积聚性的投影求出交线的其他投影。

轴承座三面投影图的画图步骤(图4-4)如下:

(1)布局,画各投影图的主要基准线(图4-4(a));

(2)从反映底板实形的水平投影画起,画底板的三面投影图(图4-4(b));

(3)从反映轴套实形的侧面投影画起,画轴套的三面投影图(图4-4(c));

(4)从反映支板实形的侧面投影画起,画支板的三面投影图(图4-4(d));

(5)从反映肋板与轴套截交线的积聚投影——侧面投影画起,画肋板的三面投影图,并画出底板上圆柱孔等细节,完成轴承座底稿(图4-4(e));

(6)校核投影,加深三面投影图(图4-4(f))。

3　读组合体的三面投影图

读图是根据物体的三面投影图想象出物体的形状。组合体的读图主要是用形体分析法,对于那些不易看懂的局部形状则应用线面分析法。为了能正确、迅速地读懂各投影图,必须掌握读图的基本知识和正确的读图方法,并反复实践练习。

3.1　读图的基本知识

3.1.1　要把各个投影图联系起来看

一般情况下物体的一个投影图不能反映物体的形状。因此,读图时不能孤立地只看一个投影图,而要根据投影规律,把几个投影图联系起来,才能想象出物体的形状。在图4-5中,(a)、(b)、(c)、(d)的正面投影图相同,而水平投影图不同,只有把正面投影图和水平投影图

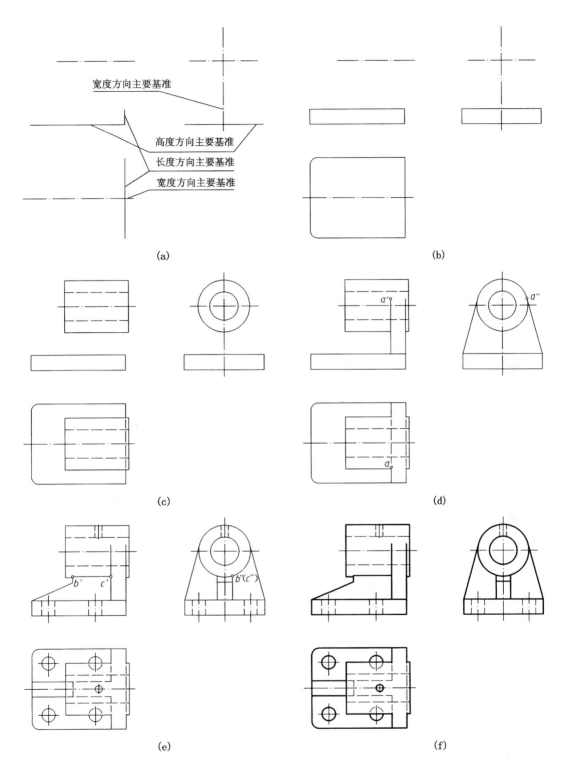

图 4-4　轴承座的画图步骤

宽度方向主要基准

高度方向主要基准
长度方向主要基准
宽度方向主要基准

(a)

(b)

(c)

(d)

(e)

(f)

联系起来看,才能想象出不同形状的物体,如图 4-5 中的轴测图所示。

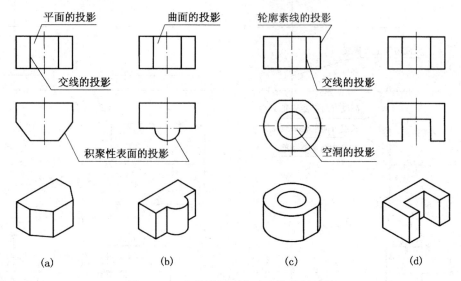

图 4-5　一个投影图不能确定物体的形状

有时两个投影图也不能反映物体的形状,图 4-6(a)、(b)的水平投影图和侧面投影图都相同,只有结合正面投影图一起看,才能确定物体的形状,见图 4-6 中的轴测图。

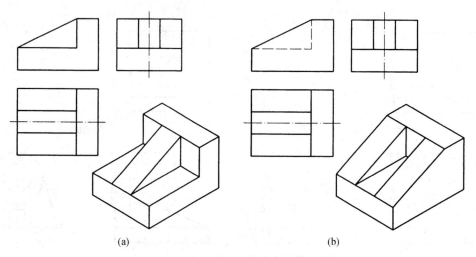

图 4-6　两个投影图不能确定物体的形状

3.1.2　注意分析各投影图中线条和线框的含义

投影图中的线条有直线和曲线,它们表示下列情况:

(1)具有积聚性表面的投影,如图 4-5(a)、(b)所示;

(2)表面与表面交线的投影,如棱线、截交线、相贯线等,如图 4-5(a)、(c)所示;

(3)曲面轮廓素线的投影,如图 4-5(c)所示。

投影图中的线框一般表示物体上表面(平面和曲面)的投影,如图 4-5(a)、(b)所示,也可能表示空洞的投影,如图 4-5(c)所示。

3.2 读图的方法和步骤

3.2.1 形体分析法

读图主要应用形体分析法。一般从正面投影图开始,将其可见部分分解成若干个代表简单立体的封闭线框,并按投影规律找出每一线框所对应的其他投影;然后由此想象出每一线框所代表的简单立体的形状及其在整体中所处的位置;最后把各形体按相互位置组合在一起,想象出整个物体的形状。

下面以图4-7所示的阀盖三面投影图为例,介绍形体分析法的读图步骤。

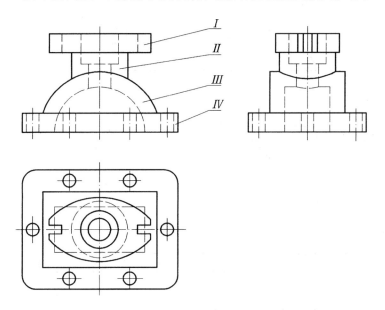

图4-7　阀盖的三面投影图

1. 分线框对投影

把图4-7中的正面投影图分解为Ⅰ、Ⅱ、Ⅲ、Ⅳ四个线框。根据长对正、高平齐、宽相等的投影规律,分别找出水平投影图和侧面投影图中的对应投影,得到各形体的三面投影图,如图4-8(a)、(b)、(c)、(d)所示。

2. 想形状定位置

根据图4-8中各形体的三面投影图,确定各形体的形状。

形体Ⅰ是一个左右两边开有长方形槽,前后为对称圆柱面,中间穿通一圆柱孔的薄板,其形状如图4-8(a)轴测图所示。

形体Ⅱ是一直立圆柱筒,中间有两个直径不等的圆柱孔,下端与形体Ⅲ相贯,其形状如图4-8(b)轴测图所示。

形体Ⅲ是一轴线为正垂线的部分空心圆柱,前后有挡板,其上部正中有一垂直圆柱孔,该圆柱孔和形体Ⅱ的圆柱孔同轴、同直径,其形状如图4-8(c)轴测图所示。

形体Ⅳ是一具有四个圆角的中空矩形底板,中空部分是一个左右带有圆柱面的长方形孔,四周分布有六个圆柱形通孔,其形状如图4-8(d)轴测图所示。

从图4-7的三面投影图中,可以确定各形体之间的相对位置和组合方式,形体Ⅰ在最上

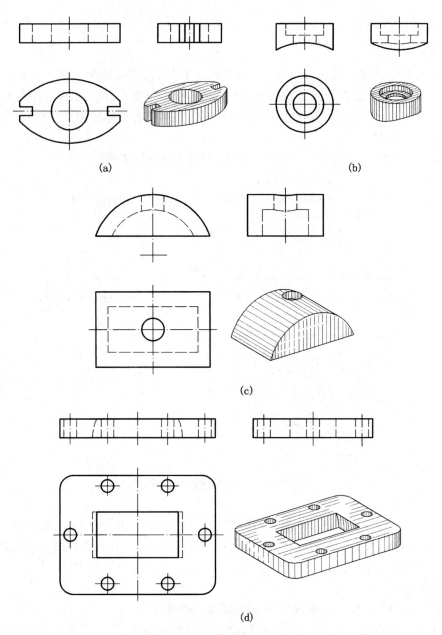

图 4-8　阀盖各部分的形状

面,Ⅱ、Ⅲ、Ⅳ依次在其下方,各形体前后、左右对称,其对称平面与阀盖的对称平面重合。各形体间的组合方式为:Ⅰ和Ⅱ、Ⅲ和Ⅳ为堆积,Ⅱ和Ⅲ为相交,其交线是相贯线。

3.合起来想整体

进行以上分析之后,按照各形体的形状、相互位置和组合方式,综合在一起想象出阀盖的整体形状,如图4-9所示。

3.2.2　线面分析法

如果组合体中较复杂的形体仅用形体分析法难以确定其形状时,可用线面分析法帮助确定其形状。

74

对于较复杂的形体,在形体分析的基础上,利用投影规律和线、面投影特点分析投影图中线条和线框的含义,判断该形体上各交线和表面的形状和位置,确定该形体的形状。这种分析方法称为线面分析法。

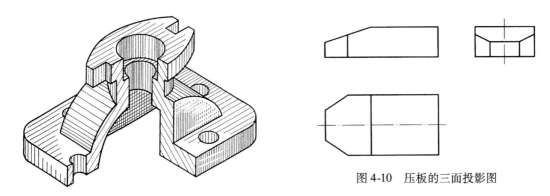

图 4-9 阀盖的轴测图

图 4-10 压板的三面投影图

图 4-10 为一压板的三面投影图,该物体由一平面立体(四棱柱体)被几个平面切割而成。

在图 4-11(a)中,正面投影图可分为 1′、2′两个线框,分别表示压板的两个表面。根据投影规律,由线框 1′可确定其在水平投影图中的对应投影为前后对称的两条直线 1,在侧面投影图中的对应投影为两个与 1′类似的封闭线框 1″。由 1、1′、1″可知,表面 Ⅰ 是铅垂面,形状为直角梯形,位于压板的左前方和左后方。用同样方法确定线框 2′在水平投影图中的对应投影 2 和侧面投影图中的对应投影 2″,由 2、2′、2″可确定表面 Ⅱ 是位于压板前面和后面的两个正平面,

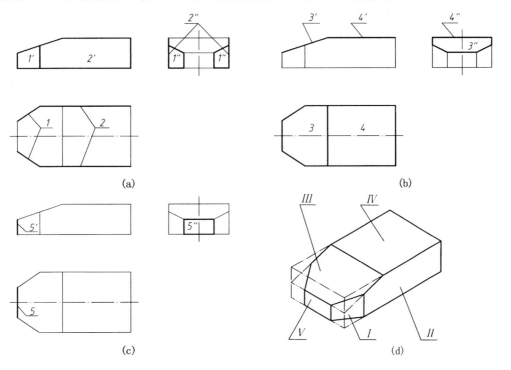

图 4-11 压板线面分析

形状为五边形。

在图4-11(b)的水平投影图中,3、4两个线框表示压板的另两个表面的水平投影。按投影规律可确定其正面投影图和侧面投影图的对应投影3′、3″和4′、4″。由3、3′、3″和4、4′、4″可知,表面Ⅲ是形状为六边形的正垂面,位于压板左上方,表面Ⅳ是形状为矩形的水平面,位于压板顶面。同理可确定压板底面是形状为六边形(即水平投影图中外部轮廓所围成的六边形)的水平面。

在图4-11(c)中,由侧面投影图的线框5″可确定其在正面投影图和水平投影图中的对应投影为直线段5′、5。故压板的左侧面是形状为矩形的侧平面。同样,压板右侧面也是形状为矩形的侧平面。

根据以上线面分析,把压板的顶面、底面、前面、后面、左上面、左前面、左后面及左右两个侧面综合在一起,可以想象出整个压板的形状如图4-11(d)所示。

3.3 由组合体的两投影图求第三投影图

根据组合体的两个投影图求第三投影图时,首先要读懂两个已知投影图,想象出组合体的形状,然后画出第三投影图。

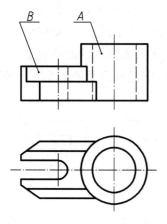

图4-12 支座的两面投影图

图4-12为一支座的两面投影图。在正面投影图中,把支座分解为A、B两部分形体,其中形体A为空心圆柱体,形体B为底板。由于形体B形状较复杂,可用线面分析法读图。读图步骤如下。

(1)在图4-13(a)中,由正面投影图的线框2′、4′,按投影规律找出其在水平投影图的对应投影为直线段2、4,从而确定线框2′、4′所表示的表面Ⅱ、Ⅳ是形状为矩形的正平面,它们的侧面投影为直线段2″、4″。

(2)在图4-13(b)中,由正面投影图的线框5′,可确定其在水平投影图中的对应投影为直线段5。因此,线框5′所示表面Ⅴ是形状为六边形的铅垂面,它在侧面投影图中的对应投影5″为类似形。

(3)图4-13(c)中,由水平投影图的线框1、3,可确定其在正面投影图的对应投影为直线段1′、3′。因此,线框1、3所示的表面Ⅰ、Ⅲ是形状为由圆弧和直线段组成的多边形,且平行于水平投影面,它们在侧面投影图中的对应投影为直线段1″、3″。

(4)在图4-13(d)中,由正面投影图的直线段6′及水平投影图的对应投影直线段6可知,它们表示的底板左侧面Ⅵ是形状为矩形的侧平面,其侧面投影6″为实形。

通过以上线面分析,底板B的形状及其三面投影图如图4-13(e)所示。

最后再把空心圆柱A和底板B以相交方式组合在一起,成为一个整体,想象出整体形状,并画出它的侧面投影图(此时形体A和B结合处的轮廓线已不存在),如图4-13(f)所示。

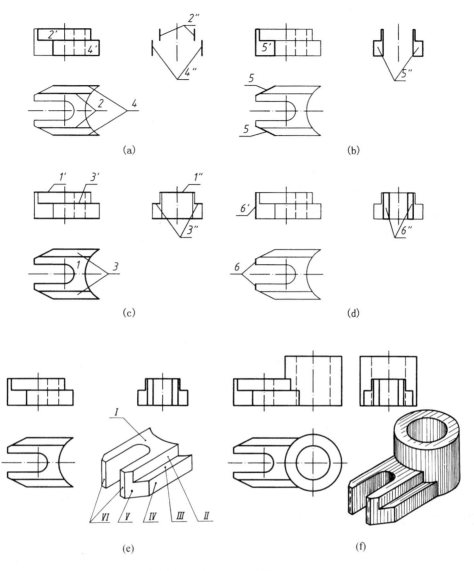

图 4-13　由两投影图求第三投影图

4　组合体的尺寸注法

组合体的投影图只表示组合体的形状,其大小要通过标注尺寸才能确定。从形体分析出发,组合体的尺寸可分为定形尺寸和定位尺寸。定形尺寸是确定各基本立体形状大小的尺寸,定位尺寸是确定各基本立体相对位置的尺寸。

4.1　标注尺寸的基本要求

标注尺寸的基本要求是:正确、完整、清晰、合理。正确是指尺寸标注必须符合国家标准的有关规定;完整是指尺寸必须注写齐全,既不遗漏又不重复;清晰是指尺寸布置要恰当,并尽量注写在最明显的地方,以便看图;合理是指尺寸标注要符合设计和制造等要求,为加工、测量和检验提供方便。

正确标注尺寸问题已在第1章中介绍过,合理标注尺寸问题将在第7章介绍,本节只介绍尺寸标注的完整和清晰问题。

4.2 基本立体的尺寸注法

基本立体的尺寸一般只需注出长、宽、高三个方向的定形尺寸。

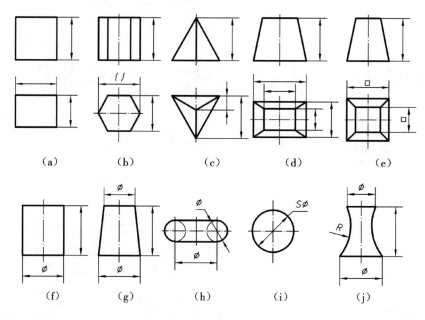

图4-14 基本立体的尺寸注法

图4-14(a)、(b)是棱柱,其长、宽尺寸注在反映底面实形的水平投影图中,高度尺寸注在反映棱柱高度的正面投影图中。图4-14(b)中正六棱柱的底面形状为正六边形,其对角距离不必注。若要标注,则应把尺寸数字用括号括起来,作为参考尺寸。

图4-14(c)是三棱锥,除了注出长、宽、高三个尺寸外,还要在反映底面实形的水平投影图中注明锥顶定位尺寸。图4-14(d)、(e)是棱台,标注尺寸时要注出顶面、底面和高度尺寸。

标注圆柱和圆锥的尺寸时,需要标注底圆的直径和高度。直径尺寸一般注在非圆投影图中,且在直径尺寸数字前加注符号ϕ,如图4-14(f)、(g)所示。圆环的尺寸如图4-14(h)所示。球的尺寸要在ϕ或R前加注字母S,如图4-14(i)所示。一般回转体的尺寸注法如图4-14(j)所示。

4.3 截切和相贯立体的尺寸注法

标注截切立体的尺寸时,除了注出被截切立体的定形尺寸外,还应注出确定截平面位置的定位尺寸。标注两个相贯立体的尺寸时,除了注出两相贯立体的定形尺寸外,还应注出确定两相贯立体之间相对位置的定位尺寸。常见的截切和相贯立体的尺寸注法如图4-15所示。

值得注意的是:当立体大小和截平面位置确定后,截交线也就确定了,所以截交线不能标

78

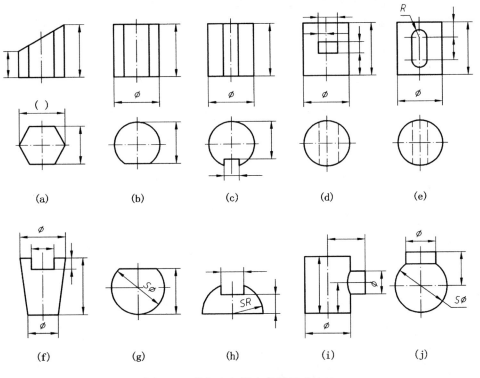

图 4-15　截切和相贯立体的尺寸注法

注尺寸。图 4-16(a)为正确注法,该图既注出了圆柱的定形尺寸 φ46 和 36,又注出了截平面的定位尺寸 30 和 16,这样侧面投影图中两截交线也就自然确定了。图 4-16(b)中不注定位尺寸 30,却注两截交线的距离 34,这是错误的。

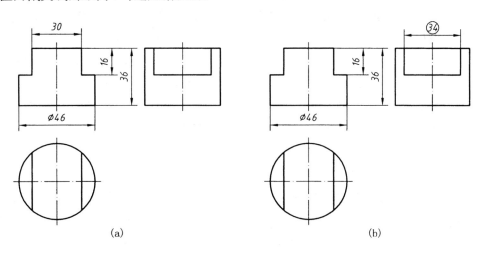

图 4-16　截切立体尺寸标注中的正误对比

同样,当两相贯立体的大小和相互位置确定后,相贯线也就相应确定了,因此,相贯线也不注尺寸。图 4-17(b)中注出相贯线尺寸 R23(实际上并非圆弧)是错误的。该图中定形尺寸 15

和定位尺寸 8 也是错误的,因为轮廓线一般不能作为尺寸基准。正确注法应如图 4-17(a)那样,注出定形尺寸 38 和定位尺寸 20。

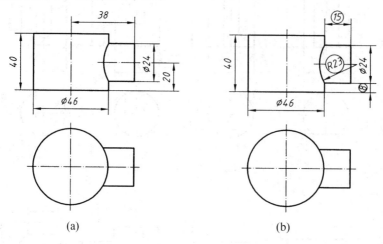

图 4-17　相贯立体尺寸标注中的正误对比

4.4　组合体的尺寸注法

　　由于组合体由若干基本立体组成,因此在标注组合体的尺寸时,也应该用形体分析法分别注出各基本立体的定形尺寸和定位尺寸,一般还应注出组合体的总体尺寸。

　　图 4-18 是轴承座的尺寸注法。如前所述,轴承座由轴套、支板、肋板和底板四部分组成。标注尺寸时,首先注出各部分的定形尺寸,如图 4-18(a)所示。轴套的定形尺寸为径向尺寸 $\phi110$、$\phi60$ 和轴向尺寸 135 及小圆柱孔直径尺寸 $\phi20$;支板前后两表面与轴套相切,其定形尺寸只有 32;肋板定形尺寸为 80、32 和 45;底板定形尺寸有长 200、宽 170、高 35,圆角半径 $R15$ 和四个圆柱孔直径尺寸 $4\times\phi28$。

　　在标注各部分之间的定位尺寸时,首先要确定标注的尺寸基准。每一组合体应有长、宽、高三个方向的尺寸基准。常用的尺寸基准有物体的对称平面、主要平面和回转体的轴线等。在图 4-18(a)中,选择底板底平面 A、前后方向对称平面 B 和底板右侧面 C 分别作为高度方向、宽度方向和长度方向的尺寸基准,然后分别注出各形体相对于这些基准的定位尺寸。如轴套高度方向和长度方向的定位尺寸为 135 和 7,小圆柱孔长度方向定位尺寸为 67.5(由于小圆柱孔属于轴套,定位基准为轴套右端平面,并非平面 C。由此可见,一个方向可以有多个基准,但其中只有一个基准是主要基准,如平面 C 就是长度方向的主要基准,其余基准都称为辅助基准);底板上四个小圆柱孔应首先注出确定其相对位置的尺寸 100 和 110,然后注出这一组孔长度方向定位尺寸 65,由于这组孔对称于基准 B,所以宽度方向定位尺寸不必注出。同样,各基本立体宽度方向都对称于基准 B,故它们宽度方向的定位尺寸都不注出。

　　轴承座宽度方向的总体尺寸就是底板宽度尺寸 170,长度方向总体尺寸可由底板长度的尺寸 200 和轴套定位尺寸 7 确定,而高度方向总体尺寸可由轴套直径 $\phi110$ 和轴套高度定位尺寸 135 确定,所以总长和总高不应直接注出。

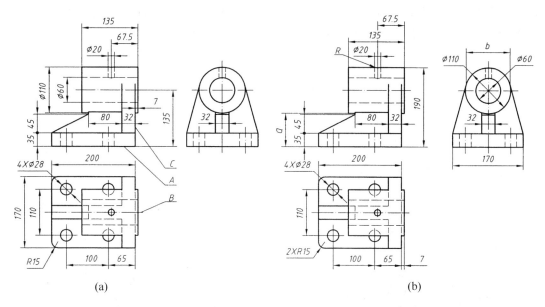

图 4-18 轴承座的尺寸注法

4.5 标注尺寸的注意点

（1）标注组合体的尺寸时，应先注主要形体，后注次要形体。各形体的定形尺寸和定位尺寸应尽量集中标注在反映该形体的形状特征的投影图上。如图 4-18(a) 所示，肋板尺寸尽可能注在正面投影图上，底板尺寸尽量注在水平投影图上，而不应如图 4-18(b) 那样，把底板尺寸分散注在三个投影图上。

（2）圆柱、圆锥的定形尺寸和定位尺寸应尽量集中标注在非圆投影图上。如图 4-18(a) 中轴套尺寸尽可能注在正面投影图上，而不应如图 4-18(b) 那样，将轴套尺寸分散标注在三个投影图上。

（3）尺寸应尽量注在投影图外部，并布置在与它有关的两投影图之间。若所引的尺寸界线过长或多次与图线相交，可注在投影图内适当的空白处，如图 4-18(a) 中肋板的定形尺寸 80。

（4）标注互相平行的尺寸时，小尺寸应靠近投影图，大尺寸应远离投影图，以避免尺寸线和尺寸界线间不必要的相交。如图 4-18(a) 中的尺寸 67.5 和 135，图 4-18(b) 的注法则不够清晰。

（5）半径尺寸应注在反映圆弧实形的投影图上。如图 4-18(a)，底板的圆角半径尺寸 $R15$ 应注在水平投影图的圆弧上。底板上虽然有两个圆角，标注半径尺寸时只标一个即可，而不能如图 4-18(b) 那样，注出圆角数目。

（6）确定圆柱体或其他回转体的位置，一般应确定其轴线位置，如图 4-18(a) 中轴套的定位尺寸 135。图 4-18(b) 中的尺寸 190 是确定轴套轮廓线位置的定位尺寸，这是错误的。

（7）截交线、相贯线以及两表面相切时切点的位置都不应注尺寸。如图 4-18(b) 中的尺寸 a、R、b 都是错误的。

（8）相对于某个尺寸基准对称的尺寸应该合起来标注。图 4-19(a) 中，空心圆柱左右两侧的肋板和底板相对于左右方向的定位基准(对称平面)是对称的,标注它们的长度方向尺寸时,应注 38 和 44,不能如图 4-19(b)那样,注成两个 19 和两个 22。

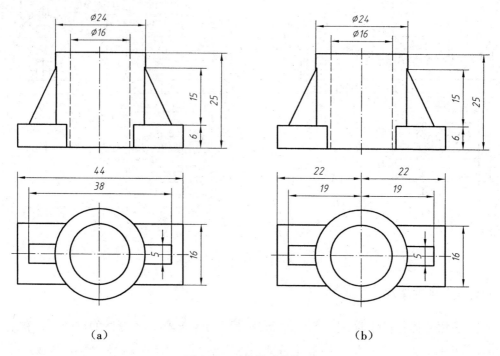

（a）　　　　　　　　　　　　　　　（b）

图 4-19　对称尺寸的注法

（9）一般应避免标注封闭尺寸。图 4-20(a)中,轴向尺寸 10、15、25 都注出时,称为封闭尺寸,这是不允许的,所以尺寸 10 不应标注。同样,图 4-20(b)中的尺寸 25 也不应注出,否则将成为封闭尺寸。为避免尺寸封闭,一般在注出总体尺寸之后,将该方向上一个不重要的定形尺寸去掉,如图 4-20(a)在长度方向上只注尺寸 15 和 25。

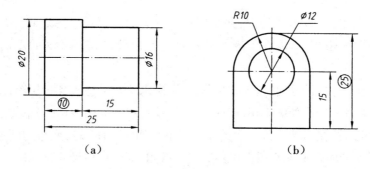

（a）　　　　　　　　　　　　（b）

图 4-20　尺寸不能注成封闭形式

思考题

1. 组合体的组合方式有哪几种？它们的画法各有何特点？
2. 画组合体投影图时,如何选择正面投影图？

3.组合体尺寸标注的基本要求是什么？怎样才能满足这些要求？

4.试述用形体分析法画图、读图和标注尺寸的方法与步骤。

5.什么叫线面分析法？试述用线面分析法读图的方法与步骤。

第5章 图样画法

1 视图

根据国家标准《机械制图 图样画法》中视图(GB/T 4458.1—2002)的有关规定,在多面投影体系中用正投影法绘制出的物体的图形,称为视图。视图尽量避免使用细虚线表示物体的轮廓及棱线,一般只画出物体的可见部分。

视图通常有基本视图、向视图、局部视图和斜视图。

1.1 基本视图

用正六面体的六个面作为基本投影面。将物体放在正六面体中,如图5-1(a)所示,分别向六个基本投影面投射,所得的视图称为基本视图。其名称如下:

(1)主视图是由前向后投射所得的视图,反映物体的长度和高度;

(2)俯视图是由上向下投射所得的视图,反映物体的长度和宽度;

(3)左视图是由左向右投射所得的视图,反映物体的宽度和高度;

(4)右视图是由右向左投射所得的视图,反映物体的宽度和高度;

(5)仰视图是由下向上投射所得的视图,反映物体的长度和宽度;

(6)后视图是由后向前投射所得的视图,反映物体的长度和高度。

将这六个基本投影面展开,使六个基本视图排列在同一个平面上。展开方法如图5-1(b)所示。

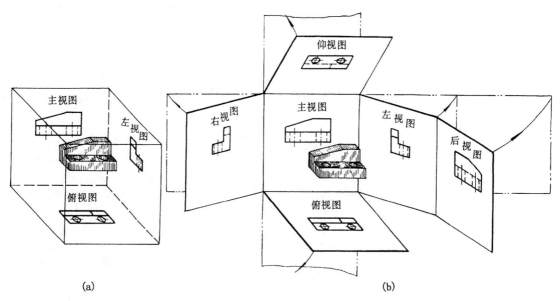

(a)   (b)

图5-1 基本视图

投影面展开后,各视图间仍保持"长对正、高平齐、宽相等"的投影规律,其配置关系如图5-2 所示。

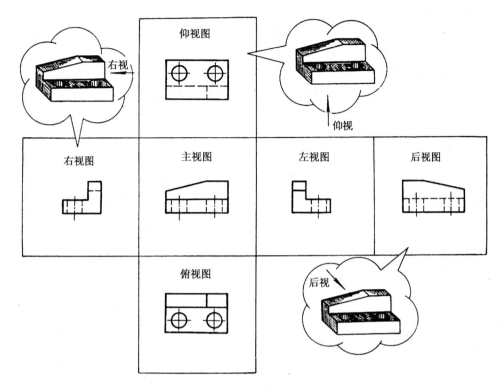

图 5-2　视图的配置(一)

在同一张图纸内,当各视图按上述关系配置时,可不标注视图名称,如图 5-3(a)所示。

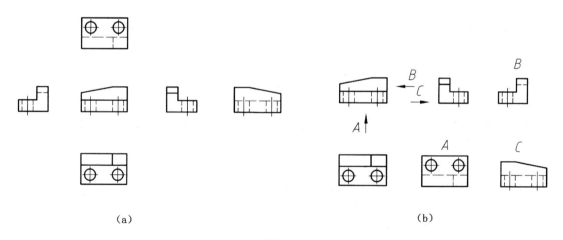

（a）　　　　　　　　　　　　　　　　（b）

图 5-3　视图的配置(二)

实际上,绘制技术图样时,应首先考虑看图方便。在明确表示物体的前提下,应使视图的数量最少。因此,一般不必画出六个基本视图,而是根据其形状结构特点和复杂程度,选用适当的表示方法,力求制图简便。

1.2 向视图

向视图是可自由配置的视图。

画向视图时，一般应在其上方标注大写拉丁字母，并在相应的视图附近用带有相同字母的箭头指明其投射方向，如图5-3(b)所示。

向视图是基本视图的另一种表达形式，因此，表示投射方向的箭头应尽可能配置在主视图上，以便使所获得的视图与基本视图相一致。表示后视图投射方向的箭头应配置在左视图或右视图上。

1.3 局部视图

局部视图是将物体的某一部分向基本投影面投射所得的视图。

当物体的某一局部形状尚未表达清楚，但又无须另画一个基本视图时，可用局部视图表达，如图5-4所示左方凸台形状。

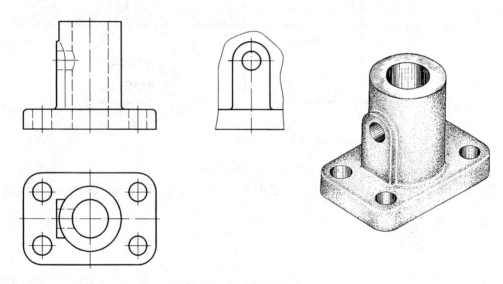

图5-4 局部视图(一)

局部视图的断裂边界通常以波浪线表示，如图5-4、图5-8所示。当所表示的物体的局部结构完整且外形轮廓又是封闭状态时，其波浪线可省略不画，如图5-5的 A 视图所示。

为了节省绘图时间和图幅，对称构件或零件的视图可只画一半或四分之一，并在对称中心线的两端画出两条与其垂直的平行细实线，如图5-6所示。这是一种特殊的局部视图，实际上是用对称中心线代替了断裂边界的波浪线。

局部视图的配置形式可选用以下方式。

(1)按基本视图的配置形式配置，如图5-4、图5-8所示。当局部视图按投影关系配置，中间又没有其他图形隔开时，可省略标注。

(2)按向视图的配置形式配置和标注，如图5-5所示。通常局部视图配置在投射箭头所指的方向或基本视图的位置，以便保持相对应的投影关系。为了合理地利用图纸，也可将局部视图配置在图纸的合适位置，但应按向视图的规则标注。

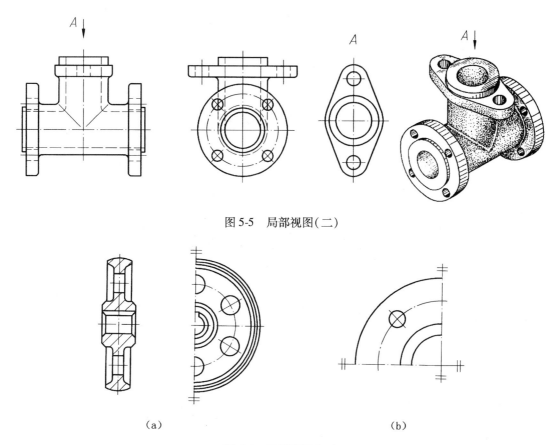

图 5-5 局部视图(二)

图 5-6 局部视图(三)

（a）

（b）

（3）按第三角画法（见本章"6 第三角画法简介"）配置在视图上所需表示物体局部结构的附近,并用细点画线将两者相连,如图 5-7 所示。

1.4 斜视图

斜视图是将物体向不平行于基本投影面的平面投射所得的视图。

如图 5-8 所示机件上的斜板,各基本视图都不能反映其实际形状。为了清楚地表达该部分的实际形状,选用一个平行于斜板表面的正垂面作为

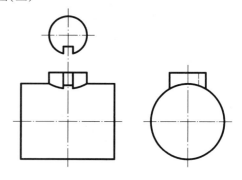

图 5-7 局部视图（四）

辅助投影面,并将倾斜的部分向此辅助投影面投射即得到斜视图。

斜视图通常按向视图的配置形式配置和标注,如图 5-8（a）所示。必要时,允许将斜视图旋转配置,使其主要轮廓线成水平或铅直位置,但要标注旋转符号（表示旋转方向的箭头）,而表示该视图名称的大写拉丁字母应靠近旋转符号的箭头端,旋转符号的方向要与实际旋转方向一致,如图 5-8（b）所示。旋转符号的画法如图 5-9 所示。

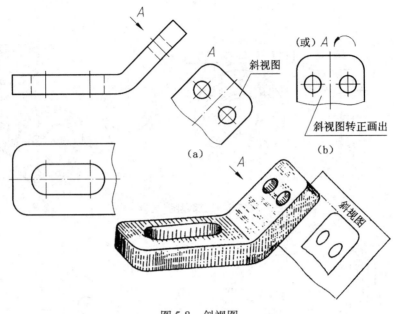

图 5-8　斜视图

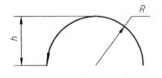

h 为符号或字体的高度

$R = h$

图 5-9　旋转符号

2　剖视图

视图主要是表达物体的外部结构形状,而物体内部的结构形状,在本章"1 视图"节中是用细虚线表示的。当物体内部结构复杂时,视图中就会出现较多的细虚线,有时内、外结构的细虚线、实线重叠在一起,如图 5-10 所示,既影响图形的清晰度,又不利于看图和标注尺寸。为了完整清晰地表达物体的内部结构形状,《机械制图》国家标准(GB/T 4458.5—2013)规定了剖视图的画法。

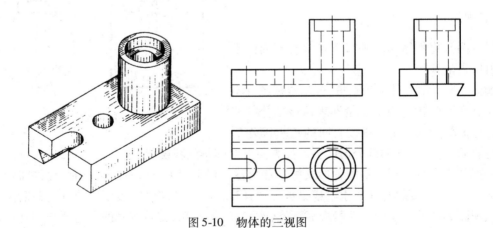

图 5-10　物体的三视图

2.1　剖视图的基本概念

假想用剖切面剖开物体,将处在观察者和剖切面之间的部分移去,而将其余部分向投影面投射所得的图形称为剖视图,如图 5-11 所示。剖视图可简称剖视。剖切物体的假想平面或曲面称为剖切面。

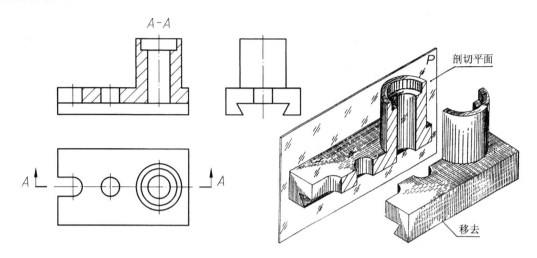

图 5-11　剖视图

假想用剖切面剖开物体,剖切面与物体的接触部分称为剖面区域。为了便于识图和区分物体的材料类别,《技术制图》国家标准(GB/T 17453—2005)规定了剖面线和特殊材料的剖面符号等 6 种剖面区域的表示法。

剖面线是以适当的角度绘制的细实线。在同一金属零件图中,剖视图或断面图中的剖面线应画成间隔相等、方向相同且一般与剖面区域的主要轮廓或对称线成45°的平行线,如图 5-11 所示。必要时剖面线也可画成与主要轮廓线成适当的角度,如图 5-17 主视图所示。

剖面符号是由相应标准确定的几何图案,表 5-1 列出了常用的剖面符号。

表 5-1　剖面区域表示法

材料类别	图例	材料类别	图例
金属材料 (已有规定剖面符号者除外)		木质胶合板 (不分层数)	
绕圈绕组元件		基础周围的泥土	
转子、电枢、变压器 和电抗器等的叠钢片		混凝土	
非金属材料 (已有规定剖面符号者除外)		钢筋混凝土	
型砂、填砂、粉末冶金、 砂轮、陶瓷刀片、硬质 合金刀片等		砖	

材料类别	图例	材料类别	图例
玻璃及供观察用的其他透明材料		格网（筛网、过滤网等）	
木材　纵断面		液体	
横断面			

注:(1)剖面符号仅表示材料的类型,材料的名称和代号另行注明。

(2)叠钢片的剖面线方向应与束装中叠钢片的方向一致。

(3)液面用细实线绘制。

2.2 画剖视图应注意的几个问题

(1)剖切面一般通过物体的对称平面或轴线,如图5-11中的剖切平面 P 通过物体的对称平面。

(2)由于剖切是假想的,所以某个视图用剖视图表达后,并不影响其他视图。如图5-11中的主视图画成剖视图,俯视图和左视图仍应完整地画出。

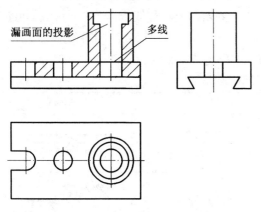

图5-12 剖视图中漏线、多线的错误

(3)位于剖切面后方的可见结构应全部画出,不要漏线。对于剖切面前方的可见外形,由于剖切后已不存在,所以不应再画出,即不要多线。如图5-12主视图中标示部分。

(4)画剖视图时,对已表达清楚的内部结构和形状再用细虚线表达则是多余的,称为不必要的细虚线,一般不再画出。如图5-11中的俯视图和左视图中细虚线均不再画出。

(5)同一物体的每个剖面区域的剖面线画法应一致。剖面线间隔应按剖面区域的大小选择,一般为 2 ～ 6 mm,如图5-11所示。

2.3 剖视图的分类、应用及标注

剖视图可分为全剖视图、半剖视图和局部剖视图。

2.3.1 全剖视图

用剖切面完全地剖开物体所得到的剖视图称为全剖视图。

全剖视图主要用于外形简单、内部结构复杂且又不对称的物体,如图5-11和图5-13所示。画全剖视图时,需进行以下标注。

(1)一般应在剖视图上方用大写拉丁字母标出剖视图的名称"×-×",在相应的视图上用剖切符号表示剖切位置(用长约 3 ～ 8 mm 的粗短画来表示,它尽可能不与图形轮廓线相交)和

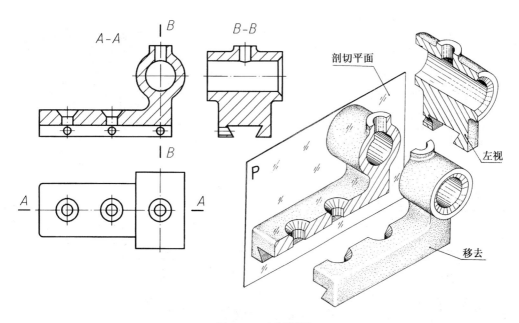

图 5-13　全剖视图

投射方向(用箭头表示),并注出相同的字母"×",如图 5-11 所示。

(2)当剖视图按基本视图位置配置,两视图中间没有其他图形隔开时,可省去箭头,如图 5-13 所示。

(3)当单一剖切平面通过物体的对称平面或基本对称的平面,且剖视图按基本视图配置,两视图间又没有其他图形隔开时,不必标注,如图 5-11 中的标注可省去。

2.3.2　半剖视图

当物体具有对称平面时,向垂直于对称平面的投影面上投射所得到的图形,可以对称中心线为界,一半画成剖视图,另一半画成视图,这样的合成图形称为半剖视图。如图 5-14 的两个视图都画成了半剖视图。

半剖视图用于物体内、外形状均需表达,且该物体在此视图投射方向为对称结构的情况。

半剖视图的标注方法与全剖视图的标注方法完全相同。

在画半剖视图时,视图与剖视图的分界线必须画成细点画线,不能画成其他类型的线。由于图形是对称的,所以在视图部分表示内部结构的细虚线不再画出。

半剖视图中剖视图部分通常画在对称中心线下方或右侧。

2.3.3　局部剖视图

用剖切面局部地剖开物体所得到的剖视图称为局部剖视图,如图 5-15 所示。

局部剖视图一般用于内、外形状均需表达的不对称物体。局部剖视图不受物体结构是否对称的限制,剖切位置和范围也可根据实际需要选取,是一种比较灵活的表达方法。局部剖视图运用得当可使图形表达简明清晰,但在一个视图中若过多地选用局部剖视图,则会使图形表达显得零乱,给读图带来困难。

局部剖视图的标注方法与全剖视图的标注完全相同,但对于单一剖切平面剖切位置明确的局部剖视图,不必标注。如图 5-15 所示。

画局部剖视图时应注意:

91

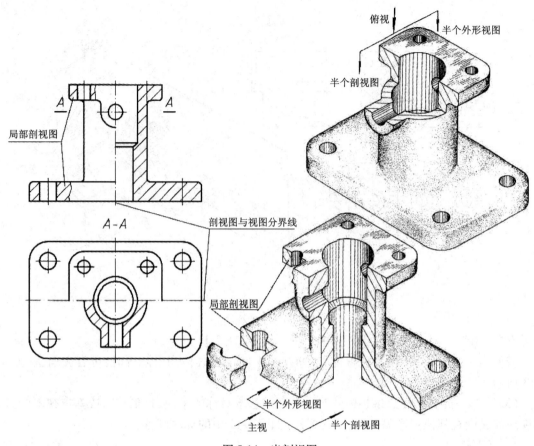

图 5-14　半剖视图

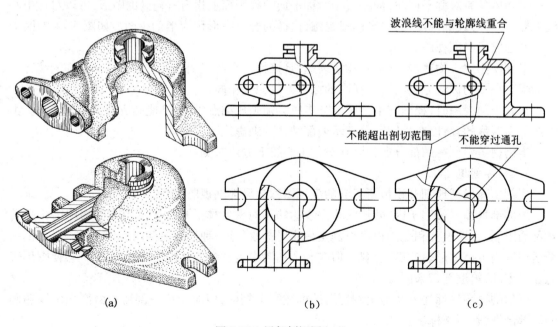

(a)　　　　　　　　　　　(b)　　　　　　　　　　　(c)

图 5-15　局部剖视图(一)

（1）剖视图与视图的分界线一般是波浪线,如图 5-15(b)所示;

（2）波浪线不能与图形轮廓线重合,如图 5-15(c)所示之错误;

（3）波浪线相当于剖切部分断裂面的投影,因此波浪线不能穿越通孔、通槽或超出剖切范围轮廓线之外,如图 5-15(c)所示之错误;

（4）当剖视图为对称图形,其对称中心线处有其他图线时,则应画成局部剖视图,如图 5-16 所示。

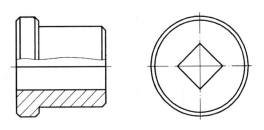

图 5-16　局部剖视图(二)

2.4　剖切面的种类

根据物体的结构特点,可选择单一剖切面、几个平行的剖切平面、几个相交的剖切面来剖开物体。

2.4.1　单一剖切面

（1）用一个平行于基本投影面的平面剖开物体,如前面所介绍的全剖视图、半剖视图和局部剖视图中所用到的剖切面。

（2）用一个垂直于基本投影面的平面剖开物体,如图 5-17 所示。其画图方法和标注方法均与斜视图类似。

2.4.2　几个平行的剖切平面

用几个互相平行的剖切平面剖开物体,如图 5-18 所示,机件上部两个小孔与下部轴孔用一个剖切平面不能同时剖切到,假想用两个互相平行的剖切平面分别剖开小孔和下部轴孔及小油孔,将所剖切到的两部分剖视图合起来表示。

用几个平行的剖切平面剖切物体时,应注意如下问题:

（1）剖切平面的转折处应相交成直角;

（2）剖切平面转折处不画任何线,而且不应与物体轮廓线重合;

（3）剖切平面不得互相重叠。

2.4.3　几个相交的剖切面

用几个相交的剖切面(交线垂直于某一投影面,通常是基本投影面)剖开物体,多用于孔、槽的轴线不在同一平面上,且绕某一回转轴线成放射分布结构的物体。

图 5-19 是用两个相交的剖切平面(其中上方为侧平面,下方为正垂面)剖开机件,两平面的交线与中间大孔轴线重合,为正垂线。用这两个相交的剖切平面同时剖到三个孔,然后将正垂面剖开的结构绕其交线旋转到与选定的侧面投影面平行后再投射。

用几个相交的剖切面剖切时应注意如下问题:

（1）剖切面的交线应与物体上主要孔轴线重合;

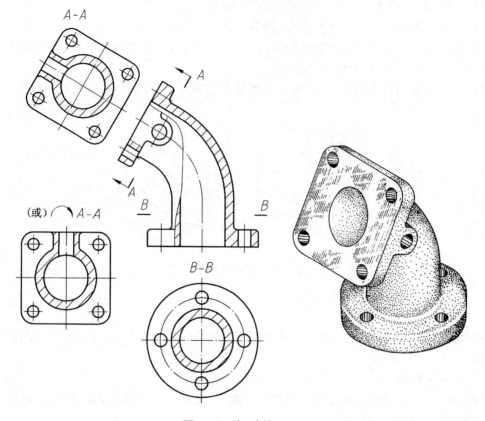

图 5-17　单一剖切面

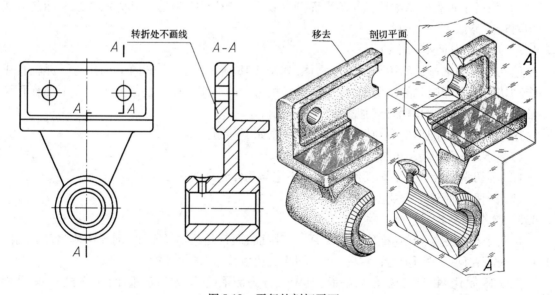

图 5-18　平行的剖切平面

（2）投影面的垂直剖切面转平后,转平位置上被挡住的原有结构不再画出,剖切平面后未被挡住的其他结构仍按原来位置投射,如图 5-20 所示摇杆中间的小油孔;

（3）当剖切后产生不完整要素时,应将该部分按不剖绘制,如图 5-21 机件上的臂板按不剖

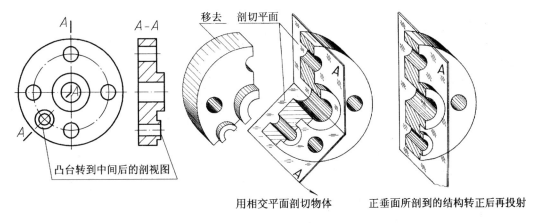

图 5-19　相交的剖切面(一)

移去　剖切平面

凸台转到中间后的剖视图

用相交平面剖切物体　　正垂面所剖到的结构转正后再投射

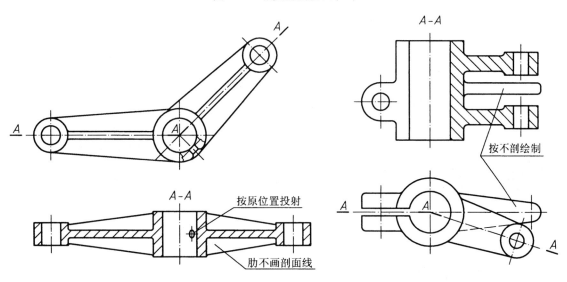

按原位置投射

肋不画剖面线

按不剖绘制

图 5-20　相交的剖切面(二)　　图 5-21　相交的剖切面(三)

绘制。

对于某些物体也可采用如图 5-22 所示几个相交的剖切面进行剖切。

用一个垂直于基本投影面的平面、几个平行的剖切平面和几个相交的剖切面剖切物体时,均需标注剖切符号(在剖切面的起迄和转折处画粗短画,必要时在起迄粗短画外端画箭头),注写相同的大写拉丁字母,并在剖视图上方标注"×-×",如图 5-17 ~ 图 5-22 所示。

3　断面图

假想用剖切面将物体的某处切断,仅画出剖切面与物体接触部分的图形,称为断面图,如图 5-23 所示。断面图可简称断面。

在断面图中,一般应画出剖面符号。

断面图一般用于表达物体某处的切断面形状或轴、杆上的孔、槽等结构。为了得到物体结构的实形,剖切平面一般应垂直于物体的主要轴线或剖切处的轮廓线。

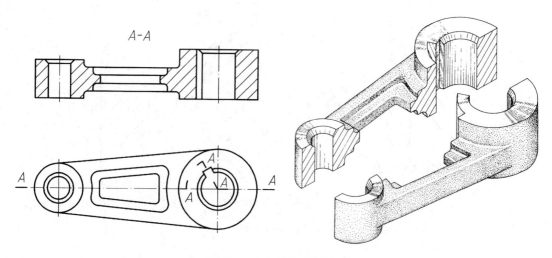

图 5-22　几个相交的剖切面

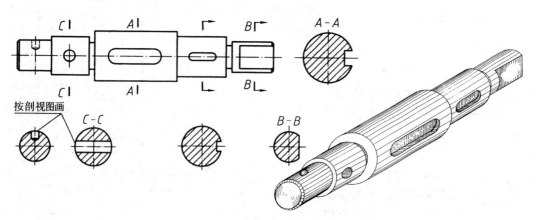

图 5-23　移出断面图(一)

根据断面图在视图中配置的位置不同,断面图可分为移出断面图和重合断面图。

3.1　移出断面图

画在视图之外的断面图称为移出断面图,如图 5-23 中的各断面图。

3.1.1　移出断面图的画法

(1)移出断面图的轮廓线用粗实线绘制。

(2)移出断面图应尽量配置在剖切线的延长线上,也可配置在其他适当位置。

(3)当剖切平面通过回转而形成的孔或凹坑的轴线时,这些结构按剖视图绘制,如图 5-23 中的小孔。

当剖切平面通过非圆孔,导致出现分离的两个断面时,这些结构也按剖视图绘制,如图 5-24 中的 $A\text{-}A\frown$ 所示。

(4)由两个或多个相交的剖切平面剖切得到的移出断面图,中间一般应断开,如图 5-25 所示。

3.1.2　移出断面图的标注

移出断面图的标注方法与剖视图的标注基本相同,当标注内容不注自明时,可省略部分标注,如图 5-23 所示。

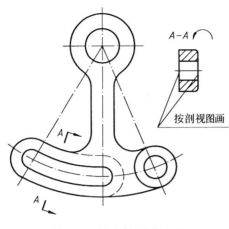

图 5-24　移出断面图(二)　　　　　图 5-25　移出断面图(三)

（1）配置在剖切线（指示剖切面位置的细点画线）延长线上的对称移出断面图，只需画出剖切线，如图 5-23 左边第一个断面图所示；不对称移出断面图，不必标注字母，如图 5-23 左起第三个断面图所示。

（2）不配置在剖切线延长线上的对称移出断面图和配置在基本视图位置的移出断面图一般不必标注箭头，如图 5-23 中 *C-C*，*A-A* 断面图所示。

3.2　重合断面图

画在视图之内切断处的断面图称为重合断面图。

重合断面图的轮廓线用细实线绘制。当视图中的轮廓线与重合断面图重叠时，视图中的轮廓线仍应连续画出，不可间断，如图 5-26 所示。

不对称的重合断面图可省略标注，对称的重合断面图不必标注。

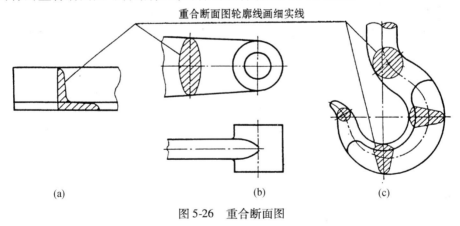

图 5-26　重合断面图

4　其他表示法

4.1　局部放大图

将图样中所表示的物体部分结构用大于原图形的比例所绘出的图形，称为局部放大图。

局部放大图用于表达物体上的某些细小结构,如图 5-27 所示。

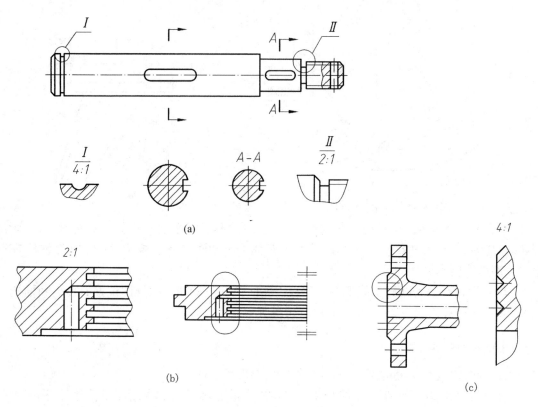

图 5-27　局部放大图

局部放大图可画成视图(图 5-27(a)中的Ⅱ处放大图)、剖视图(图 5-27(b))、断面图(图 5-27(a)中Ⅰ处放大图),与被放大部位的原表达方式无关。

局部放大图应尽量配置在被放大部位的附近,一般要用细实线圈出被放大的部位。

当同一机件上有几处被放大的部位时,必须用罗马数字依次标明被放大的部位,并在局部放大图的上方标出相应的罗马数字和所采用的比例,如图 5-27(a)所示。

在局部放大图表达完整的前提下,允许在原视图中简化被放大部位的图形,如图 5-27(c)所示。

4.2　简化表示法

在保证不致引起误解和不会产生理解多义性的前提下,力求制图简便。现介绍几种常见的简化画法和其他规定画法。

(1)若干直径相同且成规律分布的孔(圆孔、螺孔、沉孔等),可以仅画出一个或少量几个,其余只需用细点画线表示其中心位置,但在图中标注尺寸时应注明孔的总数,如图 5-28 所示。

(2)当机件具有若干相同的结构(如齿、槽等),并按一定规律分布时,只需画出几个完整的结构,其余用细实线连接,如图 5-29 所示。

(3)对于机件的肋、轮辐及薄壁等,如按纵向剖切,这些结构都不画剖面符号,而用粗实线将它与其邻接部分分开,如图 5-30 及 5-31 主视图所示。非纵向剖切时,则应画剖面符号,如图 5-31 俯视图所示。当机件回转体上均匀分布的肋、轮辐、孔等结构不处于剖切平面上时,可将

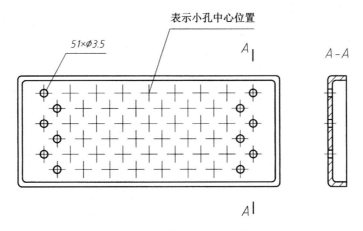

图 5-28 成规律分布的孔的表示法

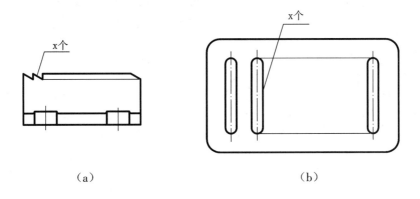

（a）   （b）

图 5-29 成规律分布的齿槽的画法

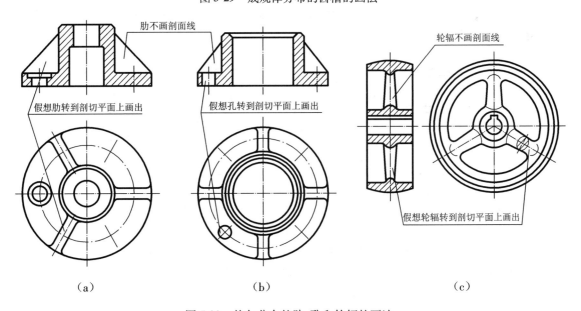

（a）   （b）   （c）

图 5-30 均匀分布的肋、孔和轮辐的画法

这些结构旋转到剖切平面上画出,如图5-30所示。

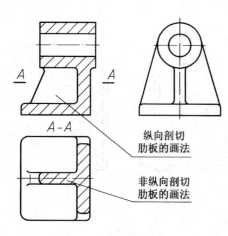

图5-31 肋的剖切画法

（4）较长的机件（轴、杆、型材、连杆等）沿长度方向的形状一致或按一定规律变化时,可断开后缩短绘制,如图5-32所示。

（5）在不致引起误解时,相贯线允许简化,例如用圆弧或直线代替非圆曲线,如图5-33、图5-34,和图5-35所示。

（6）圆柱形法兰和类似机件上均匀分布的孔可按图5-35所示的方法表示（由机件外向该法兰端面方向投射）。

（7）当回转体机件上的平面在图形中不能充分表达时,为避免增加视图或剖视图,可用细实线绘出对角线表示平面,如图5-36（a）所示。

（8）机件上较小的结构要素,如在一个视图

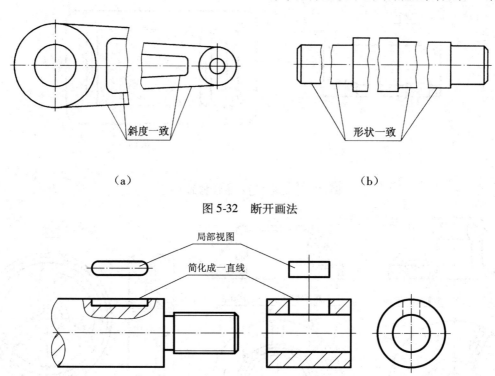

（a）   （b）

图5-32 断开画法

（a）   （b）

图5-33 相贯线简化画法（一）

中已表达清楚,则在其他视图中允许简化,如图5-37（a）所示。

（9）在需要表示位于剖切平面前面的结构时,这些结构按假想投影的轮廓线绘制,如图5-38所示。

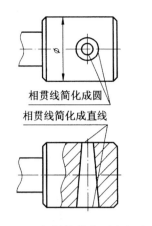

5-34 相贯线简化画法(二)

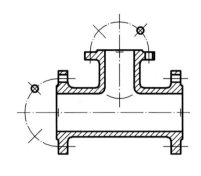

图 5-35 圆柱形法兰均匀
分布孔的画法

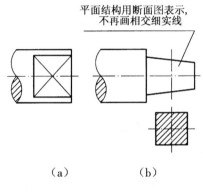

（a）　　　　（b）

图 5-36 平面的表示法

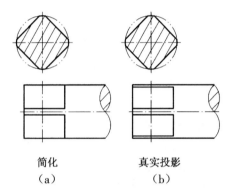

简化　　　　真实投影
（a）　　　　（b）

图 5-37 较小结构的投影简化画法

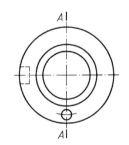

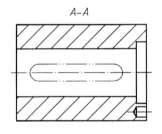

图 5-38 用假想线表示某些结构

5 图样画法的综合举例

前面介绍了物体的各种表达方法——视图、剖视图、断面图、其他表示法等。在实际应用中，对于各种各样的零件，选择哪些画法，应根据其形状特点进行具体分析。绘制机械图样时，应首先考虑看图方便。在完整、清晰地表达零件各部分结构形状的前提下，力求作图简便。所以在选择表达方案时，既要使每个视图、剖视图和断面图等都具有明确的表达目的，又要注意它们之间的相互联系，避免重复表达。

同一物体可以有多种表达方案,通过对各种表达方案的分析比较,找出较好的表达方案。下面以图 5-39 所示阀体为例,介绍表达方案的选取。

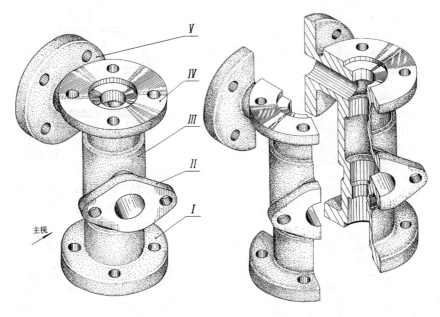

图 5-39　阀体立体图

阀体的结构大致可分为五部分:Ⅰ是底法兰,Ⅱ是右前方法兰及接管,Ⅲ是阀体主体,Ⅳ是顶法兰,Ⅴ是左上方法兰及接管。此件上下、左右、前后均不对称,内外结构形状又均需表达。为了选取较少的视图,主视图按图 5-39 箭头方向选取,表达方案如图 5-40 所示。

图 5-40(a)所示的表达方案,主视图采用两个相交的剖切平面剖切,把阀体的内部结构及左上方接管与右前方接管相通的关系表达清楚。同时用简化画法把Ⅰ、Ⅳ、Ⅴ三个圆柱法兰上的通孔表达出来。俯视图采用两个平行的剖切平面剖切,表达出Ⅱ、Ⅴ法兰及接管的相对位置和Ⅱ法兰上的通孔,还基本上显示出阀体主体各段均为回转体。用单一剖切平面 C-C 全剖的局部视图表达出Ⅴ法兰的形状及圆孔的分布,同时显示接管断面形状。D-D 剖视图是用垂直于水平面的单一剖切平面剖切的,表达了Ⅱ法兰形状及接管断面形状。顶法兰Ⅳ上孔的分布情况在主视图上用简化画法表达出来。

图 5-40(b)表达方案的主视图同上一表达方案。考虑到零件图需标注尺寸,而回转体结构一般由一个非圆视图和尺寸即可表达清楚,所以阀体各段及各接管的圆柱形状不必用剖视表达,因此俯视图中用局部剖视既表达出Ⅱ法兰上的通孔,又将Ⅰ、Ⅳ法兰上孔的分布位置表达清楚。再用 C 斜视图和 B 局部视图分别表达出Ⅱ法兰和Ⅴ法兰的形状及孔的分布。

该阀体还有其他表达方案,读者自行分析、比较,最后选择一个最佳表达方案。

6　第三角画法简介

前面介绍的各种图样画法均采用第一角画法。各分角的划分如图 5-41 所示。

所谓第一角画法,就是将物体置于第一分角内(即 V 面之前,H 面之上),并使之处于观察者与投影面之间而得到的多面正投影,如图 5-1(a)所示。

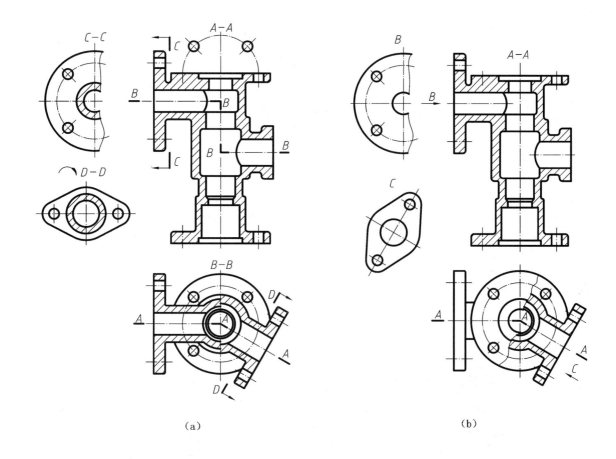

图 5-40　阀体的表达方案

　　将物体置于第三分角内(即 V 面之后,H 面之下),并使投影面处于观察者与物体之间而得到的多面正投影的方法称为第三角画法,如图 5-42 所示。

　　中国及德国、俄罗斯等国采用第一角画法,而美国、加拿大等国则采用第三角画法。为了更好地进行国际间的技术交流,本节简介第三角画法的有关内容。

　　在第三角画法中,假定各投影面均为透明的,按照观察者——投影面——物体的相对位置关系得到的投影图均与人的平行视线所观察的图形一致,然后按图 5-43(a)所示的方法展开各投影面,得到第三角画法的六个基本视图,其名称如下:

　　(1)主视图是由前向后投射得到的视图;

　　(2)俯视图是由上向下投射得到的视图,置于主视图的上方;

　　(3)右视图是由右向左投射得到的视图,置于主视图的右方;

　　(4)左视图是由左向右投射得到的视图,置于主视图的左方;

　　(5)仰视图是由下向上投射得到的视图,置于主视图的下方;

　　(6)后视图是由后向前投射得到的视图,置于右视图的右方。

　　第三角画法的六个基本视图的配置如图 5-43(b)所示。按此位置配置不需注写视图名称。

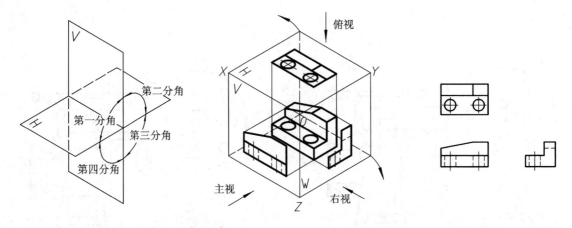

图 5-41　四个分角的划分　　　　　　　　图 5-42　第三角画法的基本投影面

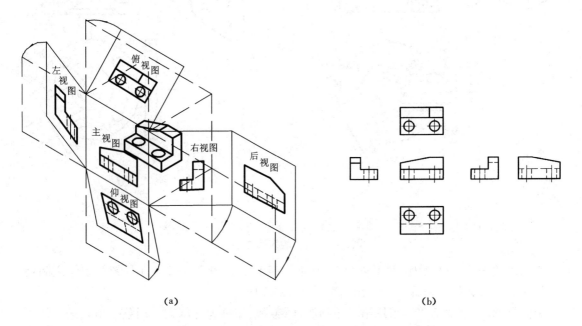

(a)　　　　　　　　　　　　　　　(b)

图 5-43　第三角画法的六个基本视图的展开和配置

　　第一角画法的投影符号如图 5-44 所示,第三角画法的投影符号如图 5-45 所示。投影符号一般放置在如图 1-3 所示的标题栏中。如果采用第一角画法时,可以省略标注。

图 5-44　第一角画法的　　　　　　　图 5-45　第三角画法的
　　　投影符号　　　　　　　　　　　　　投影符号

有关剖视图等其他画法可参考第一角画法的有关内容。

　　总之,第三角画法与第一角画法均采用正投影法,按照正投影法的规律进行画图。下面举例说明第三角画法。

104

[**例**] 用第三角画法画出图5-46(a)所示组合体的主、俯、右三视图。

分析:首先用形体分析法将组合体的立体图读懂,将箭头所示方向选为主视图投射方向。

画图:按投影规律画出其主视图、俯视图和右视图,如图5-46(b)所示。并在标题栏处画出第三角画法的投影符号。

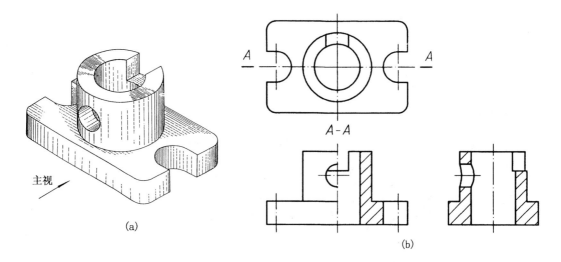

图5-46 组合体的三视图

思考题

1. 国家标准规定的图样画法包括哪几种?

2. 视图分为哪几种? 每种视图各有什么特点? 如何表达? 怎么标注?

3. 剖视图有哪几种? 各适用于什么情况? 国标规定的剖切平面有哪几种?

4. 画剖视图要注意哪些问题? 剖视图应如何标注? 什么情况下可省略标注?

5. 半剖视图中,视图与剖视图的分界线是什么线?

6. 局部剖视图中,视图与剖视图的分界线是什么线? 画这种线时要注意什么问题?

7. 断面图主要用于表达什么? 断面图分几种? 各种断面图在图样中应如何配置及标注?

8. 试述局部放大图的画法、配置及标注方法。

9. 本章介绍了哪些国标规定的绘制图样的简化表示法?

10. 剖切机件上的肋、轮辐及薄壁等结构时应如何表示?

第6章 标准件与常用件

1 概述

任何机器或部件都是由零件装配而成的,如图 6-1 所示的齿轮油泵零件分解图。该齿轮油泵是某柴油机润滑系统的一个部件,它是由泵体、主动轴、主动齿轮、从动轴、从动齿轮、泵盖和传动齿轮等 20 种零件装配而成的。

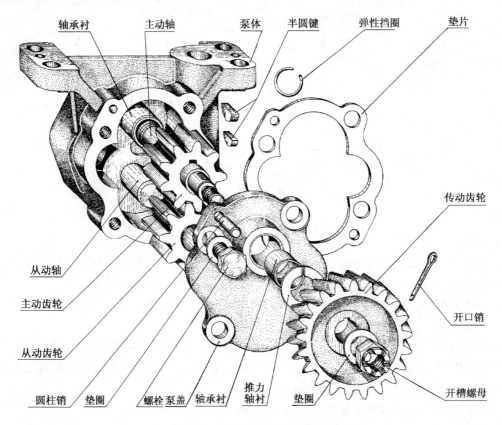

图 6-1 齿轮油泵的零件分解图

在各种机器和设备中,应用最广泛的是螺栓、螺钉、螺母、垫圈、销、键及圆柱螺旋弹簧等零件。为了便于大批量生产和应用,它们的结构和尺寸等都按统一的规格标准化了,因此,称它们为标准件。齿轮等零件在机器中也经常用到,称为常用件。从图 6-1 中可以看出,组成齿轮油泵的 20 种零件中,半圆键、弹性挡圈、开口销、开槽螺母、垫圈、螺栓和圆柱销等均为标准件,传动齿轮、主动齿轮和从动齿轮均为常用件。它们占了全部 20 种零件的一半以上。本章着重介绍此类零件的规定画法及标记方法。对于像轴承衬、主动轴、泵盖和泵体等其他零件将在第 7 章中介绍。

2 螺纹

2.1 螺纹的形成及其工艺结构

2.1.1 螺纹的形成

在圆柱表面上,沿着螺旋线所形成的具有规定牙型的连续凸起称为螺纹,如图6-2 所示。凸起是指螺纹两侧面间的实体部分,又称牙。

图 6-2　螺纹

螺纹是零件上最常见的结构。在圆柱外表面上形成的螺纹称为外螺纹;在圆柱内表面上形成的螺纹称为内螺纹。

在实际生产中螺纹通常是在车床上进行车削加工的,工件等速旋转,车刀沿轴向等速移动,即可加工出螺纹,如图6-3 所示。

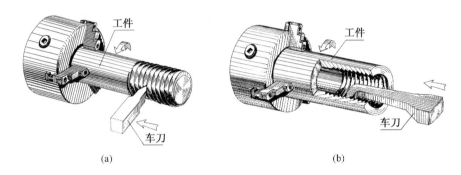

(a)　　　　　　　　　　　　　　(b)

图 6-3　车削螺纹

用板牙或丝锥加工直径较小的螺纹,俗称套扣或攻丝,如图6-4 所示。

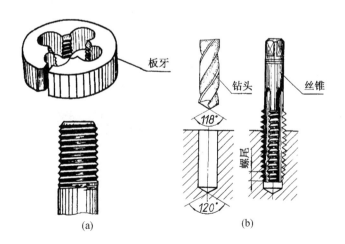

(a)　　　　　　　　　(b)

图 6-4　套扣和攻丝

2.1.2 螺纹的工艺结构

1)螺尾　螺纹末端形成的沟槽渐浅部分称为螺尾,如图 6-5(a)所示。

2)螺纹退刀槽　为了使所要求长度内的全部螺纹起作用而不产生螺尾,需要在加工螺纹之前,在产生螺尾的地方,先加工出供退刀用的槽称为螺纹退刀槽,如图 6-5(b)所示。

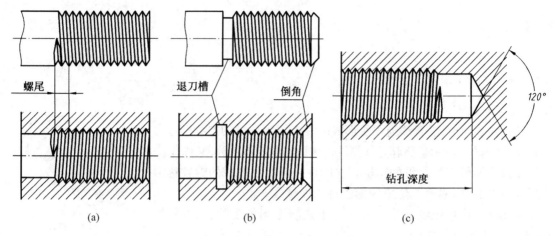

图 6-5   螺纹的工艺结构

3）螺纹倒角   为了便于装配,在螺纹的始端一般需加工出一小部分圆锥面,称为倒角,如图 6-5（b）所示。

4）不穿通的螺纹孔   加工不穿通的螺纹孔,要先进行钻孔,钻头尖使不通孔的末端形成圆锥面,画图时应画出 120°锥顶角。钻孔后即可加工内螺纹,内螺纹不能加工到钻孔底部,如图 6-5（c）所示。

螺纹的收尾（即螺尾）、退刀槽和倒角都有相应的国家标准,见附表 15。

2.2   螺纹要素

2.2.1   牙型

牙型是指在通过螺纹轴线的断面上螺纹的轮廓形状,常见的螺纹牙型有三角形、梯形和矩形等。在螺纹凸起的顶部,连接相邻两个牙侧的螺纹表面称为牙顶。在螺纹沟槽的底部,连接相邻两个牙侧的螺纹表面称为牙底。牙顶和牙底之间的那部分螺旋表面称为牙侧。在螺纹牙型上,两相邻牙侧间的夹角叫牙型角。上述术语如图 6-6 所示。

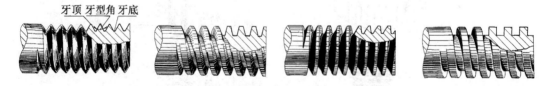

图 6-6   螺纹的牙型

2.2.2   基本直径（图 6-7）

1）基本大径 d、D 与外螺纹牙顶或内螺纹牙底相切的假想圆柱的直径称为螺纹的基本大径。外螺纹和内螺纹的基本大径分别用 d 和 D 表示。代表螺纹尺寸的直径称为螺纹公称直径,一般是指螺纹的大径。

2）基本小径 d_1、D_1 与外螺纹牙底或内螺纹牙顶相切的假想圆柱的直径称为螺纹的基本小径。外螺纹和内螺纹的基本小径分别用 d_1 和 D_1 表示。

3）基本中径 d_2、D_2 指一个假想圆柱的直径,该圆柱的母线通过牙型上沟槽和凸起宽度相等的地方。外螺纹和内螺纹的基本中径分别用 d_2 和 D_2 表示。

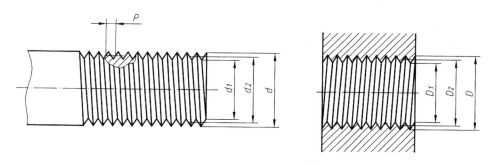

图 6-7　螺纹的直径与螺距

2.2.3　螺距 P

相邻两牙在中径线上对应两点间的轴向距离称为螺距,如图 6-7 所示。

2.2.4　线数 n

形成螺纹时所沿螺旋线的条数称为螺纹的线数。沿一条螺旋线形成的螺纹称为单线螺纹;沿两条或两条以上轴向等距分布的螺旋线形成的螺纹称为多线螺纹,如图 6-8 所示。

2.2.5　导程 P_h

同一螺旋线上的相邻两牙在中径线上对应两点间的轴向距离称为导程,如图 6-8 所示。螺距与导程的关系为 $P_h = nP$。显然,单线螺纹的导程与螺距相等。

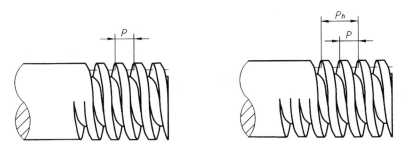

图 6-8　螺纹的线数和导程

2.2.6　旋向

螺纹有右旋和左旋之分,顺时针旋转时旋入的螺纹为右旋螺纹,逆时针旋转时旋入的螺纹为左旋螺纹。判别螺纹的旋向,可采用如图 6-9 所示的简单方法,即面对轴线竖直的外螺纹,螺纹自左向右上升的为右旋;反之为左旋。实际中的螺纹绝大部分为右旋。

螺纹要素一致的外螺纹和内螺纹才能互相旋合,从而实现零件间的连接或传动。

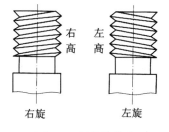

图 6-9　螺纹的旋向

2.3　螺纹的规定画法

2.3.1　外螺纹的画法

外螺纹一般用视图表示。牙顶(大径)用粗实线绘制,牙底(小径,约等于大径的 0.85 倍)用细实线绘制。在平行于螺纹轴线的投影面上的视图中,用来限定螺纹长度的螺纹终止线用粗实线绘制。在垂直于螺纹轴线的投影面上的视图中,表示牙底的细实线圆只画约3/4圈,倒角圆不画,如图6-10(a)所示。

螺尾一般不必画出,当需要表示螺尾时,该部分的牙底线用与轴线成30°角的细实线绘制,如图6-10(b)所示。

当外螺纹被剖切时,被剖切部分的螺纹终止线只在螺纹牙处画出,中间是断开的;剖面线必须画到表示牙顶的粗实线处,如图6-10(c)所示。

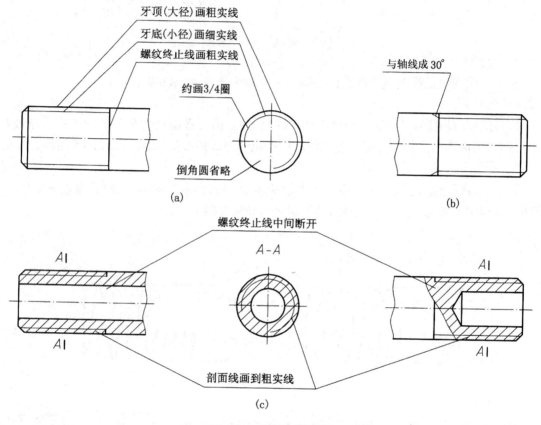

图6-10 外螺纹的画法

2.3.2 内螺纹的画法

在平行于螺纹轴线的投影面上的视图中,内螺纹一般采用剖视画法。牙底(大径)用细实线绘制,牙顶(小径,约等于大径的0.85倍)用粗实线绘制,螺纹终止线用粗实线绘制,螺尾一般不必画出。在垂直于螺纹轴线的投影面上的视图中,表示牙底的细实线圆只画约3/4圈,倒角圆不画。剖面线也必须画到表示牙顶的粗实线处,如图6-11(a)所示。

不可见螺纹的所有图线都用虚线绘制,如图6-11(b)所示。

螺纹孔相贯的画法如图6-11(c)所示。

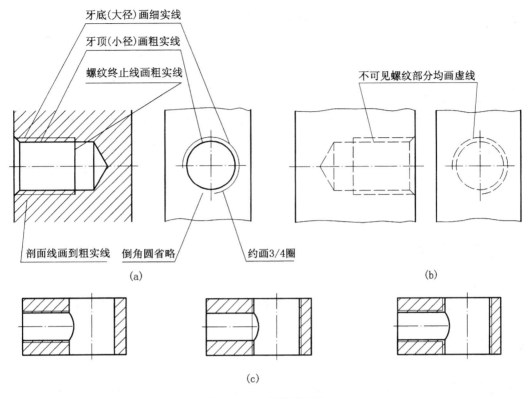

图 6-11　内螺纹的画法

2.3.3　牙型的表示方法

牙型符合国家标准的螺纹一般不必表示牙型。当需要表示牙型时可采用图 6-12 所示的绘制方法。

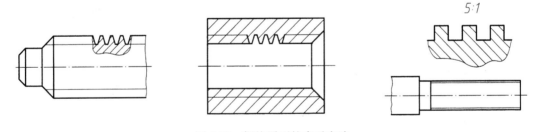

图 6-12　螺纹牙型的表示方法

2.3.4　内外螺纹连接的画法

内外螺纹连接一般用剖视图表示。此时,内外螺纹的旋合部分按外螺纹的画法绘制,其余部分仍按各自的画法表示,如图 6-13 所示。

需要指出,对于实心杆件,当剖切平面通过其轴线时按不剖画,如图 6-13(a)所示的外螺纹杆件就是按不剖画出的。

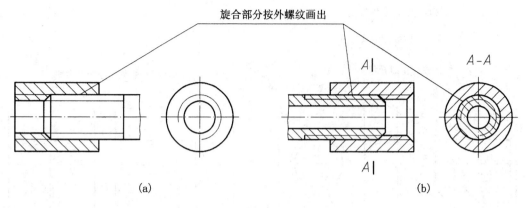

旋合部分按外螺纹画出

(a)　　　　　　　　　　　　(b)

图 6-13　螺纹连接的画法

2.4　螺纹的种类及其标注

2.4.1　标准螺纹

凡是牙型、直径和螺距都符合国家标准的螺纹称为标准螺纹。下面仅介绍普通螺纹、梯形螺纹和非密封管螺纹。由于螺纹采用了规定画法,没有完全表示出螺纹要素及其精度等,因此需要在图样中对螺纹进行标注。

2.4.1.1　普通螺纹

普通螺纹是最常用的螺纹,其牙型为等边三角形,牙型角为 60°,见表 6-1。根据螺距的大小,普通螺纹又有粗牙和细牙之分,其直径与螺距系列见附表 2,基本尺寸见附表 3。

表 6-1　标准螺纹的种类及其标注

螺纹种类		牙　型	螺纹特征代号	公称直径	螺距[导程]	旋向	公差带代号		旋合长度代号	标注示例
							中径	顶径		
普通螺纹	粗牙普通螺纹	60°	M	20	2.5	右	6g	6g	N	M20
	细牙普通螺纹			20	2	左	6H	6H	S	M20X2-S-LH
梯形螺纹		30°	Tr	30	6	左	7e		L	Tr30X6LH-7e-L
				30	6[12]	右	7H		N	Tr30X12(P6)-7H

112

螺纹种类	牙型	螺纹特征代号	公称直径	螺距[导程]	旋向	公差带代号		旋合长度代号	标注示例
						中径	顶径		
非密封管螺纹	55°	G	尺寸代号	1.814	右	公差等级代号			G 3/4 A
			3/4			A			
			1¹/₂	2.309	左				G1¹/₂-LH

完整的普通螺纹标记由三部分组成,并用"-"分开:

$$\boxed{螺纹特征代号}\ \boxed{尺寸代号}\ -\boxed{公差带代号}\ -\boxed{其他有必要说明的信息}$$

1. 螺纹特征代号和尺寸代号

单线螺纹该部分的标记为:

$$\boxed{螺线特征代号}\ \boxed{公称直径}\ \times\ \boxed{螺距}$$

普通螺纹的特征代号为 M。公称直径为螺纹的基本大径。某一公称直径的粗牙普通螺纹只有一个确定的螺距,因此,粗牙普通螺纹不标注螺距;而某一公称直径的细牙普通螺纹有几个不同的螺距供选择,因此,细牙普通螺纹必须标注出螺距。

例如,公称直径为 8 mm、螺距为 1 mm 的单线细牙普通螺纹的该部分标记为:M8×1,同一公称直径的粗牙普通螺纹标记为:M8。

多线螺纹的该部分标记为:

$$\boxed{螺纹特征代号}\ \boxed{公称直径}\ \times P_h\ \boxed{导程}\ P\ \boxed{螺距}$$

例如,公称直径为 16 mm、螺距为 1.5 mm、导程为 3 mm 的双线螺纹,该部分标记为:M16 $\times P_h3P1.5$。

2. 公差带代号

公差带代号是用来说明螺纹加工精度的,它由公差等级数字和表示公差带位置字母(内螺纹用大写字母,外螺纹用小写字母)组成。普通螺纹的公差带代号包括基本中径和顶径(即外螺纹基本大径或内螺纹基本小径)的公差带代号。当中径和顶径的公差带代号相同时,则只注一个。

例如,当外螺纹的基本中径和顶径的公差带代号分别为 5g 和 6g 时,则该外螺纹的公差带代号为 5g6g。当基本中径和顶径的公差带代号均为 6g 时,则该外螺纹的公差带代号为 6g。又如,当内螺纹的基本中径和顶径的公差带代号分别为 5H 和 6H 时,则该内螺纹的公差带代号为 5H6H。

特别应该注意的是:当公称直径 $D(d) \geqslant 1.6$ mm,内、外螺纹公差带代号分别为 6H 和 6g 时,均不标注其公差带代号。

表示内、外螺纹配合时，内螺纹公差带代号在前，外螺纹公差带代号在后，中间用斜线分开。如 M20×2-6H/5g6g。

3. 其他有必要说明的信息

其他有必要说明的信息包括螺纹的旋合长度和旋向两项内容，其标记为：

$$\boxed{\text{旋合长度代号}}\text{-}\boxed{\text{旋向代号}}$$

螺纹的旋合长度是指两个相互配合的内外螺纹沿轴线方向相互旋合部分的长度，是衡量螺纹质量的重要指标。普通螺纹的旋合长度分为短、中等和长旋合长度三组，其相应的代号分别为 S、N 和 L。其中，中等旋合长度最为常用，代号 N 在标记中省略。

对左旋螺纹，其旋向代号为 LH，右旋螺纹省略旋向代号。

4. 完整标记举例

公称直径为 6 mm、螺距为 0.75 mm 的单线细牙普通螺纹，基本中径和顶径的公差带代号分别为 5h 和 6h，左旋，短旋合长度，其螺纹标记为 M6×0.75-5h6h-S-LH。而公称直径为 6 mm 的单线粗牙普通螺纹，公差带代号为 6H，右旋，中等旋合长度，其螺纹标记为 M6。

在图样中，应将完整的普通螺纹标记标注在螺纹大径的尺寸线或其引出线上，具体标注示例见表 6-1。

2.4.1.2 梯形螺纹

梯形螺纹的牙型为等腰梯形，牙型角为 30°，见表 6-1。其直径和螺距系列见附表 4，基本尺寸见附表 5。

完整的梯形螺纹标记也是由三部分组成，并用"-"分开：

$$\boxed{\text{螺纹特征代号}}\boxed{\text{尺寸代号}}\text{-}\boxed{\text{公差带代号}}\text{-}\boxed{\text{旋合长度代号}}$$

1. 螺纹特征代号和尺寸代号

梯形螺纹没有粗牙和细牙之分，但分单线梯形螺纹和多线梯形螺纹。

单线梯形螺纹该部分的标记为：

$$\boxed{\text{螺纹特征代号}}\boxed{\text{公称直径}}\times\boxed{\text{螺距}}\boxed{\text{旋向}}$$

多线梯形螺纹该部分的标记为：

$$\boxed{\text{螺纹特征代号}}\boxed{\text{公称直径}}\times\boxed{\text{导程}}(\text{P}\boxed{\text{螺距}})\boxed{\text{旋向}}$$

梯形螺纹的螺纹特征代号为 Tr，公称直径为外螺纹的基本大径。左旋螺纹标注 LH，右旋螺纹不注旋向。

例如，公称直径为 24 mm，螺距为 3 mm 的单线左旋梯形螺纹，该部分的标记为 Tr24×3LH，而同一公称直径且相同螺距的双线右旋梯形螺纹，该部分的标记为 Tr24×6(P3)。

2. 公差带代号

梯形螺纹只标注螺纹基本中径的公差带代号。内、外螺纹最常用的公差带代号分别为 7H 和 7e。内外螺纹连接时，其公差带代号也要用斜线分开，如 7H/7e。

3. 旋合长度代号

梯形螺纹的旋合长度分为中等旋合长度和长旋合长度两组，其代号分别用 N 和 L 表示。中等旋合长度组螺纹，不注旋合长度代号 N；长旋合长度组螺纹应标注旋合长度代号 L。

在图样中，应将完整的梯形螺纹标记标注在螺纹大径的尺寸线上或其引出线上，这与普通螺纹的标注方法相同，见表 6-1。

2.4.1.3 非密封管螺纹

非密封管螺纹的牙型为等腰三角形,牙型角为55°,见表6-1。其基本尺寸见附表6。

完整的非密封管螺纹标记为:

$$\boxed{螺纹特征代号}\ \boxed{尺寸代号}\ \boxed{公差等级代号}\text{-}\boxed{旋向}$$

非密封管螺纹的螺纹特征代号为 G。外螺纹中径的公差等级规定了 A 级和 B 级两种,A级为精密级,B 级为粗糙级,而内、外螺纹的顶径和内螺纹的中径只规定了一种公差等级,故只对外螺纹标注公差等级代号 A 或 B。对内螺纹不标注公差等级代号。右旋螺纹不标注旋向,左旋螺纹应注出 LH。

例如,非密封管螺纹为外螺纹,其尺寸代号为 1/2,公差等级为 B 级,右旋,则该螺纹的标记为 G½B。

在图样中,非密封管螺纹标记应标注在从螺纹大径画出的指引线上,这一点一定要与普通螺纹或梯形螺纹的标注方法严格区分开,其标注示例见表6-1。

在非密封管螺纹相互连接的图样中,仅需标注外螺纹的标记,并注写在螺纹连接处从大径画出的指引线上。

2.4.2 非标准螺纹

在图样中,非标准螺纹应表示出牙型,并注出所需要的尺寸及有关要求,如图6-14所示。

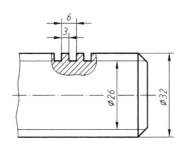

图 6-14 非标准螺纹的标注方法

3 螺纹紧固件

3.1 螺纹紧固件的种类及其标记

螺纹紧固件的种类很多,常用的有螺栓、双头螺柱、螺钉、螺母和垫圈等,其中每一种又有不同的类别,参见附录二。因为它们都是标准件,所以在机械设计时,不需要单独画出它们的图样,而是根据设计要求按相应的国家标准进行选取,这就需要熟悉它们的结构并掌握其标记方法。

按照 GB/T 1237—2000 紧固件标记方法,紧固件产品完整标记的内容及顺序为:类别(产品名称)、标准编号、螺纹规格或公称尺寸、其他直径或特性、公称长度(规格)、螺纹长度或杆长、产品型式、性能等级或硬度或材料、产品等级、扳拧型式、表面处理。根据标记的简化原则,可以简化标记,如表6-2所示。

表 6-2　螺纹紧固件及其标记示例

种　类	结构和规格尺寸	简化标记示例	说　明
六角头螺栓		螺栓 GB/T 5782 M6×30	螺纹规格为 M6，$l=30$ mm，性能等级为 8.8 级，表面氧化的 A 级六角头螺栓
双头螺柱	B型	螺柱 GB/T 897 M8×30	两端螺纹规格均为 M8，$l=30$ mm，性能等级为 4.8 级，不经表面处理的 B 型双头螺柱
开槽圆柱头螺钉		螺钉 GB/T 65 M5×20	螺纹规格为 M5，$l=20$ mm，性能等级为 4.8 级，表面不经处理的 A 级开槽圆柱头螺钉
开槽盘头螺钉		螺钉 GB/T 67 M5×20	螺纹规格为 M5，$l=20$ mm，性能等级为 4.8 级，表面不经处理的 A 级开槽盘头螺钉
开槽沉头螺钉		螺钉 GB/T 68 M5×20	螺纹规格为 M5，$l=20$ mm，性能等级为 4.8 级，表面不经处理的 A 级开槽沉头螺钉
开槽锥端紧定螺钉		螺钉 GB/T 71 M5×20	螺纹规格为 M5，$l=20$ mm，性能等级为 14H 级，表面氧化的开槽锥端紧定螺钉
1 型六角螺母		螺母 GB/T 6170 M8	螺纹规格为 M8，性能等级为 8 级，表面不经处理的产品等级为 A 级的 1 型六角螺母
平　垫　圈		垫圈 GB/T 97.1　8	标准系列，规格 8 mm，性能等级为 200HV，不经表面处理的 A 级平垫圈
标准型弹簧垫圈		垫圈 GB/T 93　8	规格 8 mm，材料为 65 Mn，表面氧化的标准型弹簧垫圈

116

3.2 螺纹紧固件的连接形式及其装配画法

螺纹紧固件有三种连接形式,如图 6-15 所示。图(a)为螺栓连接、图(b)为双头螺柱连接、图(c)为螺钉连接。它们的作用是将两个零件紧固在一起。根据零件被紧固处的厚度和使用要求选用不同的连接形式。

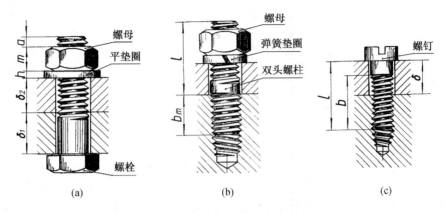

图 6-15　螺纹紧固件的连接形式

3.2.1 螺栓连接

当两个零件被紧固处的厚度较小时,通常采用螺栓连接。如图 6-15(a)所示,假定两个板型零件的厚度分别为 $\delta_1 = 18$ mm,$\delta_2 = 12$ mm,选用螺纹规格为 M10 的螺栓将它们紧固在一起。对紧固件的选取及其装配画法说明如下。

3.2.1.1 装配画法中零件尺寸的确定

1. 查表法

被紧固的两个零件必须预先加工出通孔,通孔的直径应比螺栓上螺纹的大径稍大,由附表 16 中选取中等装配,查得通孔直径为 11 mm。

由附表 12 选取螺母 GB/T 6170　M10,并查得具体尺寸 $s = 16$ mm,$m = 8.4$ mm。

由附表 13 选取垫圈 GB/T 97.1　10,并查得具体尺寸 $d_2 = 20$ mm,$h = 2$ mm。

螺栓的公称长度应大于被紧固零件的厚度、垫圈厚度和螺母厚度的总和,并且要有一定的螺栓突出螺母末端的长度 a(a 一般约为螺纹大径 d 的 0.3 ~ 0.5 倍)。因此,初算螺栓的公称长度

$$l' = \delta_1 + \delta_2 + h + m + a = 18 + 12 + 2 + 8.4 + (0.3 \sim 0.5) \times 10 = 43.4 \sim 45.4$$

查附表 7,在螺栓长度系列中取螺栓的公称长度 $l = 45$ mm,从而选定螺栓 GB/T 5782　M10 × 45,并查得具体尺寸 $s = 16$ mm,$k = 6.4$ mm,$b = 26$ mm。

2. 比例法

为了节省查表时间,可按螺纹大径 d 的比例数确定有关尺寸,但螺栓的公称长度经初算后必须查表选取长度系列中的长度值。

装配图样中的螺纹紧固件一般采用简化画法用来表达装配连接情况。对其结构细节,如倒角、倒圆、螺尾和支承面结构等均省去不画。螺栓连接中的零件及绘图所需尺寸如图 6-16 所示,其中图(a)为查表法,图(b)为比例法。

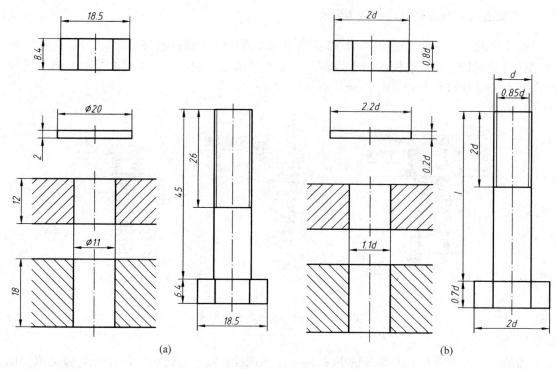

图 6-16 螺栓连接的装配画法中零件尺寸的确定

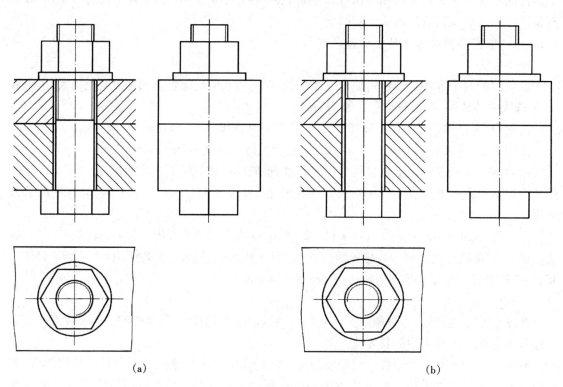

图 6-17 螺栓连接的装配画法

3.2.1.2　螺栓连接的装配画法

　　根据画装配图的一般规定,两个零件间的接触表面应画成一条线,不接触的相邻表面应画两条线以表示其间隙;相互邻接的金属零件,其剖面线的倾斜方向不同,或方向一致而间距不等;当剖切平面通过螺纹紧固件的轴线时,它们均按未被剖切绘制。螺栓连接的装配画法如图6-17所示,图(a)为查表画法,图(b)为比例画法。

3.2.2　双头螺柱连接

　　当两个零件的紧固处一个较薄另一个较厚或不允许穿通时,通常采用双头螺柱连接,如图6-15(b)所示。较薄的零件上应加工出通孔,另一零件上加工出不穿通的螺纹孔,双头螺柱的旋入端(其长度为b_m)应旋紧于螺纹孔,另一端穿过通孔,再用垫圈和螺母固紧。

　　双头螺柱连接中紧固件和被紧固零件的有关尺寸可从相应的标准中查取,也可由螺纹大径的比例数确定,如图6-18(a)所示。注意,应参照螺栓公称长度的确定方法来确定双头螺柱的公称长度,至于选用哪一种标准编号的双头螺柱,要根据加工有螺纹孔零件的材料而定。当该零件的材料为钢或青铜时,应取$b_m = d$(GB/T 897);当材料为铸铁时,应取$b_m = 1.25d$(GB/T 898)或$b_m = 1.5d$(GB/T 899);当材料为铝时,应取$b_m = 2d$(GB/T 900)。对于螺纹孔的尺寸,一般取螺纹深度为$b_m + 0.5d$,钻孔深度比螺纹深度深$0.5d$。

　　双头螺柱连接的装配画法如图6-18(b)所示。双头螺柱的旋入端应完全地旋入螺纹孔,即旋入端的螺纹终止线应与螺纹孔端口平面画成一条线。螺纹孔的钻孔深度可按螺纹深度画出,图中弹簧垫圈的开口可用2倍于粗实线宽度的粗线表示,如图6-18(c)所示。

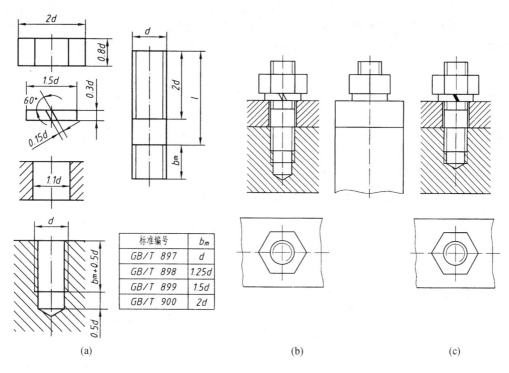

标准编号	b_m
GB/T 897	d
GB/T 898	$1.25d$
GB/T 899	$1.5d$
GB/T 900	$2d$

(a)　　　　　　　　　　　(b)　　　　　　　　　　　(c)

图6-18　双头螺柱连接

3.2.3　螺钉连接

　　当被紧固零件尺寸较小、受力不大且不需经常拆卸时,通常采用螺钉连接,其紧固作用与双头螺柱连接相似,但不用螺母,而是将螺钉直接旋入螺纹孔,把两个被紧固零件压紧,如图 6-15(c)所示。注意,此时螺钉上的螺纹长度要有一定的余留量,即保证 $l - b < \delta$。

被紧固的两个零件,一个应加工出螺纹孔,其尺寸确定方法与双头螺柱连接中螺纹孔的确定方法相同;另一个应加工出通孔或沉孔,沉孔的结构和尺寸可查附表 16。螺钉的尺寸可查表获得,也可按螺纹大径的比例数确定,如图 6-19(a)所示。

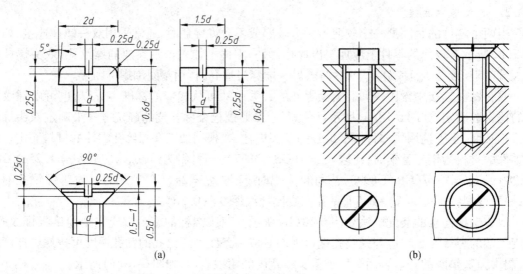

图 6-19　螺钉连接

螺钉连接的装配画法如图 6-19(b)所示。其中螺钉头部的开槽可用 2 倍于粗实线宽度的粗线表示,它在俯视图中的投影向右上倾斜,与水平成 45°。

4 销

销是标准件,主要用于零件间的连接或定位。常用的销有圆柱销、圆锥销和开口销。销的结构及其尺寸系列见附录五。

销也属紧固件,其标记方法与螺纹紧固件相同。

在装配图中,当剖切平面通过销的轴线时,销按未被剖切绘制。

销的标记示例及其装配画法见表 6-3。

表 6-3　销的标记示例及其装配画法

名　称	圆 柱 销	圆 锥 销	开 口 销
结构及规格尺寸			
简化标记示例	销 GB/T 119.2　5×20	销 GB/T 117　6×24	销 GB/T 91　5×30

名　称	圆　柱　销	圆　锥　销	开　口　销
说　明	公称直径 d = 5 mm,长度 l = 20 mm,公差为 m6,材料为钢,普通淬火(A 型),表面氧化的圆柱销	公称直径 d = 6 mm,长度 l = 24 mm,材料为 35 钢,热处理硬度 28～38HRC,表面氧化处理的 A 型圆锥销	公称规格为 D = 5mm,长度 l = 30 mm,材料为 Q215 或 Q235—A,不经表面处理的开口销
装配画法			

5　键

键是标准件,用来联结轴与安装在轴上的皮带轮、齿轮和链轮等,起着传递扭矩的作用。常用的键有普通平键和半圆键。键联结是先将键嵌入轴上的键槽内,再对准轮毂上的键槽,把轴和键同时插入孔和槽内,这样就可以使轴和轮一起转动。如图 6-20 所示,图(a)为普通平键联结;图(b)为半圆键联结。键联结具有结构简单、紧凑、可靠、装拆方便和成本低廉等优点。

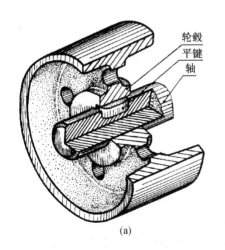

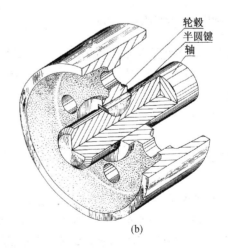

图 6-20　键联结

5.1 键的结构及标记

在机械设计中,键要按标准选取,不需要单独画出其图样,但要正确地标记。

普通平键和半圆键的有关国家标准见附录六,其结构及标记示例见表6-4。

表6-4 键的结构及其标记示例

名 称	普 通 平 键			半 圆 键
	A型	B型	C型	
结构及规格尺寸	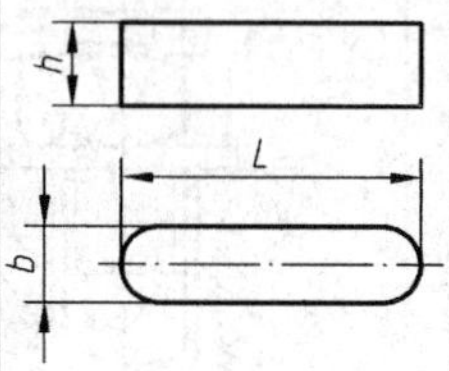	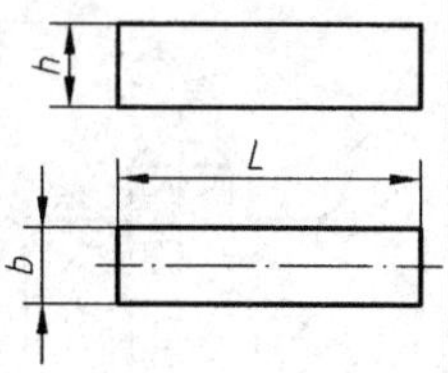	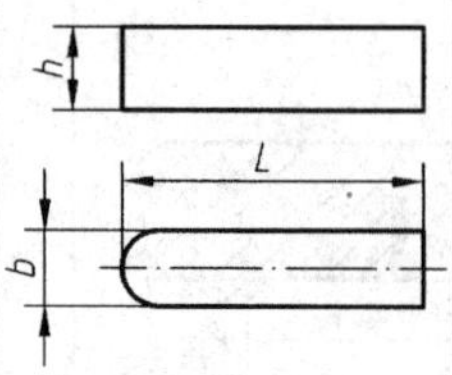	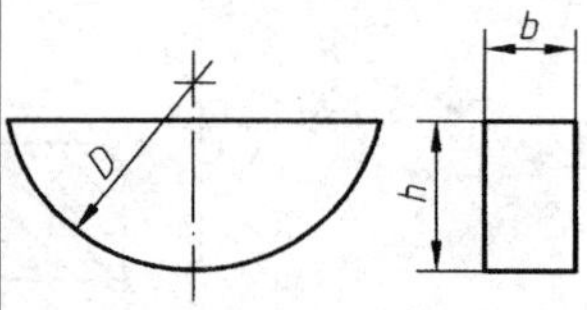
简化标记示例	GB/T 1096 键 5×5×20	GB/T 1096 键 B5×5×20	GB/T 1096 键 C5×5×20	GB/T 1099 键 6×10×25
说 明	圆头普通平键 $b=5$ mm $h=5$ mm $L=20$ mm 标记中省略"A"	平头普通平键 $b=5$ mm $h=5$ mm $L=20$ mm	单圆头普通平键 $b=5$ mm $h=5$ mm $L=20$ mm	半圆键 $b=6$ mm $h=10$ mm $D=25$ mm

注:表内图中省略了倒角。

5.2 键的选取和键槽尺寸的确定

根据有关设计要求,按标准选取键的类型和规格,并给出正确的标记。键槽的尺寸也必须按标准确定。具体尺寸系列见附表20、21、22和23。

轮毂上的键槽一般是用插刀在插床上加工的,轴上的键槽一般是在铣床上加工的。键槽的尺寸应与键的尺寸一致,键槽的深度要按标准查表确定。键槽的加工方法和有关尺寸如图6-21所示,图(a)为轮毂上的键槽,图(b)为轴上的平键槽,图(c)为轴上的半圆键槽。

5.3 键联结的装配画法

图6-22为键联结的装配画法,主视图是通过轴的轴线和键的纵向对称平面剖切后画出的,轴和键均按未被剖切绘制,但为了表达键在轴上的安装情况,轴又采用了局部剖视。

绘图时需注意,轮毂上键槽的底面与键不接触,应画出间隙,而键与键槽的其他表面都接触,应画成一条线。

6 弹簧

弹簧的用途很广,主要用来减震、储能和测力等。弹簧的种类很多,常见的有螺旋压缩弹簧、拉伸弹簧、扭转弹簧和涡卷弹簧等,如图6-23所示。

本节仅介绍圆柱螺旋压缩弹簧。由于圆柱螺旋压缩弹簧最常用,因此作为标准件在GB/T 2089—2009中对其标记作了规定。但是在实际工程设计中往往买不到合适的标准弹簧,所以必须绘制其零件图。

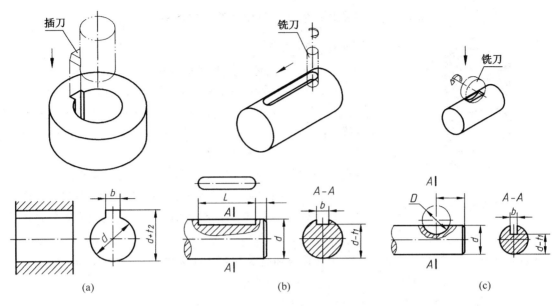

图 6-21 键槽的加工方法和有关尺寸

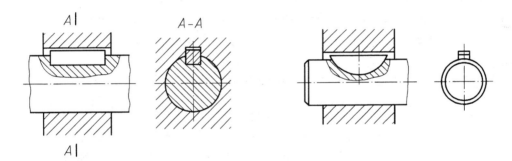

图 6-22 键联结的装配画法

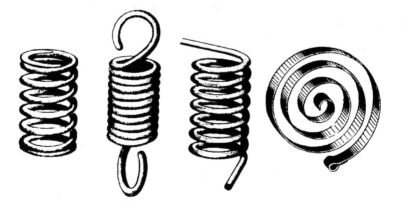

图 6-23 常见弹簧

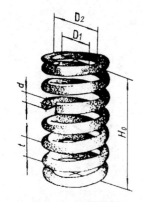

图 6-24 弹簧的参数

6.1 普通圆柱螺旋压缩弹簧的参数及标记

6.1.1 参数(图 6-24)

1)材料直径 d 制造弹簧的钢丝直径。

2)弹簧直径 包括弹簧的外径、内径、中径。弹簧外径(D_2)表示弹簧的最大直径。弹簧内径(D_1)表示弹簧的最小直径,$D_1 = D_2 - 2d$。弹簧中径(D)表示弹簧外径和内径的平均值,$D = (D_2 + D_1)/2 = D_2 - d = D_1 + d$。

3)圈数 包括支承圈数、有效圈数和总圈数。为使弹簧工作时受力均匀,弹簧两端圈并紧磨平(A 型)或制扁(B 型)而起支承作用的部分称为支承圈,两端支承部分加在一起的圈数称为支承圈数(n_z)。当材料直径 $d \leqslant 8$ mm 时,支承圈数 $n_z = 2$;当 $d > 8$ mm 时,$n_z = 1.5$,两端各磨平3/4圈。支承圈以外的圈数为有效圈数(n)。支承圈数和有效圈数之和为总圈数(n_1),$n_1 = n + n_z$。

4)节距 t 除支承圈外的相邻两圈对应点间的轴向距离。

5)自由高度 H_0 弹簧在未受负荷时的轴向尺寸。

6)展开长度 L 即弹簧展开后的钢丝长度。在有关标准中的弹簧展开长度 L 均指名义尺寸。其计算方法为:当 $d \leqslant 8$ mm 时,$L = \pi D(n + 2)$;当 $d > 8$ mm 时,$L = \pi D(n + 1.5)$。

7)旋向 弹簧的旋向与螺纹的旋向一样,也有右旋和左旋之分。

6.1.2 标记

GB/T 2089—2009 中规定,弹簧的标记内容和格式为:

| 类型代号 | $d \times D \times H_0$-精度代号 | 旋向代号 | 标准号 |

类型代号:YA 为两端圈并紧磨平的冷卷压缩弹簧;YB 为制扁的热卷压缩弹簧。

需要指出:按 2 级精度制造不注精度,3 级应注明"3"级;右旋弹簧不注旋向,左旋弹簧应注"左"。

例如,$d = 3$ mm、$D = 20$ mm、$H_0 = 80$ mm,按 2 级精度制造,右旋两端圈并紧磨平的冷卷压缩弹簧的标记为:

YA $3 \times 20 \times 80$ GB/T 2089

6.2 圆柱螺旋压缩弹簧的规定画法

6.2.1 单个弹簧的画法

单个弹簧可用视图表示,也可用剖视图表示,如图 6-25 所示。

(1)在平行于螺旋弹簧轴线的投影面上的视图中,弹簧各圈的轮廓规定画成直线。

(2)有效圈数在 4 圈以上的螺旋弹簧中间部分可以省略,此时允许缩短图形的长度。

(3)螺旋弹簧均可画成右旋,对必须保证的旋向要求应在"技术要求"中注明。

(4)剖视图画法的具体作图步骤如下(见图 6-26):

a. 根据自由高度 H_0 和弹簧中径 D,画出长方形 $ABCD$;

b. 根据材料直径 d 画出支承圈部分;

c. 根据节距 t 依次求得 1、2、3、4、5 各点,画出断面圆;

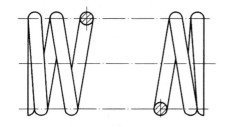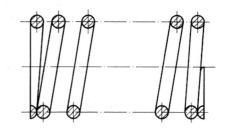

图 6-25　圆柱螺旋压缩弹簧的规定画法

d. 按右旋做出相应圆的切线,画剖面线,加深,完成作图。

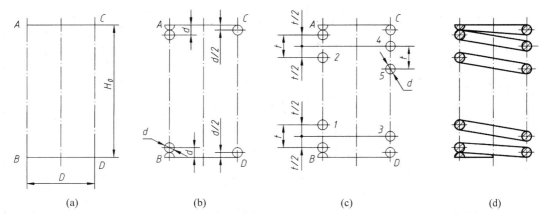

图 6-26　圆柱螺旋压缩弹簧的作图步骤

(5)在机械设计中,应尽量选取标准弹簧,并绘制其零件图以指导制造和加工。弹簧零件图的参考图例如图 6-27 所示。

6.2.2　装配图中弹簧的画法

(1)被弹簧挡住的结构一般不画出,可见部分应从弹簧的外轮廓线或从弹簧钢丝剖面的中心线画起,如图 6-28(a)所示。

(2)在剖视图中,弹簧钢丝直径在图形上等于或小于 2 mm 时,其断面可以涂黑,而且不画各圈的轮廓线,如图 6-28(b)所示。

(3)弹簧钢丝直径在图形上等于或小于 2 mm 时,允许采用示意画法,如图 6-28(c)所示。

7　齿轮

齿轮是广泛应用于各种机械传动中的一种常用件,用来传递动力、改变转动速度和方向等。齿轮传动有三种方式,如图 6-29 所示。其中图(a)为圆柱齿轮传动,用来传递两平行轴间的运动;图(b)为圆锥齿轮传动,用来传递两相交轴间的运动;图(c)为蜗轮蜗杆传动,用来传递两交叉轴间的运动。

本节仅介绍标准直齿圆柱齿轮。

7.1　直齿圆柱齿轮的几何要素和尺寸关系

直齿圆柱齿轮的结构如图 6-30(a)所示。由于这种齿轮是由圆柱加工而成,而且轮齿素

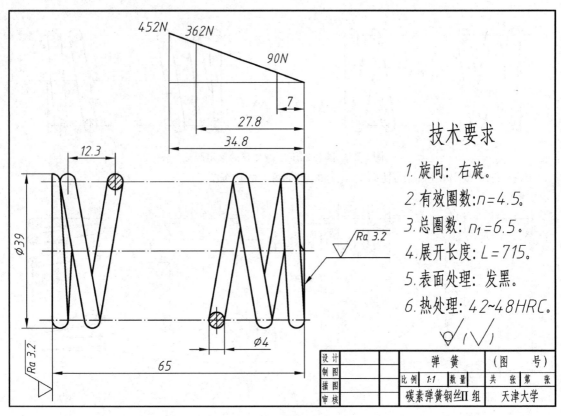

图 6-27　弹簧零件图

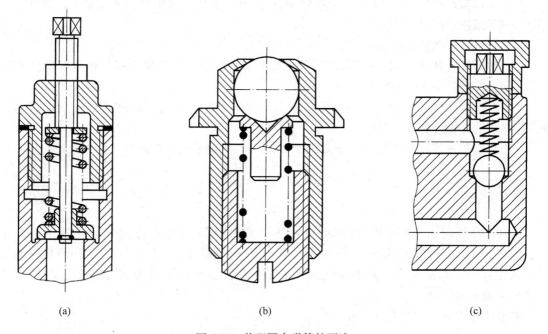

(a)　　　　　　　　　(b)　　　　　　　　　(c)

图 6-28　装配图中弹簧的画法

线是与齿轮轴线平行的直线,故称为直齿圆柱齿轮。由于齿轮端面轮廓上参与啮合的曲线是

126

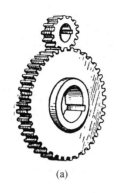  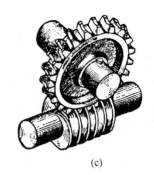

(a)　　　　　　　　　　(b)　　　　　　　　　　(c)

图 6-29　齿轮传动

一段渐开线,所以又称为渐开线齿轮。

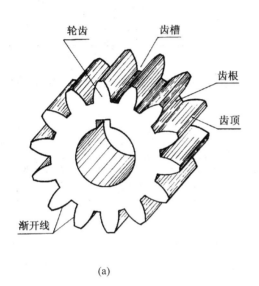 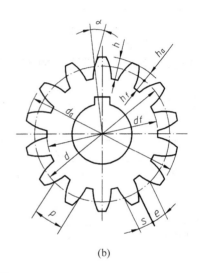

(a)　　　　　　　　　　　　　　　　(b)

图 6-30　直齿圆柱齿轮

7.1.1　几何要素(图 6-30(b))

1)齿顶圆　过齿顶的圆柱面与端平面(垂直于齿轮轴线的平面)的交线称为齿顶圆,其直径用 d_a 表示。

2)齿根圆　过齿根的圆柱面与端平面的交线称为齿根圆,其直径用 d_f 表示。

3)分度圆　对于渐开线齿轮,过齿厚 s 与槽宽 e 相等处的圆柱面称为分度圆柱面。分度圆柱面与端平面的交线称为分度圆,其直径用 d 表示。

4)齿高　齿顶圆与齿根圆之间的径向距离称为齿高,用 h 表示。

5)齿顶高　齿顶圆与分度圆之间的径向距离称为齿顶高,用 h_a 表示。

6)齿根高　齿根圆与分度圆之间的径向距离称为齿根高,用 h_f 表示。

7)齿距　在齿轮上两个相邻而同侧的端面齿廓之间的分度圆弧长称为齿距,用 p 表示。

8)齿形角　在端平面内,过端面齿廓与分度圆交点的径向直线与齿廓在该点的切线所夹的锐角称为齿形角。我国采用的齿形角 α 一般为 20°。

9)模数　齿距 p 被圆周率 π 除所得的商称为齿轮的模数,用 m 表示,即 $m = \dfrac{p}{\pi}$,其单位为毫米。

当齿轮的齿数为 z 时,分度圆的周长 $\pi d = zp$,则 $d = z\dfrac{p}{\pi}$,所以 $d = zm$,即分度圆直径等于齿数与模数之积。

模数是齿轮的一个重要参数,模数越大,轮齿越厚,齿轮的承载能力越大。为了便于设计和加工,国家标准中规定了齿轮的法向模数,见表6-5。优先采用表中第Ⅰ系列法向模数,应避免采用第Ⅱ系列中的法向模数(6.5)。

表6-5　圆柱齿轮的模数(GB/T 1357—2008)　　　　　　　　　　(mm)

第Ⅰ系列	1.25	1.5	2	2.5	3	4	5	6	8	10	12
	16	20	25	32	40	50					
第Ⅱ系列	1.125	1.375	1.75	2.25	2.75	3.5	4.5	5.5	(6.5)	7	9
	11	14	18	22	28	35	45				

7.1.2　尺寸关系

模数、齿数和齿形角是齿轮的三个基本参数,它们的大小是通过设计计算并按相关标准确定的。

直齿圆柱齿轮的尺寸关系见表6-6。

表6-6　直齿圆柱齿轮的计算公式及举例

名　称	代　号	计　算　公　式	举例(已知 $m=2.5$, $z=20$)
齿 顶 高	h_a	$h_a = m$	$h_a = 2.5$
齿 根 高	h_f	$h_f = 1.25m$	$h_f = 3.125$
齿　高	h	$h = h_a + h_f = 2.25m$	$h = 5.625$
分度圆直径	d	$d = zm$	$d = 50$
齿顶圆直径	d_a	$d_a = (z+2)m$	$d_a = 55$
齿根圆直径	d_f	$d_f = (z-2.5)m$	$d_f = 43.75$

7.2　直齿圆柱齿轮的规定画法

7.2.1　单个齿轮的画法

表示齿轮一般用两个视图,或者用一个视图和一个局部视图,如图6-31所示。

在外形视图中,齿顶圆和齿顶线(齿顶圆柱面的轮廓线)用粗实线绘制;分度圆和分度线用点画线绘制;齿根圆和齿根线用细实线绘制,也可以不画,如图6-31(a)所示。

在剖视图中,当剖切平面通过齿轮的轴线时,轮齿一律按不剖处理,齿根线用粗实线绘制,如图6-31(b)所示。

7.2.2　齿轮啮合的画法

一对齿轮的轮齿依次交替接触,从而实现一定规律的相对运动过程和形态称为啮合。只有模数和齿形角相同的一对齿轮才能啮合。

一对圆柱齿轮啮合时,相当于两个假想圆柱作纯滚动。假想圆柱面与端平面的交线称为节圆,两齿轮的节圆直径分别用 d_1' 和 d_2' 表示。齿轮啮合时,两个节圆是相切的。两啮合齿轮

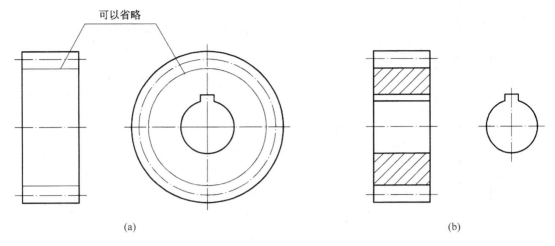

(a)   (b)

图 6-31   直齿圆柱齿轮的画法

轴线间的距离称为中心距,用 a 表示。上述如图 6-32 所示。

标准齿轮在标准安装情况下,其节圆和分度圆重合,$d_1 = d_1'$,$d_2 = d_2'$。设两齿轮的齿数分别为 z_1 和 z_2,它们的模数均为 m,则中心距为:

$$a = \frac{1}{2}(d_1 + d_2) = \frac{1}{2}m(z_1 + z_2)$$

国家标准中规定了齿轮的啮合画法。分为以下两种情况。

（1）当齿轮未被剖切时,在平行两齿轮轴线的投影面上的视图中,啮合区内的齿顶线和齿根线不画,两齿轮的节线重合为一条线,用粗实线绘制;在垂直于齿轮轴线的投影面上的视图中,啮合区内的齿顶圆仍用粗实线绘制,两个相切的节圆用点画线绘制,齿根圆不画,如图 6-33

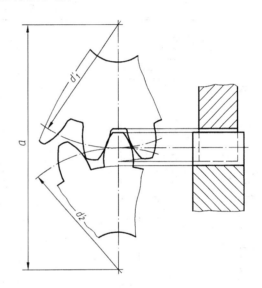

图 6-32   齿轮的啮合与剖视画法

（a）所示;为使图形清晰,啮合区内的齿顶圆部分也可以不画,如图 6-33（b）中的左视图所示。

（2）当齿轮被剖切时,若剖切平面通过两啮合齿轮的轴线,则在啮合区内将一个齿轮的轮齿用粗实线绘制,另一个齿轮轮齿的被遮挡部分用细虚线绘制,如图 6-32 右侧所示;被遮挡部分也可以不画,如图 6-33（b）中的主视图所示;若剖切平面不通过啮合齿轮的轴线,则齿轮一律按未被剖切绘制。

7.3   参考图例

图 6-34 为直齿圆柱齿轮的零件图。图中只注出齿顶圆和分度圆的直径,齿轮的模数、齿数和齿形角等在图样右上角的参数表中列出,齿面的表面结构代号注写在分度线上。

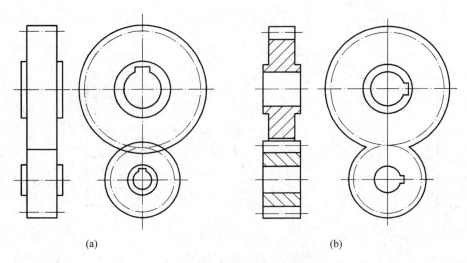

(a)   (b)

图 6-33   直齿圆柱齿轮啮合的画法

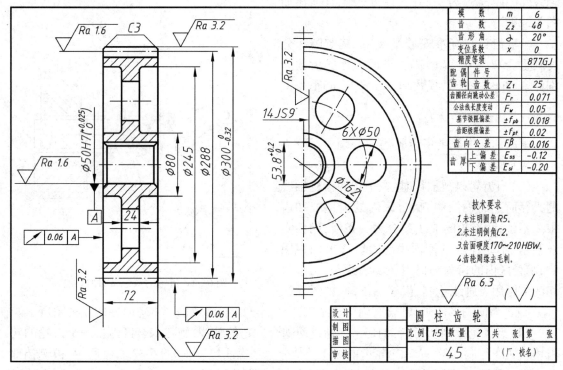

模 数	m	6
齿 数	Z_2	48
齿形角	α	20°
变位系数	x	0
精度等级		877GJ

配偶件号		
齿轮 齿数	Z_1	25
齿圈径向跳动公差	F_r	0.071
公法线长度变动	F_w	0.05
基节极限偏差	$\pm f_{pb}$	0.018
齿距极限偏差	$\pm f_{pt}$	0.02
齿向公差	$F\beta$	0.016
齿厚 上偏差	E_{ss}	-0.12
齿厚 下偏差	E_{si}	-0.20

技术要求
1. 未注圆角R5.
2. 未注倒角C2.
3. 齿面硬度170~210HBW.
4. 齿轮周缘去毛刺.

$\sqrt{Ra\ 6.3}$ ($\sqrt{}$)

设 计		圆 柱 齿 轮				
制 图		比 例	1:5	数 量	2	共 张 第 张
描 图						
审 核		45				(厂、校名)

图 6-34   直齿圆柱齿轮零件图

思考题

1. 螺纹要素有哪些？在什么情况下内外螺纹才能互相旋合？

2. 简述内外螺纹和螺纹连接的规定画法。

3. 普通螺纹与非密封管螺纹的牙型有何不同？它们的螺纹特征代号是什么？

4. 公称直径为 8 mm 的左旋细牙普通螺纹有几种螺距?

5. 对普通螺纹、梯形螺纹和非密封管螺纹在图样中如何标注?

6. G2A 表示何含义? 该螺纹的大径和小径的数值是多少?

7. 螺栓、双头螺柱和螺钉连接在结构和应用上各有什么特点?

8. 双头螺柱有四种标准编号, 应如何进行选取? 标记中的长度是否为双头螺柱的总长?

9. 结合螺栓连接的装配画法, 简述画装配图的三条一般规定。

10. 指出圆柱销标记"销 GB/T 119.2   3×18"的各项含义?

11. 指出普通平键标记"GB/T 1096   键 8×7×32"的各项含义。

12. 轴和轮毂上键槽的深度如何确定? 在图样中如何标注该尺寸?

13. 国家标准对圆柱螺旋压缩弹簧的画法有哪些规定?

14. 直齿圆柱齿轮的三个基本参数是什么?

15. 直齿圆柱齿轮的齿顶圆、齿根圆和分度圆中哪个圆的直径尺寸在图样中不应注出?

第 7 章 零 件 图

1 概述

对于机器中的非标准零件,需要绘制其零件图。零件图是表示零件结构、大小及技术要求的图样。它是制造和检验零件的依据。一张完整的零件图一般包括以下四个方面的内容(如图7-1所示)。

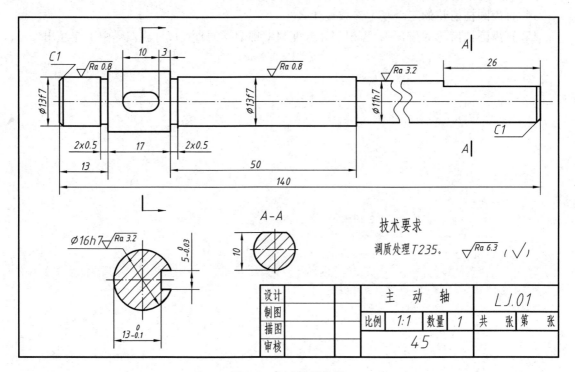

图 7-1　主动轴零件图

1)一组图形　利用视图、剖视图、断面图等画法,完整、清晰地表达零件各部分的结构、形状和位置。

2)尺寸　确切地表明零件各部分的大小和相对位置。

3)技术要求　用文字或符号说明零件在制造和检验过程中应达到的一些要求。例如,表面结构要求、尺寸公差、几何公差和热处理要求等。

4)标题栏　由名称及代号区、签字区、更改区和其他区组成的栏目(见第1章)。图7-1中是教学使用的标题栏。

2 零件结构的工艺性及有关尺寸

零件在机器或部件中的作用,决定了它的各部分结构。但在设计零件时,除考虑其作用外,还必须考虑到制造时的工艺性,以利于生产。现将一些常见的工艺结构及有关尺寸介绍如下。

2.1 铸件结构

2.1.1 铸造斜度

铸件在造型时,为了便于取出木模,沿脱模方向的表面做出1:20的斜度(≈3°),称为铸造斜度,如图7-2(a)所示。浇铸后这一斜度留在铸件上,但在图中一般不画出,如图7-2(b)所示。必要时在技术要求中注明。

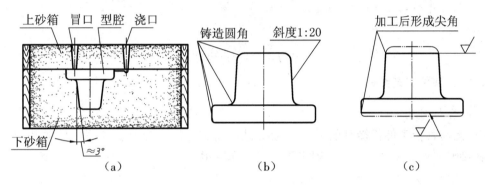

（a）　　　　　　　　　（b）　　　　　　　　　（c）

图7-2　铸造斜度和铸造圆角

2.1.2 铸造圆角

为便于取模,防止浇铸时金属溶液冲坏砂型及冷却时铸件转角处产生裂纹,造型时在铸件表面的相交处做成过渡圆弧面,在铸件上称为铸造圆角。其圆角半径一般为 2～5 mm,该尺寸

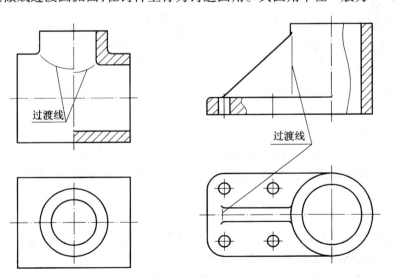

图7-3　过渡线的画法

133

在图样中一般不标注,而统一注写在技术要求中,如"未注明铸造圆角半径为 3 ~ 5"。铸造圆角在图中应当画出。但是,当铸造表面经去除材料的方法加工后,与该表面相关的铸造圆角则被去除。如图 7-2(c)所示,其中上、下端面被加工后形成尖角。

由于有铸造圆角,铸件各表面理论上的交线不存在。但在画图时,要用细实线按无圆角的情况画出这些理论上的交线,它们与圆角的轮廓线是断开的,称为过渡线,如图 7-3 所示。

2.1.3　铸件壁厚

铸件的壁厚应尽量一致,如图 7-4(b)、(c)所示。如不能保持一致,应使其均匀地变化,如图 7-4(d)所示,防止因冷却速度不同,在厚壁处形成缩孔,如图 7-4(a)所示。

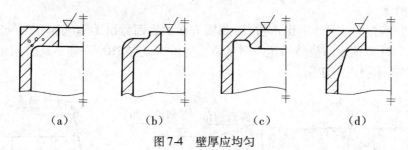

（a）　　　　（b）　　　　（c）　　　　（d）

图 7-4　壁厚应均匀

2.2　机加工常见工艺结构

2.2.1　凸台与凹坑

零件上与其他零件相接触的表面一般要进行切削加工。为保证良好的接触并减小加工面,常在接触面处做出凸台、凹坑或凹槽,如图 7-5 所示。

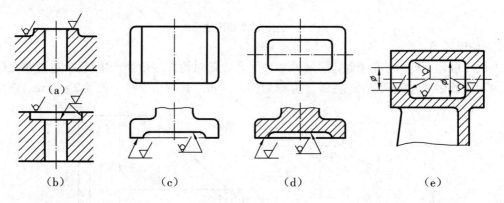

图 7-5　凸台、凹坑和凹槽

2.2.2　倒角和倒圆

为了便于装配并防止锐角伤人,在轴端、孔口及零件的端部,常常加工出倒角。为增加零件强度,在轴肩处加工出倒圆。倒角、倒圆的有关国家标准见附录七,形式和尺寸注法如图 7-6 所示。

2.2.3　退刀槽和砂轮越程槽

在车削螺纹时为便于退刀,或使相配的零件在装配时表面能良好地接触,需要在待加工面末端先切出退刀槽或砂轮越程槽,砂轮越程槽的有关国家标准见附录八。其结构和尺寸如图 7-7 所示(尺寸一般注成"槽宽×槽深"或"槽宽×直径")。

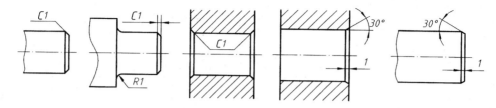

图 7-6　倒角、倒圆的形式和尺寸注法

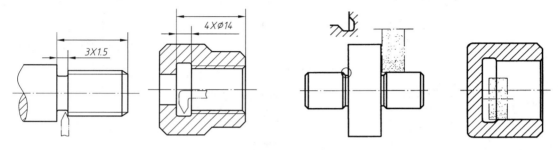

图 7-7　退刀槽和砂轮越程槽

2.2.4　钻孔结构

由于钻头具有钻尖,当需要画出用钻头钻出的不通孔时,其末端应画出 120°的锥孔,但不注尺寸。如果阶梯孔的大孔也是钻孔,在两孔之间也应画出 120°的部分锥面。孔的画法及尺寸标注如图 7-8 所示,沉孔尺寸见附表 16。

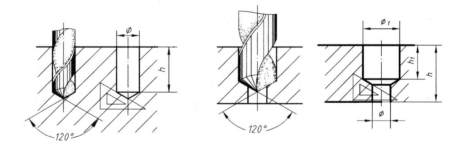

图 7-8　钻孔的画法及尺寸标注

用钻头钻孔时,为保证钻孔准确和避免钻头折断,应使钻头垂直于被钻孔的表面。因此在与孔轴线倾斜的表面处,常设计出平台或凹坑结构;但当钻头与倾斜表面的夹角大于 60°时,也可以直接钻孔,如图 7-9 所示。

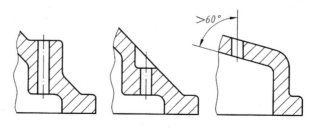

图 7-9　钻孔的表面结构

135

2.2.5 常见孔的尺寸注法

零件上常见孔的尺寸注法如表 7-1 所示,沉孔尺寸见附表 16。

表 7-1 光孔、螺孔、沉孔的尺寸注法

类 型	简 化 注 法		普 通 注 法
光 孔	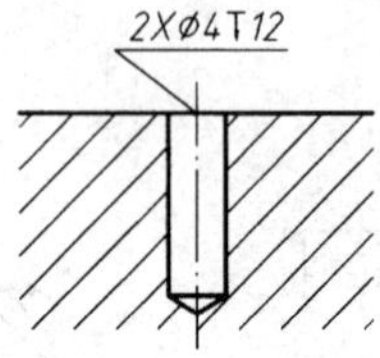 2X∅4▼12	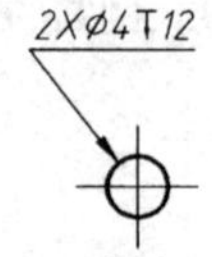 2X∅4▼12	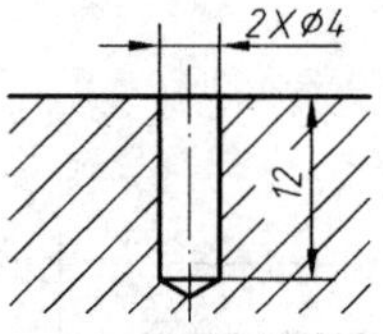 2X∅4　12
	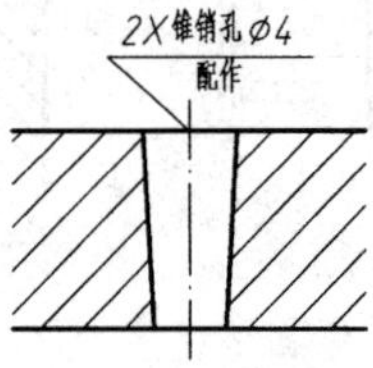 2X锥销孔∅4 配作	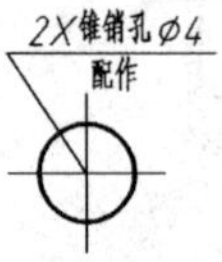 2X锥销孔∅4 配作	
螺 孔	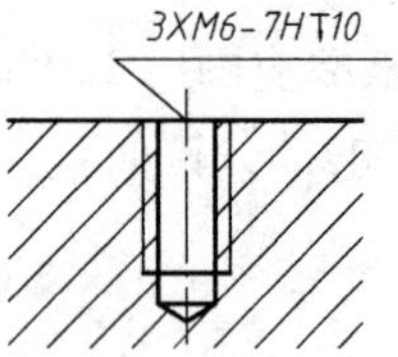 3XM6-7H▼10	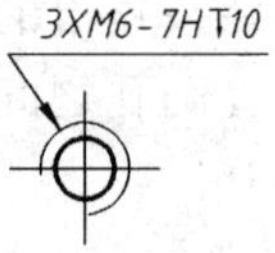 3XM6-7H▼10	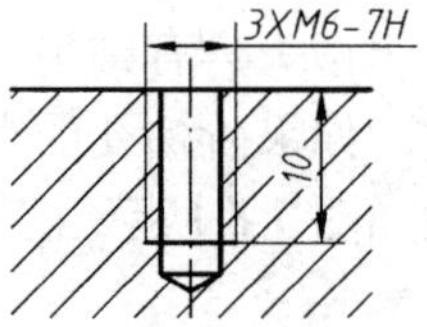 3XM6-7H　10
沉 孔	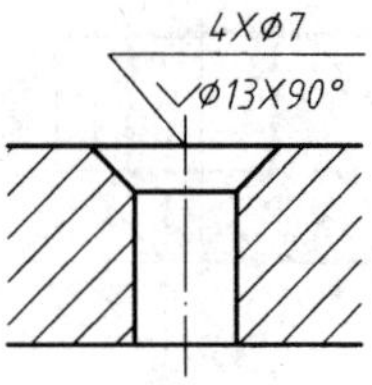 4X∅7　∨∅13X90°	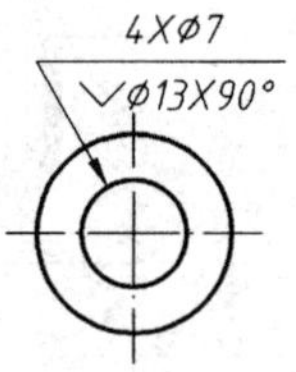 4X∅7　∨∅13X90°	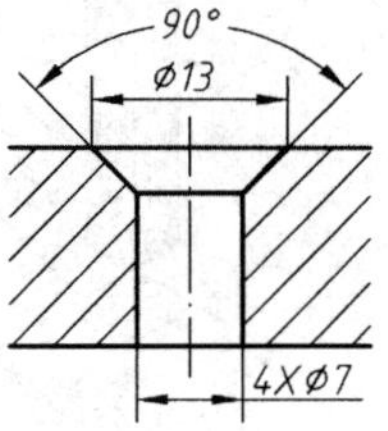 90°　∅13　4X∅7
	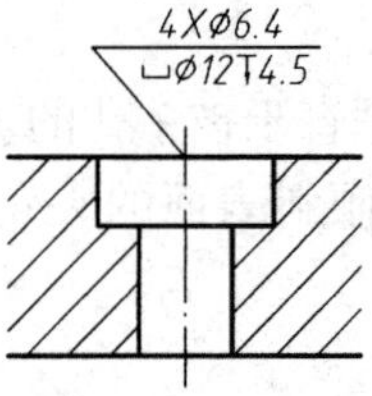 4X∅6.4　⊔∅12▼4.5	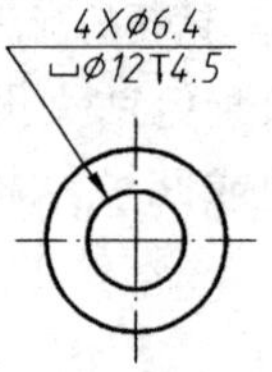 4X∅6.4　⊔∅12▼4.5	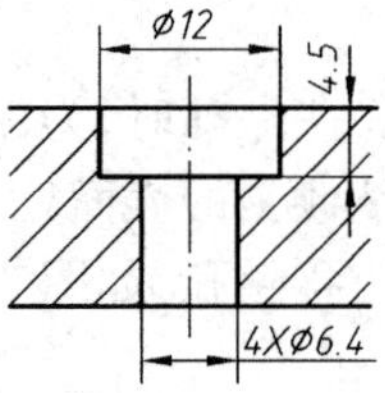 ∅12　4.5　4X∅6.4
	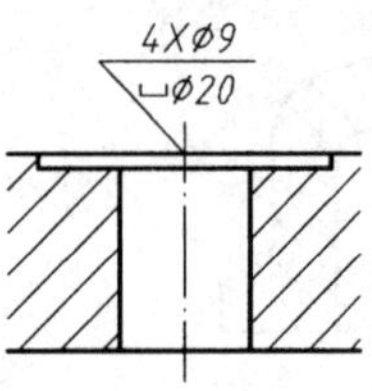 4X∅9　⊔∅20	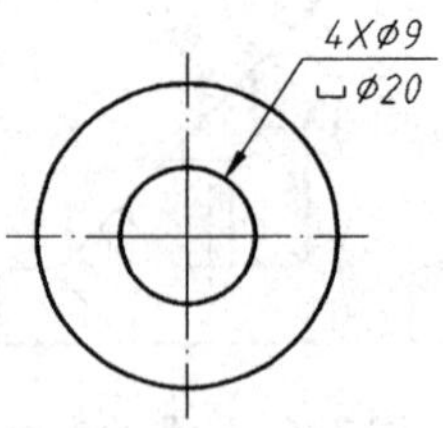 4X∅9　⊔∅20	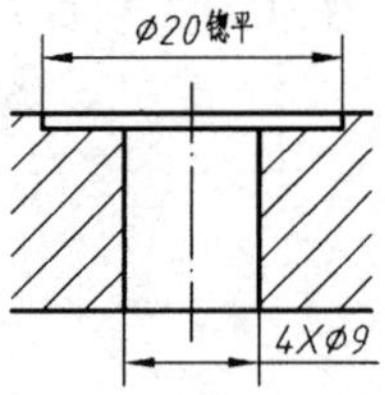 ∅20锪平　4X∅9

136

3 零件图的视图选择及尺寸注法

3.1 视图选择

画零件图时,要通过对零件在机器中的作用、安装位置、加工方法的了解,根据零件的结构特点选择恰当的画法,合理地选择主视图和其他视图。

3.1.1 选择主视图

选择主视图时,主要考虑以下两点。

1)安放位置　即零件的加工位置或工作位置。为使生产时便于看图,传动轴、手轮、盘状零件等的主视图按其在车床上加工时轴线水平的位置摆放。各种箱体、泵体、阀体及机座等零件,需在不同的机床上加工,其加工位置亦不相同,主视图按零件工作时的位置摆放。

2)形状特征　主视图要较多地反映出零件各部分的形状和它们之间的相对位置。

3.1.2 选择其他视图

主视图中没有表达清楚的部分,要选择其他视图表示。所选视图应有其重点表达内容,并尽量避免重复。

总之,选择视图要目的明确,重点突出,使所选视图表达方案完整、清晰,数目恰当,做到看图方便、作图简便。

3.2 尺寸注法

零件图上的尺寸是制造零件时加工和检验的依据。因此,图中所标注的尺寸,除应正确、完整和清晰外,还应尽可能合理,使所注尺寸满足设计要求,便于加工和测量。此处仅就尺寸的合理性作初步介绍。

3.2.1 合理选择尺寸基准

要使所标注的尺寸合理,需要正确选择尺寸基准,以便确定各形体之间的相对位置。零件上的底面、端面、对称面、主要轴线等都可以作为基准。

尺寸基准一般分为设计基准(设计时用以确定零件结构的位置)和工艺基准(制造零件时用以定位、加工和检验)。设计基准是主要基准,工艺基准作为辅助基准。图 7-10 所示回转泵泵体的长、宽、高三个方向的主要基准分别为对称平面 A、前端面 B 和轴孔的中心线 C。

3.2.2 主要尺寸要从主要基准直接注出

所谓主要尺寸是指影响零件在机器中的工作性能和装配精度等要求的尺寸。如图 7-10 中尺寸 a 应以基准 A 直接注出,以保证与回转泵的安装基座上的相关尺寸一致。尺寸 b 应以基准 B 直接注出,以保持与空腔内其他零件的厚度相一致,从而保证回转泵的工作性能。尺寸 c 和 d 应以基准 C 直接注出,用以确定回转泵的中心高度和保证空腔的偏心距。

3.2.3 标注尺寸要符合设计要求

图 7-11 所示为两零件装在一起的情形。设计时不但要求其左右方向不能松动,而且必须保证右端面平齐。图中标注的尺寸 B 和 C 保证了这两点,满足了设计的要求。

3.2.4 标注尺寸要符合工艺要求

某些尺寸为便于加工与测量,而以辅助基准为基准,如图 7-10 中的尺寸 h。

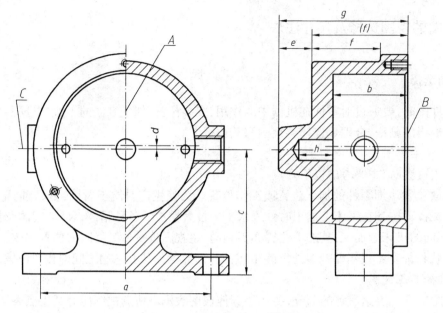

图 7-10　尺寸标注的合理性

3.2.5　铸件毛面相关尺寸的标注

铸造表面俗称毛面。标注零件上有关毛面的尺寸时,在同一方向上一般应只有一个毛面与加工面联系,其他毛面按形体结构只与毛面有尺寸联系,以便于制造,如图 7-10 中尺寸 e、f、g,如果把 f 改为注 (f),由于尺寸 e 的铸造精度影响,在加工 B 面时不易同时保证尺寸 g 和 (f)。

3.3　几类典型零件示例

机器零件在机器中的作用不同,它们的结构形状也各不相同。为了便于掌握绘制零件图的一般规律,通常把零件按其结构特征分为轴、套类(如传动轴、衬套等),轮、盘类(手轮、皮带轮、齿轮、轴承盖、端盖等),叉、杆类(如拨叉、杠杆、连杆等)和箱体类(箱体、泵体、阀体等)。另外,一些薄板弯制件和镶合件等也经常遇到。下面结合具体实例分别进行介绍。

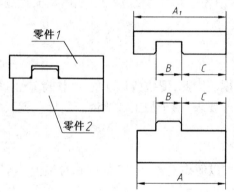

图 7-11　结合设计要求注尺寸

3.3.1　轴、套类零件

此类零件一般由若干段不等径的同轴回转体构成,其主要加工工序是在车床上进行的,如图 7-12 所示。为便于加工时看图,其主视图按加工位置(轴线水平)放置,如图 7-1 所示。

在传动轴上,通常有键槽、销孔、越程槽、螺纹退刀槽及平面等结构。此类零件除主视图外,一般采用断面图、局部剖视图及局部放大图等表示,如图 7-1 所示。

此类零件的尺寸通常有表示直径大小的径向尺寸和表示各段长度的轴向尺寸。此外还有确定轴上结构的定形和定位尺寸。径向尺寸以轴线为基准,轴向尺寸根据零件的作用及装配要求以轴肩为基准。

为便于看图,应尽量将不同工序所需的尺寸分开标注,如图 7-1 中的键槽与其他部分加工工序不同,其尺寸 10、3 等在上方标注出来。

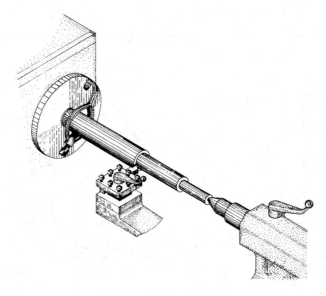

图 7-12　轴加工时的位置

3.3.2　轮、盘类零件

轮、盘类零件的主体部分一般也是由同轴回转体组成,但其径向尺寸较大,而轴向尺寸较短。

此类零件的主要加工面也是在车床上加工,故其主视图亦按加工位置将轴线水平放置,且多将非圆视图画成剖视图,以表达其轴向结构。

此外,这类零件常有沿圆周分布的孔、槽及轮辐等结构。因此,除了主视图外,还需采用左(或右)视图,以表示这些结构的分布情况或形状,如图 7-13 所示的手轮。

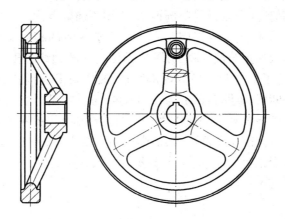

图 7-13　手轮的视图选择

图 7-14 为齿轮油泵泵盖的零件图。采用了两个视图将其表达清楚,其长度方向的主要基准为右端面,宽度方向的主要基准为基本对称平面,高度方向的主要基准为下面的 ϕ13H8 孔的轴线。

对于沿圆周分布的孔、槽等结构,其定形尺寸和定位尺寸应尽量注在反映其分布情况的视图中,这样便于看图。如图 7-14 中的螺钉孔及销孔的定形尺寸和定位尺寸注在反映其分布情况的左视图中。

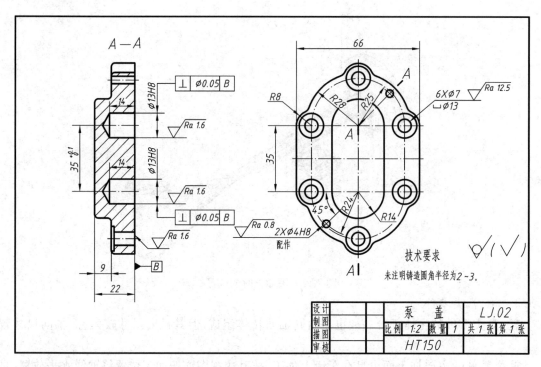

图 7-14　泵盖的零件图

3.3.3　叉、杆类零件

　　叉、杆类零件的结构形状比较复杂,还常有倾斜或弯曲的结构。它们的加工工序较多,且工作位置亦不固定,一般选择最能反映其形状特征的视图作为主视图。除主视图外,一般还要根据其结构特点,选择其他视图以及局部剖视、断面图等加以表达。

　　图 7-15 为一杠杆的零件图。主视图反映了三个圆柱体的相对位置和连接肋板的形状。为使其他视图便于表达及作图简便,将杠杆下方两圆柱体的轴线置于同一水平面上。俯视图采用局部剖视图,既表达了下方两圆柱的内部结构,又反映出连接它们的三角形肋的真实形状。剖视图 A-A 及移出断面,表明斜臂上部孔的深度、位置及 T 形肋的形状。

　　此类零件常以主要轴线及某个端面作为尺寸的主要基准。如图 7-15 所示的杠杆,φ16 圆柱的轴线为长度和高度方向的主要基准,其前端面为宽度方向的主要基准。各孔的中心距和它们的相对位置一般属于主要尺寸,应从主要基准直接注出,如图中 28、50 及 75° 等尺寸,其他尺寸按形体分析分别注出。

3.3.4　箱体类零件

　　此类零件的形状、结构比较复杂,加工工序亦较多,一般应按其工作位置安放,并以反映其形状特征最明显的方向作为主视图的投射方向。箱体类零件一般需要三个或三个以上基本视图及其他辅助图形,采用多种图样画法才能表达清楚其形状和结构。

　　图 7-16 为回转泵的工作原理简图。由于装在轴上的鼓轮与内腔有 2.5 mm 的偏心距,当轴带动鼓轮顺时针方向旋转时,翼板在鼓轮的槽内沿径向甩出并靠紧衬套内壁滑动,使得左边翼板之间的空腔逐渐增大,形成部分真空,将油吸入。而右边翼板间的空腔在鼓轮旋转时逐渐

140

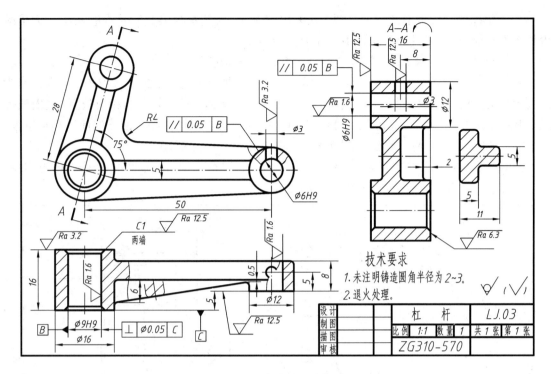

图 7-15　杠杆的零件图

变小,油压增大,故从右口排出高压油。

从图 7-17 所示泵体的轴测图中看出,泵体可分为三部分。

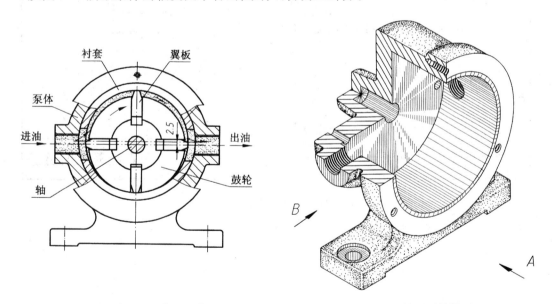

图 7-16　回转泵的工作原理简图　　　　　　图 7-17　回转泵泵体轴测图

1)工作部分　泵体的上部包容并支撑着轴、鼓轮及衬套等零件。如图 7-18 所示,$\phi14H7$ 孔与 $\phi98H7$ 内腔有 2.5 mm 的偏心距,左右进出油孔有管螺纹与油管相接,前端面有三个连接泵盖用的螺孔,内腔底部的两个小孔为拆卸衬套用的工艺孔。

2）安装部分　泵体下部为带有两个沉孔的安装板，可用螺栓将其安装在基座上。为了减少加工面和保证良好的接触，安装板底面做出一凹槽。

3）连接部分　泵体中部的连接板将以上两部分连接起来。

图7-18为泵体的零件图。主视图按泵体的工作位置安放，并以图7-17中的"A"方向作为主视图投射方向，画成半剖视图。此视图反映了偏心的特点、三部分间的相对位置、进出油孔及安装板上沉孔的深度。左视图采用局部剖视图，反映了内部结构和三部分的前后相对位置。俯视图采用全剖视图，将T形连接板断面及安装板的形状表达清楚。

该泵体长、宽、高三个方向的主要基准分别为左右对称平面、前端面和 $\phi14H7$ 孔的轴线。除按形体分析标注尺寸外，也注意了尺寸的合理性。

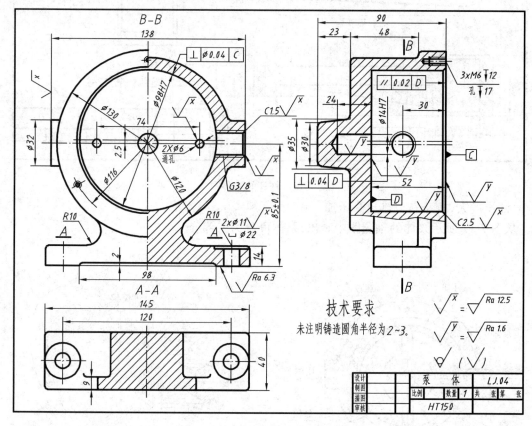

图7-18　回转泵泵体的零件图

图7-19是齿轮油泵泵体的零件图，读者可自行分析。

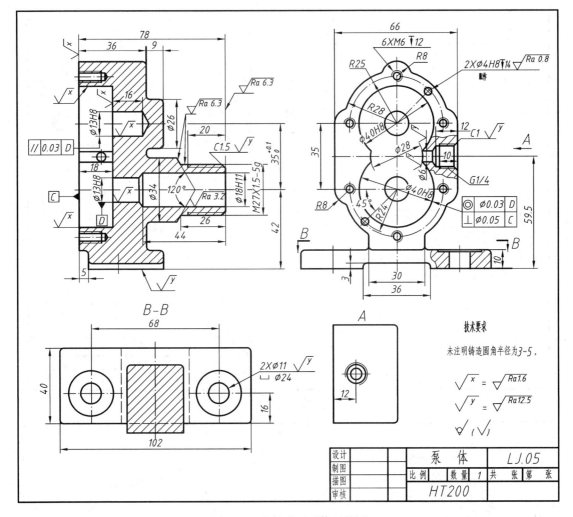

图 7-19　齿轮油泵泵体零件图

3.3.5　其他类零件

在电子、仪表和化工等行业中,经常遇到薄板弯制件和镶合件等。

薄板弯制件是由薄板经过冲裁、剪切、弯折等工艺加工而成。常在承载能力不大的情况下使用,制造简单,成本低廉。在薄板弯制件的图样中,除了完整地表达出制件的形状和大小外,还应画出制件的展开图,用于从板材上下料,展开图中要用细实线表示弯折位置。作为薄板弯制件的支架如图 7-20 所示。

镶合件通常是金属与非金属材料的镶合,既需要保证一定的强度,又必须做到绝缘或隔热。图 7-21 所示旋钮就是用工程塑料将螺栓镶合在一起构成的镶合件。

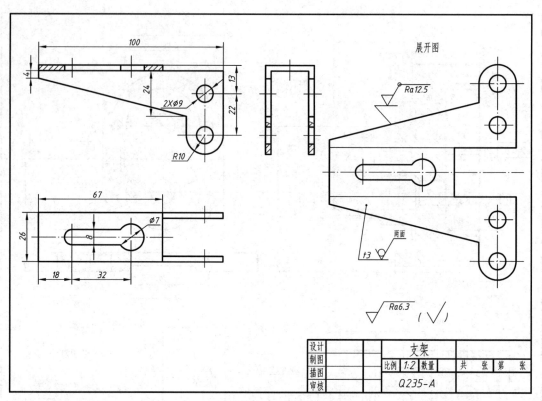

图 7-20 支架

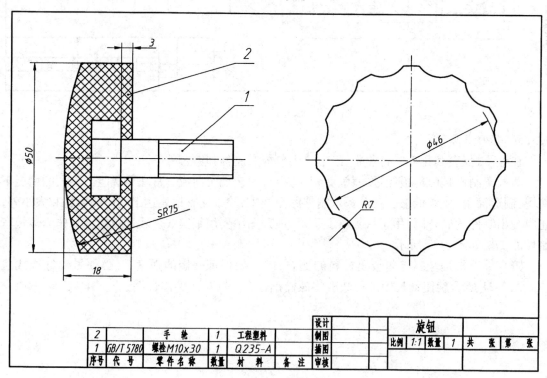

图 7-21 旋钮

144

4 零件图的技术要求

零件图的技术要求一般包括表面结构、尺寸公差、几何公差、金属材料的热处理及其他需要说明的内容。这些技术要求,有的用规定的代(符)号标注在视图中,有的则以简明文字注写在标题栏的上方或左侧。本节将简要介绍上述几项内容。

4.1 零件的表面结构

零件的表面结构,主要指零件表面的微观几何特性,它是由获得表面的工艺方法形成的,它对零件的表面功能特性、使用寿命以及外观质量都有直接影响。因此,对零件表面结构的要求必须在图样或其他技术产品文件中标注清楚。

零件的表面在微观上都是凹凸不平的,当用平面与零件的实际表面相交时,便得到微观起伏不平的峰谷,这便是零件的表面轮廓,如图 7-22 所示。

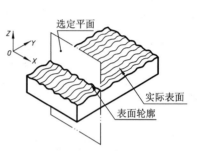

图 7-22　表面轮廓

用零件的表面轮廓参数可评定零件的表面质量。国家标准规定了三种类型的表面轮廓,即 R 轮廓(粗糙度轮廓)、W 轮廓(波纹度轮廓)及 P 轮廓(原始轮廓)。常用的是 R 轮廓,其主要幅度参数有两个,如图 7-23 所示。

1)轮廓最大高度 Rz　即在一个取样长度内,最大轮廓峰高 Rp 和最大轮廓谷深 Rv 之和的高度。

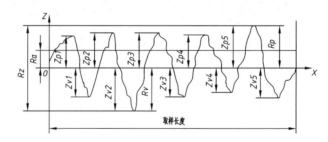

图 7-23　表面结构 R 轮廓参数

$$Rz = Rp + Rv$$

2)评定轮廓的算术平均偏差 Ra　即在一个取样长度内,纵坐标 $Z(x)$ 绝对值的算术平均值。

$$Ra = \frac{1}{l} \int_0^l \left| Z(x) \right| \mathrm{d}x$$

4.1.1 表面结构标注的内容

表面结构要求主要标注其图形符号、表面结构参数和表面结构的补充要求。

1. 表面结构的图形符号

表面结构的图形符号有基本图形符号、扩展图形符号、完整图形符号和工件轮廓各表面的图形符号,其意义说明见表 7-2,其画法见图 7-24。

表 7-2　表面结构的图形符号

符　号	意义及说明
基本图形符号 $\bigvee$	未指定工艺方法的表面,仅用于简化代号标注,通过注释可以单独使用,没有补充说明不能单独使用
去除材料的扩展图形符号 $\bigvee$	在基本图形符号上加一短横,表示指定表面是用去除材料方法获得,如通过车、铣、磨、钻等机械加工方法获得的表面。仅当其含义是"被加工表面"时可单独使用
不去除材料的扩展图形符号 $\bigvee$	在基本图形符号上加一圆圈,表示指定表面是用不去除材料的方法获得;也可用于表示保持上道工序形成的表面,不管这个表面是通过去除材料或不去除材料形成的
完整图形符号 $\bigvee$ $\bigvee$ $\bigvee$	在各符号的长边加一横线,用于标注表面结构特征的补充信息 在报告和合同的文本中用 APA 表示 $\bigvee$;用 MRR 表示 $\bigvee$;用 NMR 表示 $\bigvee$
工件轮廓各表面的图形符号 $\bigvee$ $\bigvee$ $\bigvee$	在完整图形符号上加一圆圈,标注在图样中封闭轮廓上,表示构成封闭轮廓的各表面具有相同的表面结构要求

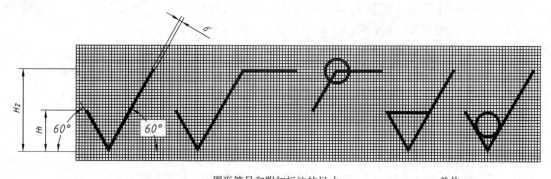

图形符号和附加标注的尺寸　　　　　　　　　　　　单位:mm

数字和字母高 h	2.5	3.5	5	7	10	14	20
符号线宽(=字母线宽)d'	0.25	0.35	0.5	0.7	1	1.4	2
高度 H_1	3.5	5	7	10	14	20	28
高度 H_2(最小值)	7.5	10.5	15	21	30	42	60

注:H_2 取决于标注内容。

图 7-24　表面结构图形符号的画法

2.表面结构的参数

表面结构的参数包括结构参数代号和参数极限值,二者之间留一空格,而表面结构参数代号又包括轮廓代号(如粗糙度轮廓代号为 R)和参数特征代号(如轮廓最大高度代号为 z,轮廓算术平均偏差代号为 a)等,例如 $Ra\ 1.6$ 表示粗糙度轮廓算术平均偏差代号为 Ra,其参数极限值为 $1.6\ \mu m$。

3.表面结构的补充要求

为了明确表面结构要求,除标注表面结构参数代号及极限值外,必要时还应标注补充要求,如传输带、取样长度、加工工艺、表面纹理及方向、加工余量等,它们的注写位置如图 7-25 所示。

146

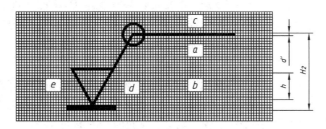

位置 a 注写表面结构的单一要求;位置 b 和 a 注写两个或多个表面结构要求;
位置 c 注写加工方法;位置 d 注写表面纹理和方向;位置 e 注写加工余量

图 7-25 补充要求的注写位置

为了简化表面结构要求的标注,同时能够明确表达图样标注及表面功能之间的关系,标准定义了一系列默认值,采用默认值可以不必标注,使一般的表面结构标注更加简化。

4.1.2 表面结构要求在图样和其他技术产品文件中的注法

表面结构要求对每个表面一般只标注一次,所标注的表面结构是对完工零件表面的要求。

1. 表面结构符号、代号的标注位置和方向

(1)表面结构要求可标注在轮廓线(包括延长线)上,必要时也可用带箭头或黑点的指引线引出标注,如图 7-26 所示。

(2)在不致引起误解时,表面结构要求可标注在给定的尺寸线(包括延长线)上,还可标注在几何公差框格上,如图 7-27 所示。

(3)表面结构的注写和读取方向与尺寸的注写和读取方向一致,在轮廓线上标注表面结构要求时,其符号应从材料外指向并接触表面,如图 7-26 所示。

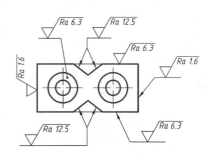

图 7-26 表面结构要求标注在轮廓线上

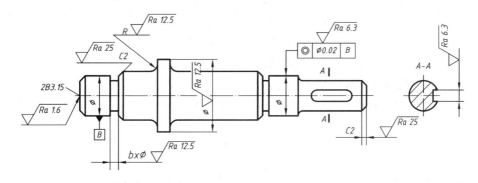

图 7-27 表面结构要求标注在尺寸线或公差框格上

2. 表面结构要求的简化注法

(1)工件的全部表面有相同的表面结构要求时,其表面结构要求可统一标注在标题栏附近,如图 7-28 所示。

(2)工件的多数表面具有相同的表面结构要求时,其表面结构要求可统一标注在标题栏附近,且在表面结构的符号后面括号内给出无任何其他标注的基本符号(图 7-29(a))或已注出的不同的表面结构要求(图 7-29(b))。

147

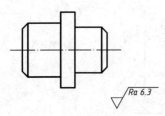

图 7-28　全部表面有相同表面
结构要求的简化注法

（3）多个表面有共同要求或图纸空间有限时，可用带字母的完整符号的简化标注或只用表面结构符号的简化标注，但应在图形或标题栏附近以等式的形式给出对多个表面共同的表面结构要求，如图 7-30 所示。

（4）在图样某个视图上构成封闭轮廓的各表面有相同的表面结构要求时，可按图 7-31 所示方法进行标注。如果标注会引起歧义时，各表面应分别标注。

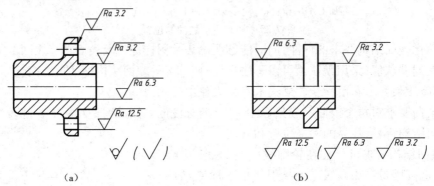

（a）　　　　　　　　　　　　　（b）

图 7-29　多数表面有相同表面结构要求的简化注法

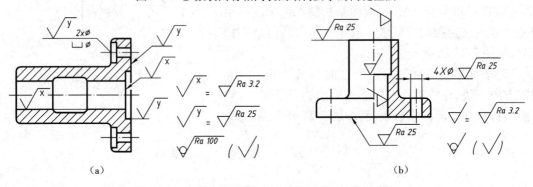

（a）　　　　　　　　　　　　　（b）

图 7-30　多个表面有共同表面结构要求的简化注法

3. 几种零件结构的表面结构要求的注法

（1）同一表面有不同的表面结构要求时，可用细实线作为分界线，并分别标注出相应的表面结构要求和尺寸，如图 7-32 所示。

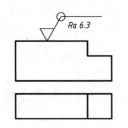

图 7-31　对周边各表面
有相同的表面结构
要求的注法

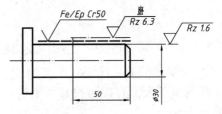

图 7-32　同一表面有不同的
表面结构要求的注法

148

（2）零件上不连续的同一表面可用细实线连接，其表面结构要求只标注一次，如图 7-26 和图 7-30（a）所示。

（3）中心孔的工作表面、键槽工作面、倒角、圆角等的表面结构要求一般标注在尺寸线上，如图 7-27 和图 7-30（a）所示。

4.2 极限与配合

相同规格的零件，任取其中一个就能装到机器中去，并满足机器性能的要求，零件的这种性质称为互换性。

零件具有互换性，不仅能组织大规模的专业化生产，而且可以提高产品质量、降低成本和便于维修。

国家标准《极限与配合》用以保证零件的互换性。为了满足工艺性，零件图中每个尺寸都有公差要求。为了便于系统学习，与本课程有关的极限与配合的内容均在本章讲授，需注意零件图中只要求标注尺寸公差，配合将在装配图中应用。

4.2.1 名词术语

1）公称尺寸 由图样规范确定的理想形状要素的尺寸，通过它应用上、下极限偏差可算出极限尺寸。公称尺寸可以是一个整数值或一个小数值，如图 7-33 中的 $\phi15$。

2）实际（组成）要素 由接近实际（组成）要素所限定的工件实际表面的组成要素部分。

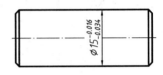

图 7-33 小轴的尺寸公差

3）极限尺寸 尺寸要素允许的尺寸的两个极端值。极限尺寸又分为上极限尺寸和下极限尺寸。

上极限尺寸：尺寸要素允许的最大尺寸。如图 7-33 中小轴的上极限尺寸为 $\phi14.984$。

下极限尺寸：尺寸要素允许的最小尺寸。如图 7-33 中小轴的下极限尺寸为 $\phi14.966$。实际要素应在两个极限尺寸之间或等于极限尺寸。

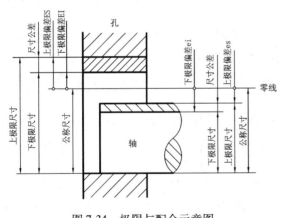

图 7-34 极限与配合示意图

4）偏差 某一尺寸减去其公称尺寸所得的代数差。上极限尺寸减去其公称尺寸所得的代数差称为上极限偏差。下极限尺寸减去其公称尺寸所得的代数差称为下极限偏差。上极限偏差和下极限偏差统称为极限偏差。偏差数值可以是正值、负值和零。如图 7-34 所示，极限偏差代号规定如下：

孔的上极限偏差为 ES，下极限偏差为 EI；

轴的上极限偏差为 es，下极限偏差为 ei。

图 7-33 中小轴的上极限偏差 $es = 14.984 - 15 = -0.016$，下极限偏差为 $ei = 14.966 - 15 = -0.034$。

5）尺寸公差（简称公差） 上极限尺寸减去下极限尺寸之差，或上极限偏差减去下极限偏

差之差。它是允许尺寸的变动量,是一个没有符号的绝对值。如图 7-33 所示的小轴,其公差值为

$$公差 = 14.984 - 14.966 = 0.018$$

或 $$公差 = -0.016 - (-0.034) = 0.018$$

4.2.2 公差带和公差带图

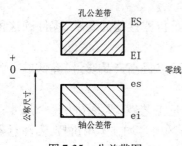

图 7-35 公差带图

公差带是代表上极限偏差和下极限偏差或上极限尺寸和下极限尺寸的两条直线所限定的一个区域。为了便于分析,一般将公差带与公称尺寸的关系画成简图,称为公差带图,如图 7-35 所示。图中零线是表示公称尺寸的一条直线,以其为基准确定偏差和公差,如图 7-36 所示。通常零线沿水平方向绘制,正偏差位于其上,负偏差位于其下。

4.2.3 标准公差与基本偏差

为了实现零件的互换性及满足各种配合的要求,国家标准规定了公差带的大小及其相对于零线的位置,这就是标准公差和基本偏差,如图 7-36 所示。

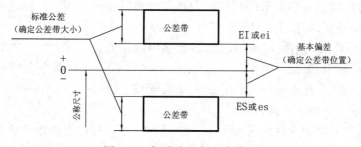

图 7-36 标准公差与基本偏差

1) 标准公差 国家标准极限与配合制中规定的任一公差称为标准公差。标准公差确定公差带的大小,用字母 IT 表示。

标准公差等级用来确定尺寸精确的程度,它们用阿拉伯数字表示。对 ≤500 mm 的公称尺寸规定了 IT01,IT0,IT1,…,IT18 共 20 个等级。(IT01、IT0 在工业中很少用到),从 IT01 至 IT18 公差逐渐增大,尺寸精确程度依次降低。对所有公称尺寸,如果它们的公差等级相同,则认为具有同等精确程度。

2) 基本偏差 国家标准极限与配合制中,确定公差带相对零线位置的那个极限偏差称为基本偏差。一般为靠近零线的那个偏差。当公差带在零线上方时,基本偏差为下极限偏差;当公差带在零线下方时,基本偏差为上极限偏差,如图 7-36 所示。

孔、轴各有 28 个基本偏差,它们用拉丁字母表示,图 7-37 是基本偏差系列图,图中孔的基本偏差用大写字母表示,轴的基本偏差用小写字母表示。孔的基本偏差,从 A 到 H 为下极限偏差,从 K 到 ZC 为上极限偏差,JS 为上极限偏差$\left(+\dfrac{IT}{2}\right)$或下极限偏差$\left(-\dfrac{IT}{2}\right)$。轴的基本偏差,从 a 到 h 为上极限偏差,从 k 到 zc 为下极限偏差,js 为上极限偏差$\left(+\dfrac{IT}{2}\right)$或下极限偏差

$\left(-\dfrac{IT}{2}\right)$。除 JS(js)外,孔和轴的另一个偏差可从极限偏差数值表中查出,也可按下式计算:

孔　ES = EI + IT 或 EI = ES − IT

轴　es = ei + IT 或 ei = es − IT

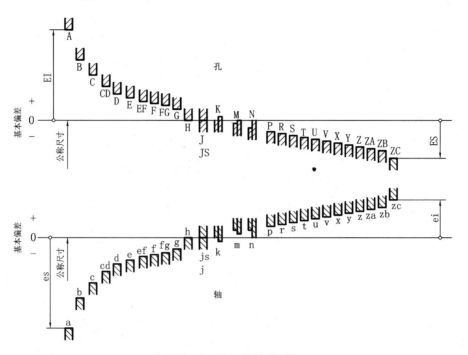

图 7-37　基本偏差系列图

3)公差带的表示　公差带用基本偏差的字母和公差等级数字表示,称为公差带代号,如 H8、f7 等。

4.2.4　配合种类

公称尺寸相同,相互结合的孔和轴公差带之间的关系称为配合。

由于相配合孔或轴的实际要素不同,装配后可能出现不同大小的间隙或过盈。孔的尺寸减去与之配合的轴的尺寸,取代数值为正时是间隙,为负时是过盈,如图 7-38 所示。

根据零件使用要求的不同,国家标准将配合分为三类。

1)间隙配合　保证具有间隙(包括最小间隙是零)的配合。此时孔的公差带在轴的公差带之上,如图 7-39 所示。间隙配合主要用于两配合表面间有相对运动的地方。

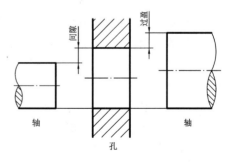

图 7-38　间隙和过盈

151

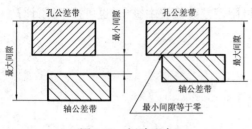

图 7-39　间隙配合

2)过盈配合　保证具有过盈(包括最小过盈是零)的配合。此时孔的公差带在轴的公差带之下,如图 7-40 所示。过盈配合主要用于两配合表面要求紧固连接的场合。

3)过渡配合　可能具有间隙或过盈的配合。此时孔的公差带和轴的公差带有重叠部分,如图 7-41 所示。过渡配合主要用于要求对中性较好的情况。

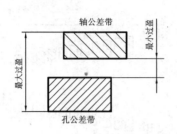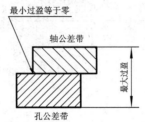

图 7-40　过盈配合

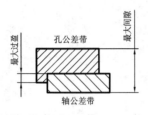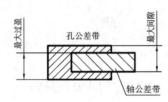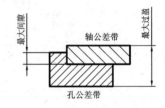

图 7-41　过渡配合

4.2.5　配合制

根据生产实际的需要,国家标准规定了两种配合制,即基孔制配合和基轴制配合。

1)基孔制配合　基本偏差为一定的孔的公差带,与不同基本偏差的轴的公差带形成各种配合的制度,称为基孔制配合。如图 7-42 所示。

基孔制配合的孔为基准孔,基准孔的基本偏差为 H,其下极限偏差为零。

与基准孔相配合的轴,其基本偏差自 a～h 用于间隙配合,j～zc 用于过渡配合和过盈配合。

2)基轴制配合　基本偏差为一定的轴的公差带,与不同基本偏差的孔的公差带形成各种配合的制度,称为基轴制配合。如图 7-43 所示。

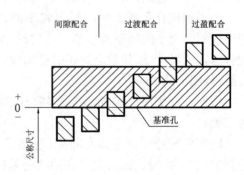

图 7-42　基孔制配合

152

基轴制配合的轴为基准轴,基准轴的基本偏差为 h,其上极限偏差为零。与基准轴相配合的孔,其基本偏差自 A ~ H 用于间隙配合,J ~ ZC 用于过渡配合和过盈配合。

一般情况下,优先选用基孔制配合。

国家标准规定了基孔制和基轴制的优先、常用配合。表 7-3 和表 7-4 分别为基孔制和基轴制的优先、常用配合,供选用。

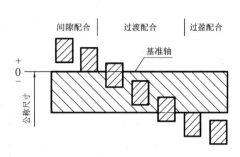

图 7-43 基轴制配合

表 7-3 基孔制优先、常用配合

基准孔	轴																					
	a	b	c	d	e	f	g	h	js	k	m	n	p	r	s	t	u	v	x	y	z
	间 隙 配 合								过 渡 配 合			过 盈 配 合										
H6						$\frac{H6}{f5}$	$\frac{H6}{g5}$	$\frac{H6}{h5}$	$\frac{H6}{js5}$	$\frac{H6}{k5}$	$\frac{H6}{m5}$	$\frac{H6}{n5}$	$\frac{H6}{p5}$	$\frac{H6}{r5}$	$\frac{H6}{s5}$	$\frac{H6}{t5}$					
H7						$\frac{H7}{f6}$	$\frac{H7}{g6}$	$\frac{H7}{h6}$	$\frac{H7}{js6}$	$\frac{H7}{k6}$	$\frac{H7}{m6}$	$\frac{H7}{n6}$	$\frac{H7}{p6}$	$\frac{H7}{r6}$	$\frac{H7}{s6}$	$\frac{H7}{t6}$	$\frac{H7}{u6}$	$\frac{H7}{v6}$	$\frac{H7}{x6}$	$\frac{H7}{y6}$	$\frac{H7}{z6}$
H8					$\frac{H8}{e7}$	$\frac{H8}{f7}$	$\frac{H8}{g7}$	$\frac{H8}{h7}$	$\frac{H8}{js7}$	$\frac{H8}{k7}$	$\frac{H8}{m7}$	$\frac{H8}{n7}$	$\frac{H8}{p7}$	$\frac{H8}{r7}$	$\frac{H8}{s7}$	$\frac{H8}{t7}$	$\frac{H8}{u7}$				
			$\frac{H8}{d8}$	$\frac{H8}{e8}$	$\frac{H8}{f8}$			$\frac{H8}{h8}$													
H9			$\frac{H9}{c9}$	$\frac{H9}{d9}$	$\frac{H9}{e9}$	$\frac{H9}{f9}$		$\frac{H9}{h9}$													
H10			$\frac{H10}{c10}$	$\frac{H10}{d10}$				$\frac{H10}{h10}$													
H11	$\frac{H11}{a11}$	$\frac{H11}{b11}$	$\frac{H11}{c11}$	$\frac{H11}{d11}$				$\frac{H11}{h11}$													
H12		$\frac{H12}{b12}$						$\frac{H12}{h12}$													

注:(1)$\frac{H6}{n5}$、$\frac{H7}{p6}$ 在基本尺寸小于或等于 3 mm 和 $\frac{H8}{r7}$ 在基本尺寸小于或等于 100 mm 时为过渡配合。

(2)标注 ▼ 的配合为优先配合。

表 7-4　基轴制优先、常用配合

基准轴	A	B	C	D	E	F	G	H	JS	K	M	N	P	R	S	T	U	V	X	Y	Z
			间　隙　配　合							过渡配合				过　盈　配　合							
h5						$\frac{F6}{h5}$	$\frac{G6}{h5}$	$\frac{H6}{h5}$	$\frac{JS6}{h5}$	$\frac{K6}{h5}$	$\frac{M6}{h5}$	$\frac{N6}{h5}$	$\frac{P6}{h5}$	$\frac{R6}{h5}$	$\frac{S6}{h5}$	$\frac{T6}{h5}$					
h6						$\frac{F7}{h6}$	$\frac{G7}{h6}$	$\frac{H7}{h6}$	$\frac{JS7}{h6}$	$\frac{K7}{h6}$	$\frac{M7}{h6}$	$\frac{N7}{h6}$	$\frac{P7}{h6}$	$\frac{R7}{h6}$	$\frac{S7}{h6}$	$\frac{T7}{h6}$	$\frac{U7}{h6}$				
h7					$\frac{E8}{h7}$	$\frac{F8}{h7}$		$\frac{H8}{h7}$	$\frac{JS8}{h7}$	$\frac{K8}{h7}$	$\frac{M8}{h7}$	$\frac{N8}{h7}$									
h8				$\frac{D8}{h8}$	$\frac{E8}{h8}$	$\frac{F8}{h8}$		$\frac{H8}{h8}$													
h9				$\frac{D9}{h9}$	$\frac{E9}{h9}$	$\frac{F9}{h9}$		$\frac{H9}{h9}$													
h10				$\frac{D10}{h10}$				$\frac{H10}{h10}$													
h11	$\frac{A11}{h11}$	$\frac{B11}{h11}$	$\frac{C11}{h11}$	$\frac{D11}{h11}$				$\frac{H11}{h11}$													
h12		$\frac{B12}{h12}$						$\frac{H12}{h12}$													

注:标注▶的配合为优先配合。

4.2.6　极限与配合在图样中的标注

1）在装配图中标注　装配图中在公称尺寸的后面用分数形式注出孔、轴公差带代号。其形式为

$$公称尺寸\ \frac{孔公差带代号}{轴公差带代号}\left(例如:\phi40\ \frac{H8}{f7}\ 或\ \phi40H8/f7\right)$$

表 7-5 所示的孔、轴配合尺寸 $\phi40\ \frac{H8}{f7}$ 中,$\phi40$ 为公称尺寸,H8 表示基准孔公差带代号,f7 表示轴的公差带代号,孔和轴的配合制为基孔制,配合种类为间隙配合。

表 7-5 所示的孔、轴配合尺寸 $\phi40\ \frac{F8}{h7}$ 中,$\phi40$ 为公称尺寸,h7 表示基准轴的公差带代号,F8 表示孔公差带代号,孔和轴的配合制为基轴制,配合种类为间隙配合。

表 7-5　标注示例

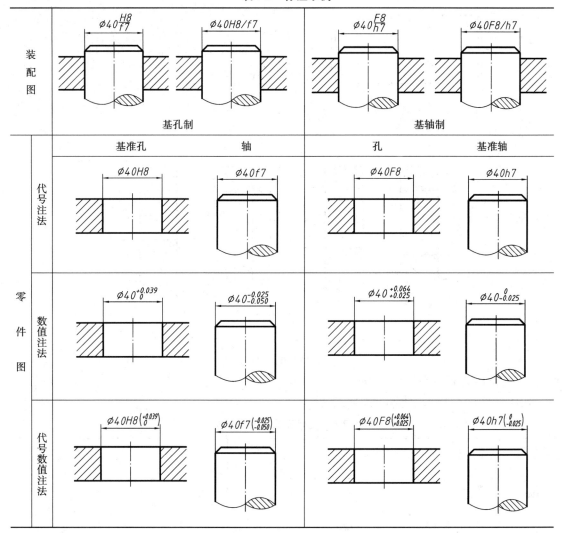

2)在零件图中标注　在零件图中有三种标注形式,即在公称尺寸的右边注出公差带代号或极限偏差数值或两者同时注出,例如

　　孔　　$\phi40H8$、$\phi40_0^{+0.039}$、$\phi40H8\left(_0^{+0.039}\right)$

　　轴　　$\phi40f7$、$\phi40_{-0.050}^{-0.025}$、$\phi40f7\left(_{-0.050}^{-0.025}\right)$

极限与配合在装配图和零件图上的标注示例,参见表 7-5。

4.3　几何公差(形状、方向、位置和跳动)

　　零件经加工后,不仅会产生一定的表面结构和尺寸误差,还会产生形状误差和位置误差,如图 7-44 和图 7-45 所示。

　　零件的形状和位置误差对机器的装配、工作性能和使用寿命都有一定的影响。因此,对于较重要的零件,除了控制其表面结构、尺寸误差外,有时还要对其形状、方向、位置和跳动误差加以限制,给出经济、合理的误差允许值,称为几何公差。

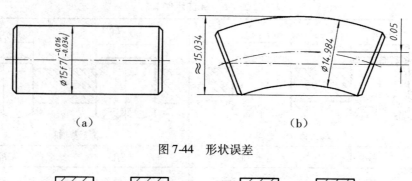

（a） （b）

图 7-44　形状误差

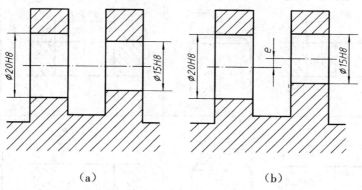

（a） （b）

图 7-45　位置误差

4.3.1　几何公差的符号

几何公差共有 14 项,如表 7-6 所示。

表 7-6　几何公差项目及符号

公差类型	几何特性	符号	分类	项目	符号
形状公差	直　线　度	—	方向公差	平　行　度	//
	平　面　度	▱		垂　直　度	⊥
				倾　斜　度	∠
	圆　　度	○	位置公差	同心度(用于中心点) 同轴度(用于轴线)	◎
	圆　柱　度			对　称　度	=
形状、方向 或位置公差	线轮廓度	⌒		位　置　度	⊕
	面轮廓度	⌓	跳动公差	圆　跳　动	↗
				全　跳　动	

4.3.2　几何公差的代号标注

几何公差代号的标注方法是:用带箭头的指引线和几何公差框格、几何公差有关项目的符号、几何公差数值和其他有关符号及基准符号等表示,如图 7-46 所示。

公差框格应水平或垂直放置。框格分成两格或多格,自左至右填写以下内容:

156

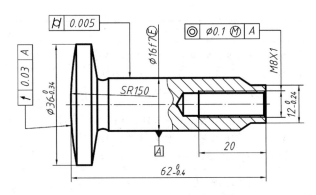

图 7-46　几何公差标注示例

第一格为几何公差项目的符号；

第二格为几何公差数值和有关符号；

第三格及以后各格用一个或多个字母表示基准、要素或基准体系。

多格式的框格如图 7-47(a)所示，其线型为实线，其中 h 为尺寸数字的字高，$H = 2h$。框格、符号线宽和数字笔画宽度为 $h/10$。基准符号如图 7-47(b)所示。

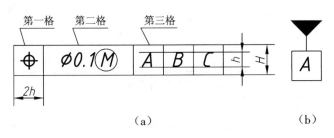

图 7-47　公差框格及基准符号

4.4　零件的常用金属材料及热处理

零件的作用不同,所使用的材料也不同。在零件图中,将零件材料的牌号填入标题栏的"材料"标记栏中。常用的金属材料见表 7-7。

热处理是用来改变金属性能的一种工艺方法。零件需进行热处理时,应在技术要求中说明。常用的热处理方法及硬度见表 7-8。

表 7-7　常用金属材料

名　称	牌　号	应 用 举 例	说　明
碳素结构钢	Q235-A	吊钩、拉杆、车钩、套圈、汽缸、齿轮、螺钉、螺栓、螺母、连杆、轮轴、楔、盖及焊接件	其牌号由代表屈服强度的字母(Q)、屈服强度值、质量等级符号(A、B、C、D)等组成

名 称	牌 号	应 用 举 例	说 明
优质碳素结构钢	15	为常用低碳渗碳钢,用作小轴、小模数齿轮、仿形样板、滚子、销子、摩擦片、套筒、螺钉、螺柱、拉杆、垫圈、起重钩、焊接容器等	优质碳素结构钢牌号数字表示平均含碳量(以万分之几计),含锰量较高的钢需在数字后标"Mn"
	45	用于制造齿轮、齿条、连接杆、蜗杆、销子、透平机叶轮、压缩机和泵的活塞等,可代替渗碳钢作齿轮、曲轴、活塞销等,但需表面淬火处理	含碳量 ≤0.25% 的碳钢是低碳钢(渗碳钢)
	65Mn	适于制造弹簧、弹簧垫圈、弹簧环,也可用作机床主轴、弹簧卡头、机床丝杠、铁道钢轨等	含碳量在0.25% ~ 0.60% 之间的碳钢是中碳钢(调质钢) 含碳量大于0.60% 的碳钢是高碳钢
灰铸铁	HT150	用于制造端盖、齿轮箱体、轴承座、阀壳、管子及管路附件、手轮、一般机床底座、床身、滑座、工作台等	"HT"为灰铁二字汉语拼音的第一个字母,数字表示抗拉强度
	HT200	用于制造汽缸、齿轮、底架、机体、飞轮、齿条、衬筒、一般机床铸有导轨的床身及中等压力(8 MPa 以下)油缸、液压泵和阀的壳体等	如 HT150 表示灰铸铁的最小抗拉强度 σ_b 为 150 MPa
5-5-5 锡青铜	ZCuSn5Pb5Zn5	在较高负荷、中等滑动速度下工作的耐磨、耐腐蚀零件,如轴瓦、衬套、缸套、活塞、离合器、泵体压盖以及蜗轮等	铸造非铁合金牌号第一个字母"Z"为"铸"字汉语拼音的第一个字母,基本金属元素符号及合金化元素符号按其元素名义含量的递减次序排列在"Z"的后面

表 7-8　常用热处理及硬度

名 称	代号及标注示例	说 明	应 用
淬 火	C C48,淬火回火至 45 ~ 50HRC	将钢件加热到临界温度以上,保温一段时间,然后在水、盐水或油中(个别材料在空气中)急速冷却,使其得到高硬度	用来提高钢的硬度和强度极限。但淬火会引起内应力使钢变脆,所以淬火后必须回火
回 火	回 火	回火是将淬硬的钢件加热到临界点以下的温度,保温一段时间,然后在空气中或油中冷却	用来消除淬火后的脆性和内应力,提高钢的塑性和冲击韧性
调 质	T T235,调质至 220 ~ 250HBW	淬火后在 450 ~ 650 ℃进行高温回火	用来使钢获得高的韧性和足够的强度。重要的齿轮、轴及丝杠等零件需要进行调质处理
退 火	Th Th185,退火至 170 ~ 200HBW	将钢件加热到临界温度以上 30 ~ 50 ℃,保温一段时间,然后缓慢冷却(一般在炉中冷却)	用来消除铸、锻、焊零件的内应力,降低硬度,便于切削加工,细化金属晶粒,改善组织,增加韧性
布氏硬度	HBW	材料抵抗硬的物体压入其表面的能力称为"硬度"。根据测定的方法不同,可分为布氏硬度、洛氏硬度和维氏硬度	用于退火、正火、调质的零件及铸件的硬度检验
洛氏硬度	HRC		用于经淬火、回火及表面渗碳、渗氮等处理的零件的硬度检验
维氏硬度	HV		用于薄层硬化零件的硬度检验

5 读零件图

设计零件时,经常需要参考同类机器零件的图样,这就需要会看零件图。制造零件时,也需要看懂零件图,想象出零件的结构、形状,了解各部分尺寸及技术要求等,以便加工出零件。下面介绍读零件图的方法和步骤。

5.1 读零件图的方法和步骤

1)概括了解 从零件图的标题栏中了解零件的名称、材料、绘图比例等。

2)分析视图,读懂结构、形状 分析零件图采用的图样画法,如选用的视图、剖切面的位置及投射方向等,按照形体分析的方法,利用各视图的对应关系,想象出零件的结构、形状。

3)分析尺寸、了解技术要求 确定各方向的尺寸基准,了解各部分的定形尺寸、定位尺寸及总体尺寸。了解各配合表面的尺寸公差、有关的几何公差、各表面的表面结构要求及其他要达到的指标等。

4)综合想象 将看懂的零件的结构、形状、所标注的尺寸以及技术要求等内容综合起来,想象出零件的全貌。

5.2 读图举例

以图 7-48 所示箱体的零件图为例说明如下。

1. 概括了解

从标题栏中可知,此零件名称为箱体,材料为 HT250,比例为 1:4。

2. 分析视图,读懂结构和形状

该箱体采用主视图、俯视图、左视图和两个局部视图来表示。主视图采用单一剖切平面的全剖视图表达内部结构,左视图采用单一剖切平面的半剖视图,俯视图主要表达外形及底板形状,B 向局部视图反映前方圆台上孔的分布情况,C 向局部视图反映右侧面肋板的结构。由这几个视图可以看出,该箱体是由壳体、圆筒、底板和肋板四部分结构组成的蜗轮减速箱箱体。

1)壳体 它是上部为半圆柱形、下部为长方形的拱门状形体,其左端是有六个螺孔的圆柱形凸缘,下部蜗杆轴孔前后两端有三个螺孔的圆柱形凸缘,内腔与外形相似,蜗杆轴孔处有两个方形凸台,内腔用以包容蜗轮。

2)圆筒 圆筒用以安装蜗轮轴,其上部有一圆柱形凸台,中间螺孔用来安装油杯。

3)底板 为一带圆角的长方形板,其上有六个螺栓孔,中部有一长方形凹坑,左侧有一圆弧形凹槽。该底板作用是使减速箱安装在基座上。

4)肋板 它是一块梯形板,用以增加箱体的强度和刚度。

通过以上分析,想象出该箱体的整体形状,如图 7-49 所示。

3. 分析尺寸,了解技术要求

长度和高度两个方向的主要基准为蜗杆轴孔 $\phi 35^{+0.025}_{0}$ 的轴线,宽度方向的主要基准为前后对称平面。各主要尺寸(如长度尺寸 40、宽度尺寸 148、高度尺寸 66±0.042)分别从这三个基准直接注出。壳体的左端面、圆筒的右端面、蜗轮轴孔的轴线分别是各方向的辅助基准。

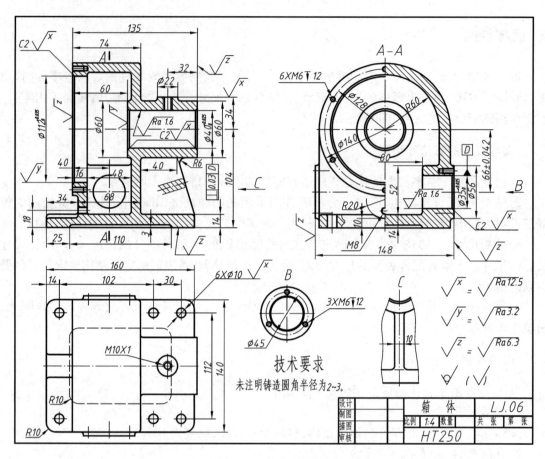

图 7-48　箱体零件图

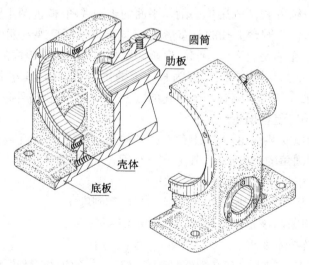

图 7-49　箱体轴测图

图 7-48 中还注出了各表面结构要求,尺寸公差如 $\phi112^{+0.035}_{0}$、$\phi40^{+0.025}_{0}$、$\phi35^{+0.025}_{0}$、66 ± 0.042,几何公差如 $\phi40^{+0.025}_{0}$ 与 $\phi35^{+0.025}_{0}$ 的垂直度允差为 0.03 等。

160

4. 综合想象

把上述各项内容综合起来,就得到该箱体的总体情况。

6 零件的测绘

零件测绘是根据实际零件画出草图,测量出它的各部分尺寸,确定技术要求,再根据草图画出零件工作图。在仿制机器和修配损坏的零件时,要进行零件测绘。下面以图 7-50 所示轴承架为例介绍零件草图的画法及测绘的方法和步骤。

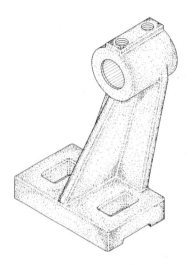

图 7-50 轴承架

6.1 测绘零件和绘制草图的方法和步骤

1)分析零件 了解零件的名称、材料、用途及各部分结构形状和加工方法及要求等。

2)确定表达方案 在上述分析的基础上,选取主视图,根据零件的结构特征确定其他视图及表达方法。

3)画零件草图 零件草图是经目测后徒手绘制的图样。草图无比例,只需要零件各部分的比例协调即可。

(1)画出图框、标题栏框(或盖图章)等,进行布局,画出作图的基准线,以确定各视图的位置。

(2)根据确定的表达方案,按照投影的对应关系,画出各个视图,表达零件的各部分结构形状。

(3)画出尺寸界线、尺寸线,并加深粗实线,如图 7-51(a)所示。

(4)测量尺寸,填写尺寸数字、技术要求和标题栏,如图 7-51(b)所示。

6.2 常用的测量工具和测量方法

常用的测量工具有钢板尺、游标卡尺等,其测量方法如图 7-52 所示。其中图(a)是用钢板尺测量长度,图(b)是用游标卡尺测量内、外径,图(c)是测量轴孔的中心高 B,显然 $B = H - D/2$。

思考题

1. 一张完整的零件图一般包括哪些内容?

2. 在图样中应如何处理铸造斜度和铸造圆角?

3. 零件上的凸台、倒角和退刀槽的结构和作用如何?

4. 零件图中主视图的选择原则是什么?

5. 简述几类典型零件的结构特点和视图选择。

6. 解释表面结构的图形符号的意义。

7. 指出国家标准规定的配合制和配合种类各有哪些?

8. 极限与配合在图样中应如何标注?

9. 你是采用什么方法读懂零件图的?

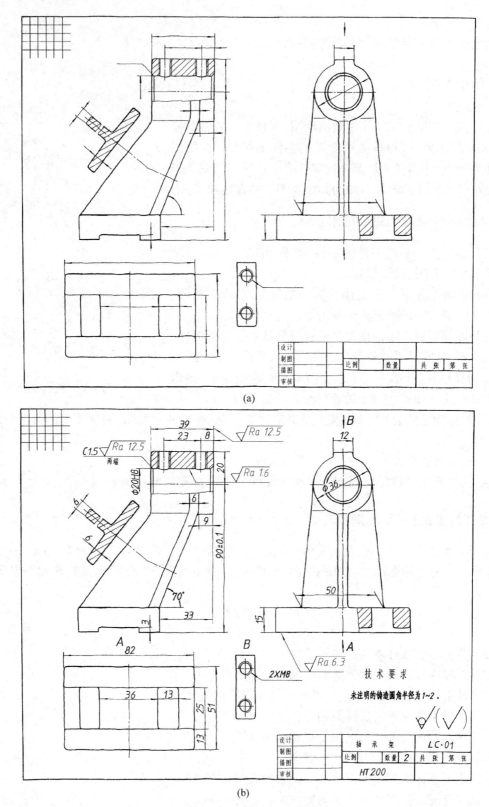

图 7-51　画零件草图的步骤

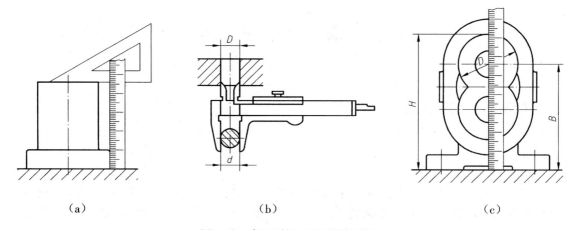

| (a) | (b) | (c) |

图 7-52　常用测量工具及测量方法

10. 零件草图与零件工作图有哪些异同?

第8章 装 配 图

1 装配图的作用和内容

1.1 装配图的作用

装配图是表示产品及其组成部分的连接、装配关系的图样。在设计新产品或改进原有设备时,应首先画出装配图,然后根据装配图画出零件图,按零件图生产出零件,最后再按装配图把零件装配成机器或部件。在使用过程中,装配图可帮助使用者了解机器或部件的结构、性能、技术要求等,并为安装、检验和维修提供技术资料。所以装配图是设计、制造和使用机器或部件的重要技术文件。

1.2 装配图的内容

装配图一般包括以下四项内容。

1.2.1 一组图形

用一组图形完整、清晰地表达机器或部件的工作原理、各零件间的装配关系(包括配合关系、连接关系、相对位置关系及传动关系)和主要零件的基本结构。参见图 8-1 齿轮油泵装配图,图 8-2 为其结构图。

其中主视图采用了两个相交剖切面的全剖视图,表达了各零件间的装配关系,即各零件是沿两条轴线装配起来的,称为装配干线,这是装配图应首先考虑的表达内容。

左视图采用半剖视图,表达了油泵的工作原理,同时也表达了泵盖和泵体的部分结构。

零件 4B-B 和零件 4C 表达了泵体的局部形状和结构。

图 8-3 表达了该齿轮油泵的工作原理:当下方的主动齿轮按顺时针方向旋转时,从动齿轮逆时针旋转,这样在齿轮啮合区的进油口一侧产生真空吸力,将油从进油口吸入泵内,随着齿轮的转动,不断地从出油口将一定压力的油输送出去。

1.2.2 几类尺寸

在装配图中只标注与机器或部件的性能、规格以及装配、安装等有关的尺寸。

1. 特性尺寸

表示机器或部件规格性能的尺寸称为特性尺寸。它是设计时的主要参数,也是用户选用产品的依据。如图 8-1 中进出油孔的尺寸 $\phi6$ 决定油泵的流量,它是重要的特性尺寸。

2. 装配尺寸

表示部件中与装配有关的尺寸称为装配尺寸。装配尺寸是装配工作的主要依据,是保证部件性能所必需的重要尺寸。

1)配合尺寸 配合尺寸一般由基本尺寸和表示配合性质的配合代号组成。如图 8-1 所示齿轮油泵中 $\phi13H8/f7$ 和 $\phi16H8/h7$ 等。

2)连接尺寸 连接尺寸一般包括连接部分的尺寸及其有关位置尺寸。如图 8-1 中

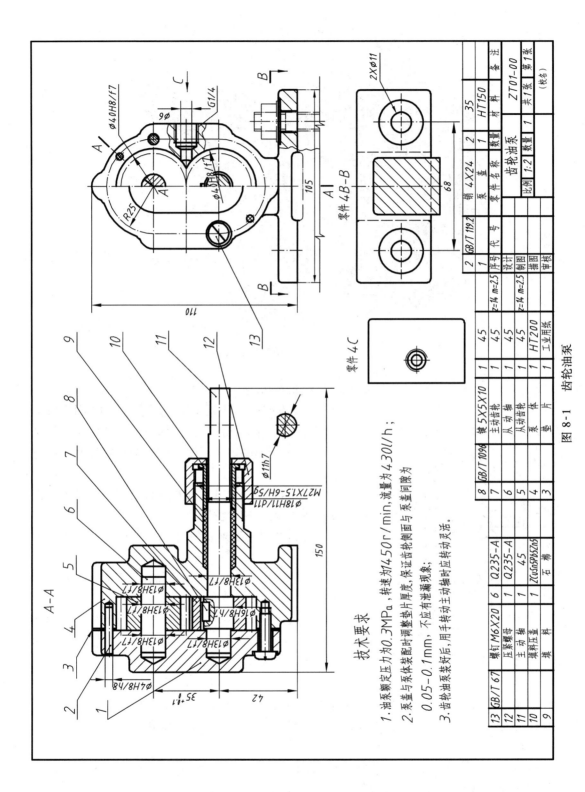

技术要求

1. 油泵额定压力为0.3MPa，转速为1450r/min，流量为430l/h；
2. 泵盖与泵体装配时调整垫片厚度，保证齿轮侧面与泵盖同隙为0.05～0.1mm，不应有泄漏现象；
3. 齿轮油泵装好后，用手转动主动轴时应转动灵活。

13	GB/T 67	螺钉M6X20	6	Q235-A		
12		压紧螺母	1	Q235-A		
11		主动轴	1	45		
10		填料压盖	1	ZCuSn9PbSZn5		
9		填料	1	石棉		
8	GB/T 1096	键5X5X10	1	45		
7		主动齿轮	1	45	z=14 m=2.5	
6		从动轴	1	45		
5		从动齿轮	1	45	z=14 m=2.5	
4		泵体	1	HT200		
3		垫片	1	工业用纸		
2	GB/T 119.2	销4X24	2	35		
1		盖	1	HT150		
序号	代号	零件名称	数量	材料		备注
		齿轮油泵				ZT01-00
设计		比例 1:2		数量 1		共1张 第1张
制图						
描图						
审核				(校名)		

图 8-1 齿轮油泵

165

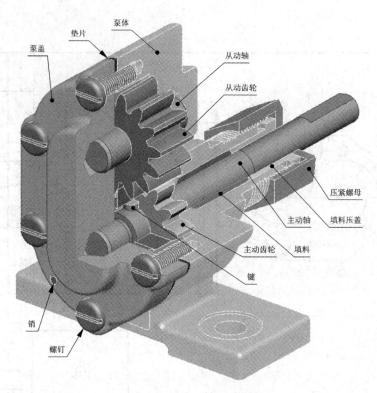

图 8-2　齿轮油泵结构图

图中标注：泵盖、垫片、泵体、从动轴、从动齿轮、压紧螺母、填料压盖、主动轴、填料、主动齿轮、键、销、螺钉

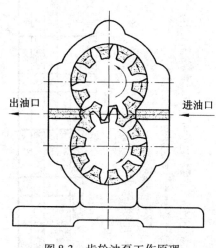

图 8-3　齿轮油泵工作原理

图中标注：出油口、进油口

M27×1.5-6H/5g 为泵体 4 与压紧螺母 12 间螺纹连接部分的尺寸。标准件连接部分的尺寸由明细栏中的规格标记反映出来。图中 $R25$ 为连接件间的位置尺寸。

3) 相对位置尺寸　相对位置尺寸一般表示下面几种较重要的相对位置。

（1）主要轴线到安装面之间的距离，如图 8-1 中的尺寸 42。

（2）主要平行轴之间的距离，如图 8-1 中的尺寸 $35^{+0.1}_{0}$。

（3）装配后两零件间必须保证的间隙。这类尺寸一般注写在技术要求中（如图 8-1 中技术要求的第 2 条），也可注在视图上。

3. 外形尺寸

表示部件的总长、总宽和总高的尺寸称为外形尺寸。它反映了部件所占空间的大小，是包装、运输、安装以及厂房设计所需要的数据。如图 8-1 中的尺寸 150、102 和 110。

4. 安装尺寸

表示部件与其他零件、部件、基座间安装所需要的尺寸。图 8-1 中底板上的小孔尺寸 $2×\phi11$、小孔间距 68 及进出油孔的螺纹尺寸 G1/4 等均为安装尺寸。

5. 其他必要尺寸

装配图中除上述尺寸外,设计中通过计算确定的重要尺寸及运动件活动范围的极限尺寸等也需标注。

由于产品的生产规模、工艺条件、专业习惯等因素的影响,装配图中所标注的尺寸也有所不同。有的不只限于这几种尺寸,有的又不一定都具备这几种尺寸,在标注尺寸时,应根据实际情况具体分析,合理标注。

1.2.3 技术要求

用文字或符号说明机器或部件的性能规格、装配与调整要求、试验与验收条件和使用要求等。如图8-1中的技术要求说明了齿轮油泵的性能规格、装配后两零件之间必须保证的间隙及装配调试要求等。

1.2.4 序号、标题栏和明细栏

为了便于读图和进行图样管理,在装配图中对所有零件(或部件)都必须编写序号,并在标题栏上方画出明细栏,自下而上填写零件的序号、代号、名称、数量、材料等内容,明细栏的格式和尺寸按 GB/T 10609.2—2009 的规定,如图8-4 所示。位置不够时可在标题栏的左方继续排列。

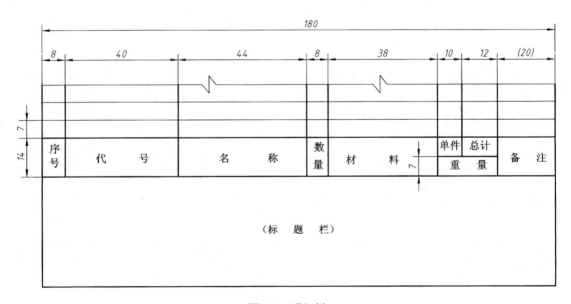

图 8-4　明细栏

编排序号时,形状、尺寸、材料和制造要求等完全相同的零件,在图中只对其中一个进行编号,在明细栏中注明数量。零件序号的指引线是从零件的可见轮廓内引出的细实线,在零件内的一端为一个小圆点(若所指部分很薄或为涂黑的断面时,可画箭头指向该部分轮廓),指引线的另一端画成细实线的水平线(或小圆)。序号数字(比尺寸数字大一号或两号)写在水平线上方(或圆内),如图8-5 所示。为了看图方便,序号按一定方向(顺时针或逆时针)水平或垂直顺次排列。各指引线不能交错,也不能画成与剖面线方向平行,以免与剖面线混淆。

一组紧固件或装配关系清楚的零件组,可采用公共指引线,如图8-6 所示。

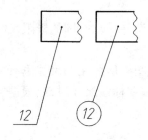

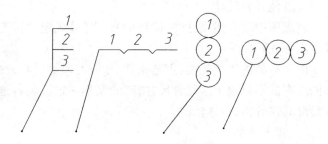

图 8-5　编注序号的形式　　　　　　　　图 8-6　公共指引线

2　装配图的图样画法

根据装配图表达内容的需要,常用的图样画法如下。

2.1　一般画法

第 5 章中所介绍的视图、剖视图、断面图等有关图样画法都适用于装配图。

2.2　规定画法

1. 剖面线的画法

在装配图中,两个相邻金属零件的剖面线应画成不同方向或不同间隔,但同一零件在各剖视图和断面图中的剖面线倾斜方向和间隔均应一致。宽度小于或等于 2 mm 的狭小面积的剖面符号可用涂黑代替。

2. 不剖零件的画法

在装配图中,对于标准件及轴类实心零件,若剖切平面通过其对称平面或轴线时,这些零件按不剖绘制。如需要特别表明零件的构造(如凹槽、键槽、销孔等),可用局部剖视表示。如图 8-1 中主动轴 11 上的键槽就是在不剖轴上用局部剖视表达的。

3. 零件接触面与配合面的画法

在装配图中,两个零件的接触表面或配合表面只画一条线,而不接触的表面和非配合表面有间隙处应画成两条线。如图 8-1 中填料压盖 10 与轴 11 间无配合关系,轴与孔之间有间隙,应画成两条线。

2.3　特殊画法

1. 拆卸画法

当零件在某一视图中遮住了其他需要表达的部分时,可假想沿零件的结合面剖切或将某些零件拆卸后再画出该视图。需要说明时,可加标注"拆去××等"。如图 8-1 中左视图的右半就是沿泵盖 1 与泵体 4 的结合面剖切后画出的。而图 8-7 中的俯视图右半则是拆去轴承盖以后画出的。

2. 单个零件的画法

某个零件需要表达的结构形状在装配图中尚未表达清楚时,允许单独画出该零件的某个视图(或剖视图、断面图),但必须在相应视图附近用箭头指明投射方向(或画剖切符号),并标注字母,在所画视图上方用相同的字母注出该零件的视图名称,如图 8-1 中"零件 4C"和"零件 4B-B"。

3. 夸大画法

有些薄垫片、小间隙、小锥度等,按其实际尺寸画出不能表达清楚时,允许将尺寸适当加大后画出。如图 8-1 中的垫片 3 的厚度、螺钉 13 与泵盖上孔的间隙均采用了夸大画法。

4. 假想投影画法

有一定活动范围的运动零件,一般画出它们的一个极限位置,另一个极限位置可用细双点画线画出。如图 8-18 俯视图中手把 9 的极限位置的假想投影画法。

用细双点画线还可以画出与部件有安装、连接关系的其他零件的假想投影,如图 8-1 中左视图所示。

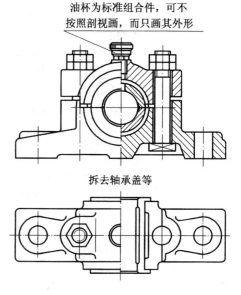

油杯为标准组合件,可不按照剖视画,而只画其外形

拆去轴承盖等

图 8-7　拆卸画法

2.4　简化画法

(1)装配图中若干相同的零件组(如螺纹紧固件等),可只详细地画出一组或几组,其余只用细点画线表示其装配位置即可。如图 8-1 左视图中的螺钉。

(2)零件的工艺结构(如小圆角、倒角、退刀槽等)允许省略,如图 8-1 中泵体、轴的倒角和砂轮越程槽均未画出。

(3)当剖切平面通过某些部件(这些部件为标准产品或已由其他图形表示清楚)的对称中心线或轴线时,该部件可按不剖绘制。如图 8-7 中的油杯是标准产品,所以主视图只画出外形,而未按剖视画出。

3　常见的合理装配结构

装配结构影响产品质量和成本,甚至决定产品能否制造,因此装配结构必须合理。装配合理的基本要求是:

(1)零件接合处应精确可靠,能保证装配质量;

(2)便于装配和拆卸;

(3)零件的结构简单,加工工艺性好。

下面对常见装配结构做简要介绍。

3.1　接触处的结构

1. 接触面的数量

一般两个零件在同一方向上只能有一个接触面,如图 8-8 所示。

2. 接触面转角处的结构

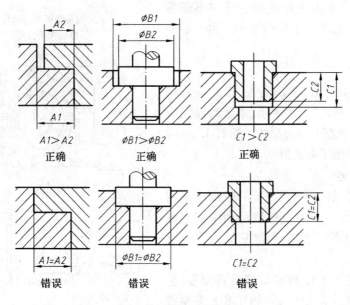

图 8-8　接触面的数量

当要求两个零件在两个方向同时接触时,则两个接触面的交角处应制成倒角或沟槽,以保证其接触的可靠性,如图 8-9 所示。

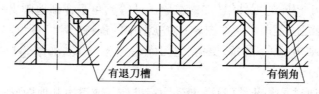

图 8-9　接触面转角处的结构

3. 锥面接触

由于锥面配合同时确定了轴向和径向两个方向的位置,因此要根据对接触面数量的要求考虑其结构。锥面接触的结构如图 8-10 所示。

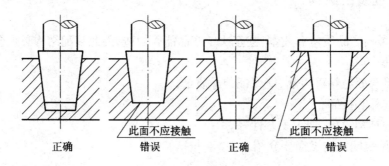

图 8-10　锥面接触的结构

3.2　可拆连接结构

对可拆连接结构,主要考虑连接可靠和装拆方便两个问题。

170

1. 连接可靠

（1）如果要求将外螺纹全部拧入内螺纹中,可在外螺纹的螺尾处加工出退刀槽,或在内螺纹起端加工出倒角,如图8-11所示。

（2）轴端为螺纹连接时,应留出一段螺纹不拧入螺母中,如图8-12所示。

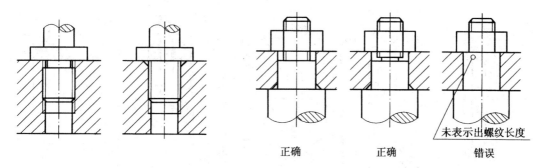

图8-11　外螺纹全部拧入内螺纹　　　　　图8-12　轴端螺纹连接

2. 装拆方便

（1）在装有螺纹紧固件的部位,应留有足够的空间,以便于拆装,如图8-13所示。

（2）对装有衬套的结构,应考虑衬套的拆卸问题。图8-14中与衬套相对的孔是为拆卸衬套而设置的。

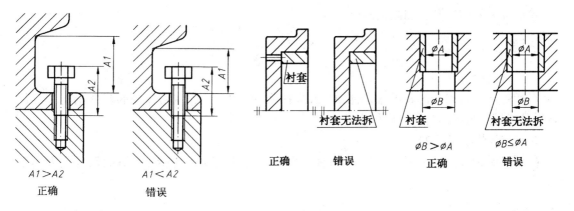

图8-13　拆卸空间　　　　　　　　　图8-14　衬套的合理结构

3.3　密封装置结构

为了防止部件内的液体(或气体)渗漏和灰尘进入部件内,需设有密封装置结构。

1. 毡圈式密封

在装有轴的孔内,加工出一个梯形截面的环槽(属标准结构,其各部分的尺寸可查阅有关手册),槽内放入毛毡圈,毛毡圈有弹性而且紧贴在轴上,可起密封作用,如图8-15所示。

2. 填料函密封

在输送液体的泵类和控制液体的阀类部件中,常采用填料函密封装置,如图8-16所示。当填料被填料压盖压紧后,即可达到密封要求。绘图时应使填料压盖处于可调整位置,一般使其压入3～5 mm。

171

3. 垫片密封

为了防止液体或气体从两零件的结合面处渗漏,常采用垫片密封。当垫片厚度在图中小于或等于 2 mm 且未被剖切时,需画两条线表示其厚度(夸大画法),在剖视图中可用涂黑代替剖面符号,如图 8-17 所示。

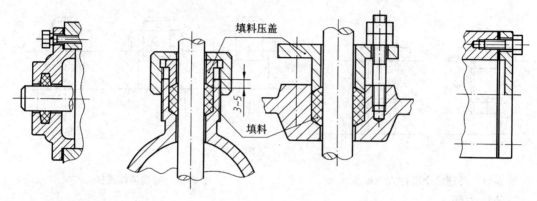

图 8-15 毡圈式密封   图 8-16 填料函密封   图 8-17 垫片密封

4 画装配图的步骤

绘制装配图包括分析和画图两个步骤。

4.1 分析

1. 了解所绘部件

对所画部件首先弄清其用途、工作原理、零件间的装配关系、主要零件的基本结构和部件的安装情况等,为绘制装配图做好准备。

2. 确定视图表达方案

根据对所画部件的了解,合理运用各种图样画法,按照装配图应表达的内容,确定视图表达方案。

4.2 画图

1. 图面布局

根据视图表达方案所确定的视图数目、部件的尺寸大小和复杂程度,选择适当的画图比例和图纸幅面。布局时既要考虑各视图所占的面积,又要考虑标注尺寸、编排零件序号、明细栏、标题栏及填写技术要求的位置和所占面积。首先画出边框、图框、标题栏和明细栏等的底稿线,然后画出各基本视图的作图基准线(如对称中心线、主要轴线和主体件的基准面等)。

2. 画各视图轮廓底稿

画图时一般先画主要零件,然后根据各零件的装配关系从相邻零件开始,依次画出其他零件。要注意零件的装配关系,分清接触面和非接触面。基本视图中各零件要一一对应画出,以保证投影关系对应无误。

3. 完成全图

画完各视图轮廓底稿后,接着画出剖面线,标注尺寸,编排零件序号,然后进行校核。经修改后,将各类图线按规定宽度描粗、加深,最后填写技术要求、标题栏和零件明细栏等。

4. 全面校核

完成全图后,还应对视图表达、尺寸、序号、明细栏、标题栏、技术要求等各项内容进行一次全面校核。

5 读装配图和拆画零件图

在机器或部件的设计、制造、使用、维修和技术交流中,都会遇到读装配图的问题。因此需要学会读装配图和由装配图拆画零件图的方法。

读装配图的基本要求是:

(1)了解部件用途、性能、工作原理和组成该部件的全部零件的名称、数量、相对位置以及零件间的装配关系等;

(2)弄清每个零件的作用及基本结构;

(3)确定装配和拆卸该部件的方法与步骤。

下面以图 8-18 所示旋塞为例,说明读装配图和由装配图拆画零件图的方法与步骤。

5.1 读装配图的方法步骤

1. 概括了解

1)了解部件的用途、性能和规格   从标题栏中可知该部件名称,从图中所注特性尺寸,结合生产实际知识和产品说明书等有关资料,可了解该部件的用途、适用条件和规格。图 8-18 所示的旋塞安装在管路上,用来控制液体流量和启闭。主视图中左右两个 $\phi60$ 的孔为其特性尺寸,它决定旋塞的最大流量。

2)了解部件的组成   由明细栏对照装配图中的零件序号,可了解组成该部件的零件(标准件和非标准件)名称、数量、规格及位置。由图 8-18 可知,旋塞由 11 种零件(其中 4 种为标准件)组成。

3)分析视图   通过对装配图中各视图表达内容、方法及其标注的分析,了解各视图的表达重点及各视图间的关系。图 8-18 中用了三个基本视图和一个单个零件的向视图。主视图用半剖视图表达主要装配干线的装配关系,同时也表达部件外形;左视图用局部剖视图表达旋塞壳 1 与旋塞盖 4 的连接关系和部件外形;俯视图是 A-A 半剖视图,既表达部件内部结构,又表达旋塞盖与旋塞壳连接部分的形状。为使塞子 2 上部表达得更清楚,在主视图与俯视图中采用了拆卸画法。另外用单个零件的画法表示手把的形状,如零件 9B。

2. 了解部件的工作原理和结构特点

概括了解部件之后,还应了解部件的工作原理和结构特点。图 8-18 所示旋塞的旋塞壳左右有液体的进出口,塞子与旋塞壳靠锥面配合。塞子的锥体上有一个梯形通孔,当处于图示位置时,旋塞壳的液体进出孔被塞子关闭,液体不能流通。如果将手把转动某一角度,塞子也随同转动同一角度,塞子锥体上的梯形通孔与旋塞壳上的液体进出孔接通,液体可以流过。手把转动角度增加,液体的流量也增大,按图示位置转动 90° 时,液体流量最大。这样,转动手把就

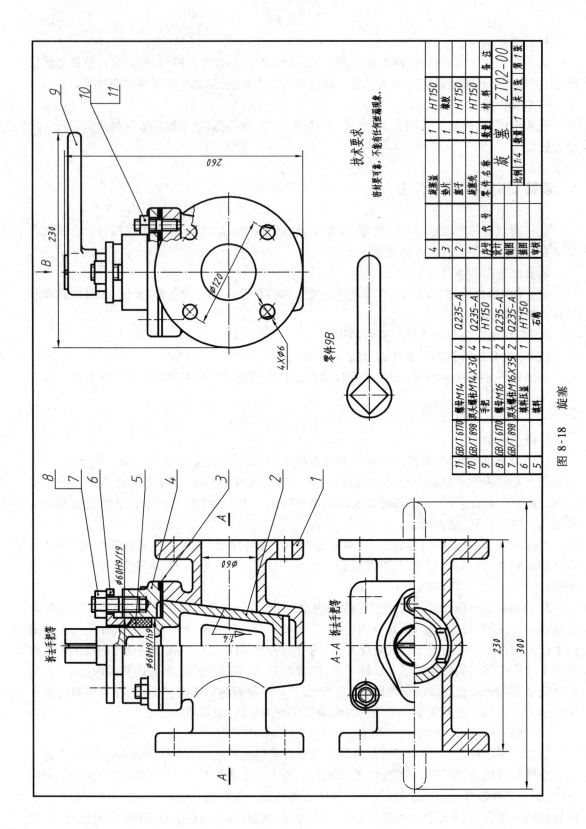

技术要求

密封要可靠，不准有任何泄漏现象。

4		减套盖		1	HT150	
3		垫片		1	橡胶	
2		塞子		1	HT150	
序号	代号	零件名称		数量	材料	备注
设计		旋 塞				ZT02－00
制图				数量 1		共 1 张 第 1 张
审核		比例 1:4				

11	GB/T 6170	螺母 M14	4	Q235-A	
10	GB/T 898	双头螺柱 M14×30	4	Q235-A	
9		手把	1	HT150	
8	GB/T 6170	螺母 M16	2	Q235-A	
7	GB/T 898	双头螺柱 M16×35	2	Q235-A	
6		填料压盖	1	HT150	
5		填料		石棉	

图 8-18　旋塞

起到控制液体流量和启闭的作用。

为防止液体从结合面渗漏,在旋塞盖与旋塞壳连接处装有垫片 3 以起密封作用。垫片套在旋塞盖的子口上,便于装配和固定。塞子和旋塞盖的密封靠填料函密封结构实现。

3. 了解部件中零件间的装配关系

从反映装配干线最清楚的视图入手,了解零件间的各种装配关系。图 8-18 的主视图反映了旋塞中的主要装配关系,由该视图可以看到 $\phi60H9/f9$、$\phi60H9/h9$ 分别表示填料压盖 6 与旋塞盖、塞子与旋塞盖间的配合关系,以及手把带动塞子转动的运转关系,紧固件 7、8 与 10、11 分别反映填料压盖与旋塞盖、旋塞盖与旋塞壳的连接关系。各紧固件间的相对位置在主视图和俯视图中表达出来。

4. 分析零件的作用及结构形状

根据装配图,分析零件在部件中的作用,并通过构形分析(即对零件各部分形状的构成进行分析),确定零件各部分的形状。

(1)根据明细栏中的零件序号,从装配图中找到该零件的所在部位。如旋塞盖,由明细栏中找到其序号为 4,再由装配图中找到序号 4 所指的零件位置。

(2)利用投影分析(读图时,为了找出对应投影,有时需借助直尺、分规等工具),根据零件的剖面线倾斜方向和间隔,确定零件在各视图中的轮廓范围,并可大致了解到构成该零件的几个简单形体。

(3)综合分析,确定零件的结构形状(这是读图中应解决的一个重要问题)。常采用的方法如下。

a. 根据视图中截交线和相贯线的投影形状,确定零件某些结构的形状。如根据主视图中旋塞壳上左边相贯线的形状,可大致确定液体进出孔的外部形状为圆柱面。

b. 根据配合零件的形状、尺寸符号,并利用构形分析,确定零件相关结构的形状。如由塞子和旋塞盖的配合尺寸 $\phi60H9/h9$ 可确定塞子在该处的形状为圆柱体,其内部孔腔也应为圆柱形。

c. 利用配对连接结构形状相同或类似的特点,确定配对连接零件的相关部分形状。如填料压盖与旋塞盖相连接部分的端面形状是类似的,而旋塞盖与旋塞壳端面连接部分的形状是相同的。

d. 利用投影分析,根据线、面和体的投影特点,确定装配图中一零件被其他零件遮住部分的结构形状。

e. 根据对装配结构合理性的分析和有关标准规定,注意在装配图中由于采用简化画法而被省略掉的零件结构。例如,装配图中旋塞盖螺孔的钻孔深度没有画出,但在零件图中不能简化。又如,旋塞盖与填料压盖及塞子的配合孔两端应有倒角,以便于装配,零件图中应予画出。

f. 根据装配关系、零件的作用和加工工艺要求,确定零件在装配图中没有表达的结构形状。例如,图 8-18 中没有反映出旋塞盖下部子口的形状,但根据旋塞盖与旋塞壳相关部分的形状和便于加工的要求,可确定子口端面的形状为圆形。这在图 8-20 中由尺寸 $\phi120$ 反映出来。

根据上述方法步骤确定的旋塞盖三视图如图 8-19 所示。

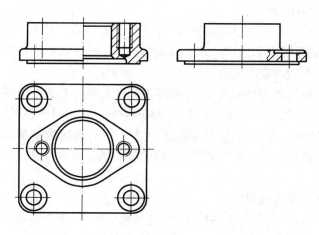

图 8-19　旋塞盖的三视图

5.2　由装配图拆画零件图

在部件设计和制造过程中,通常需要由装配图拆画零件工作图,简称拆图。拆图应该在读懂装配图的基础上进行。关于零件工作图的内容和要求,第 7 章中已有介绍,现仅将拆图步骤及应注意的问题介绍如下。

1. 读懂装配图,确定所画零件的结构形状

其方法在前面已有较详细介绍。概括为:由投影关系确定零件在装配图中已表达清楚部分的结构形状;分析确定被其他零件遮住部分的结构;增补被简化掉的结构;合理地设计未表达的结构。

2. 确定零件视图及其表达方案

零件在装配图主视图中的位置反映其工作位置,可以作为确定该零件主视图的依据之一。但由于装配图与零件图的表达目的不同,所以不能盲目照搬装配图中零件的视图表达方案,而应根据零件结构特点和对零件图的要求,全面考虑视图及其表达方案。例如,装配图中因需表达装配关系、工作原理等,可能出现对零件结构形状重复表达的视图,在零件图中应予去掉。对装配图中未表达清楚的零件结构形状,则应增补视图。

图 8-18 中的旋塞盖,在主视图中既反映其工作位置又反映形状特征,但此零件属于轮、盘类零件,所以主视图的轴线应水平放置。而旋塞盖的方盘及上部端面形状、方盘上四个螺柱孔的位置和深度未表达清楚,因此还需用局部剖视图和左视图表达。经上述分析后所确定的视图表达方案如图 8-20 所示。

又如填料压盖,考虑其加工位置和形状特征,在主视图中可将轴线水平放置,亦采用了与装配图不同的摆放位置。其表达方案如图 8-21 所示。

由此可以看出,在确定零件的视图表达方案时,不论是视图数量、主视图的投射方向,还是图样画法,都不一定与装配图相同。

3. 确定零件的尺寸

根据零件在部件中的作用、装配和加工工艺的要求,运用结构分析和形体分析方法,选择合理的尺寸基准。如图 8-20 所示旋塞盖的尺寸基准,在长度方向是旋塞盖与垫片的接触面,在宽度和高度方向是旋塞盖的对称平面。

176

零件的尺寸可按以下原则确定。

（1）凡装配图中已经注出的尺寸，一般均为重要尺寸，应按原尺寸数值标注到有关零件图中。如旋塞盖中间圆柱孔直径 φ60。至于零件的尺寸公差，则应根据装配图中的配合代号或偏差数值，以公差带代号或极限偏差数值的形式注在零件图的相关尺寸中。如旋塞盖中间圆柱孔，除注出直径尺寸 φ60 外，还应注出其公差带代号 H9，即标注成 φ60H9。

（2）装配图中未注出的尺寸，应根据不同情况加以确定。

a. 零件上的标准结构（如倒角、退刀槽、键槽、螺纹等）尺寸应查阅有关手册，按其标准数值和规定注法标注在零件图中。如旋塞盖和旋塞壳上螺孔的螺纹规格，应和与之相连接的双头螺柱（见明细栏）的螺纹规格一致。又如 φ60H9 孔的倒角尺寸则应根据孔的直径（φ60）查表获得，如图 8-20 所示。

b. 其他未注尺寸可根据装配图的比例用比例尺直接从图中量取，圆整后以整数注入零件图中。

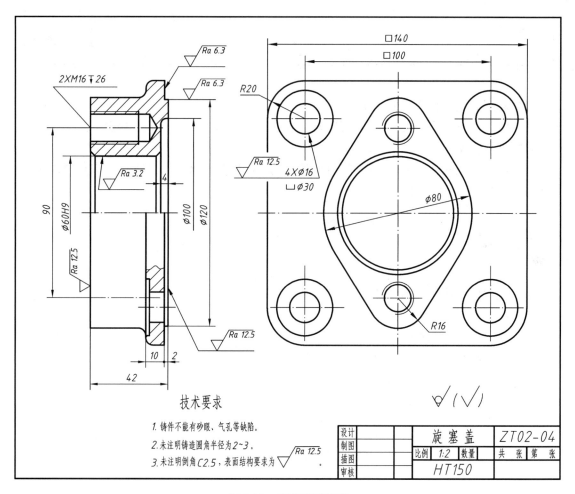

图 8-20　旋塞盖零件图

4. 确定零件表面结构要求及其他技术要求

根据零件表面的作用、要求和加工方法，参考有关资料，确定表面结构要求。要特别注意

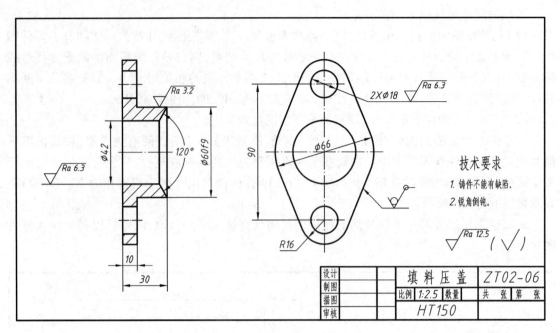

图 8-21　填料压盖零件图

去除材料和不去除材料表面的区别。

零件的其他技术要求可根据零件的作用、要求、加工工艺,参考有关资料拟订。

5. 校核零件图

在完成零件图底稿以后,还需对零件图的视图、尺寸、技术要求等各项内容进行全面校核,无误后按线型要求描深,并填写标题栏。

思考题

1. 简述装配图的作用和内容。

2. 装配图应标注哪几类尺寸? 与零件图有什么不同?

3. 装配图有哪些规定画法? 哪些内容可以简化?

4. 简述装配图的几种特殊画法。

5. 合理装配结构的基本要求是什么?

6. 简述常见的合理装配结构。

7. 简述画装配图的步骤。

8. 说明由装配图拆画零件图的方法和步骤。

9. 试述从装配图中区分零件的方法。

10. 从装配图拆画零件图时,零件图的尺寸如何确定?

第9章 其他工程图样

1 轴测图

1.1 概述

图 9-1(a)是物体的正投影图,它能确切地表示物体的形状,且作图简单,但由于缺乏立体感,对读图能力较弱的人来说,不容易想象出物体的形状。图 9-1(b)是同一物体的轴测图,它的优点是富有立体感,缺点是产生变形,不能确切地表示物体的真实形状,且作图较复杂,所以在工程上只作为辅助图样使用。

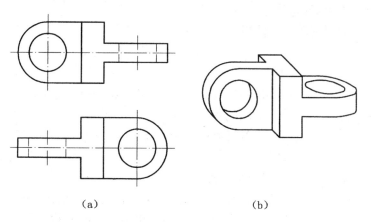

（a）　　　　　　　　　　（b）

图 9-1　正投影图和轴测图

1.1.1 轴测图的形成

图 9-2 表示物体的正投影图和轴测图的形成方法。为了便于分析,假想将物体放在空间直角坐标系中,设坐标轴 X、Y、Z 和物体上三条互相垂直的棱线重合,O 为原点。假如以垂直于投影面 H 的方向 S 为投射方向,用平行投影法将物体向 H 面投射所得到的投影图为正投影图,它只表示出 X、Y 两个坐标方向,立体感差。假如将物体连同其直角坐标系,沿不平行于任一坐标平面的方向 S_1,用平行投影法将其投射在单一投影面 P 上所得到的图形,称为轴测图。

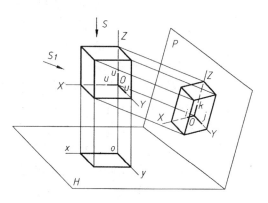

图 9-2　正投影图和轴测图的形成

轴测图中,任意两根直角坐标轴在轴测投影面上的投影之间的夹角称为轴间角。直角坐标轴的轴测投影的单位长度与相应直角坐标轴上的单位长度的比值称为轴向伸缩系数。在图

9-2 中,设 u 为直角坐标轴上的单位长度,i、j、k 为相应直角坐标轴的轴测投影的单位长度,则 i、j、k 与 u 的比值分别为 OX、OY、OZ 轴的轴向伸缩系数,即

$$p = i/u \qquad q = j/u \qquad r = k/u$$

1.1.2 轴测图的投影特性

轴测图是用平行投影法得到的一种投影图,它具有以下平行投影的特性:

(1)直线的投影一般仍为直线,特殊情况下积聚为点;

(2)点在直线上,则点的轴测投影仍在直线的轴测投影上,且点分该线段的比值不变;

(3)空间平行的线段,其轴测投影仍平行,且长度比不变。

在绘制物体的轴测图时,要充分利用其投影特性。例如,当点在坐标轴上时,该点的轴测投影一定在该坐标轴的轴测投影上;当线段平行于坐标轴时,该线段的轴测投影一定平行于该坐标轴的轴测投影,且该线段的轴测投影与其实长的比值等于相应的轴向伸缩系数。

1.1.3 轴测图的分类

轴测图分为正轴测图和斜轴测图。用正投影法得到的轴测投影称为正轴测图,用斜投影法得到的轴测投影称为斜轴测图。

本章介绍正等轴测图和斜二轴测图的画法。

1.2 正等轴测图

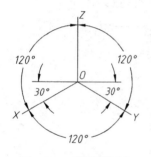

图 9-3 正等轴测图中
轴的位置

1.2.1 正等轴测图的轴间角和轴向伸缩系数

1. 轴间角

正等轴测图中坐标轴的位置如图 9-3 所示,其轴间角均为 $120°$。

2. 轴向伸缩系数

根据计算,正等轴测图的轴向伸缩系数为 $p = q = r = 0.82$。为了作图方便,常采用简化轴向伸缩系数 $p = q = r = 1$。用简化轴向伸缩系数画的正等轴测图,其形状不变,只是三个轴向尺寸比用轴向伸缩系数为 0.82 所画的正等轴测图放大 $1/0.82 \approx 1.22$ 倍。

1.2.2 平面立体的正等轴测图

画平面立体的轴测图,最基本的方法是坐标定点法。根据物体形状的特点,选定恰当的坐标原点,再按物体上各点的坐标关系画出各点的轴测投影,连接各点的轴测投影即为物体的轴测图,这样的画图方法称为坐标定点法。现举例说明平面立体正等轴测图的画法。

[**例**] 图 9-4(a)是一正六棱柱的正投影图,画其正等轴测图。

画正六棱柱的正等轴测图时,可用坐标定点法做出正六棱柱上各顶点的正等轴测投影,将相应的点连接起来,即得到正六棱柱的正等轴测图。为了图形清晰,轴测图上一般不画不可见的轮廓线。

正六棱柱正等轴测图的作图步骤如下:

(1)在正投影图中选择顶面中心 O 作为坐标原点,并确定坐标轴,如图 9-4(a)所示;

(2)画轴测图的坐标轴,并在 OX 轴上取两点 Ⅰ、Ⅳ,使 $O\,Ⅰ = O\,Ⅳ = s/2$,如图 9-4(b)所示;

(3)用坐标定点法作出顶面上四点 Ⅱ、Ⅲ、Ⅴ、Ⅵ,再按 h 作出底面上各可见点的轴测投

影,如图9-4(c)所示；

(4)连接各点,擦去多余作图线,加深可见棱线,即得正六棱柱的正等轴测图,如图9-4(d)所示。

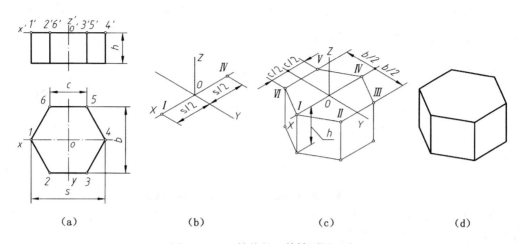

图9-4 正六棱柱的正等轴测图画法

[**例**] 图9-5(a)是一带切口平面立体的正投影图,画其正等轴测图。

带切口的平面立体,可以看成是一完整的长方体被切割掉Ⅰ、Ⅱ两部分。根据该平面立体的形状特征,画图时可先按完整的长方体来画,如图9-5(b)所示；再画被切去的Ⅰ、Ⅱ两部分的正等轴测图,如图9-5(c)所示；最后擦去被切割部分的多余作图线,加深可见轮廓线,即得所求平面立体的正等轴测图,如图9-5(d)所示。

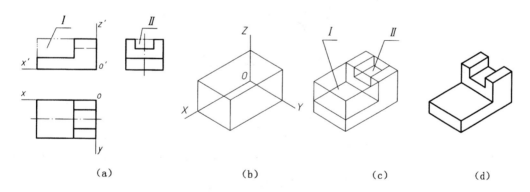

图9-5 带切口平面立体正等轴测图的画法

1.2.3 平行于坐标面的圆的正等轴测图

平行于坐标面的圆的正等轴测图是椭圆。为作图简便,常用四心近似椭圆画法,即用光滑连接的四段圆弧来代替椭圆。下面以图9-6(a)的水平圆为例说明四心近似椭圆画法的作图步骤。

(1)以圆心 O 为坐标原点,OX、OY 为坐标轴,作圆的外切正方形,A、B、C、D 为四个切点,如图9-6(a)所示。

(2)在轴测图的 OX、OY 轴上,按 $OA = OB = OC = OD = d_1/2$ 得到四点 A、B、C、D,并作圆外切正方形的正等轴测图——菱形,其长对角线为椭圆长轴方向,短对角线为椭圆短轴方向,如

图 9-6(b) 所示。

（3）分别以 1、2 为圆心，1D、2B 为半径作大圆弧，并以 O 为圆心作两大圆弧的内切圆交长轴于 3、4 两点，如图 9-6(c) 所示。

（4）连接 13、23、24、14，并分别延长交两大圆弧于 H、E、F、G。以 3、4 为圆心，3E、4G 为半径作 $\overset{\frown}{EH}$、$\overset{\frown}{GF}$，即得近似椭圆，如图 9-6(d) 所示。

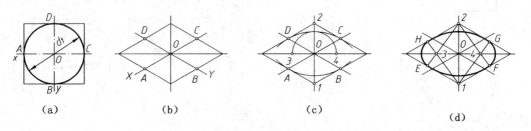

图 9-6　水平圆正等轴测图的四心近似椭圆画法

图 9-7 是平行于各坐标面的圆的正等轴测图。它们的形状和大小相同，画法一样，只是长、短轴方向不同。其方向分别为：

平行于 XOY 坐标面的圆的正等轴测图，其长轴垂直于 OZ 轴，短轴平行于 OZ 轴；

平行于 XOZ 坐标面的圆的正等轴测图，其长轴垂直于 OY 轴，短轴平行于 OY 轴；

平行于 YOZ 坐标面的圆的正等轴测图，其长轴垂直于 OX 轴，短轴平行于 OX 轴。

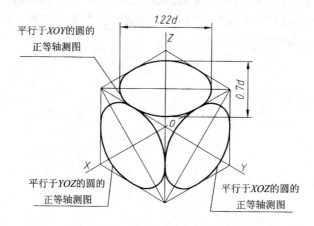

图 9-7　平行于各坐标面的圆的正等轴测图的画法

椭圆的长轴 ≈1.22d，短轴 ≈0.7d（d 为圆的直径）。

1.2.4　回转体的正等轴测图

画回转体的正等轴测图时，首先画出回转体中平行于坐标面的圆的正等轴测图——椭圆，然后再画出整个回转体的正等轴测图。

[例]　图 9-8(a) 是一圆柱的正投影图，画其正等轴测图。

作图步骤如下：

（1）在正投影图中选定坐标原点和坐标轴，如图 9-8(a) 所示；

（2）画轴测图的坐标轴，按 h 确定上、下底中心，并分别作上、下底菱形，如图 9-8(b) 所示；

（3）用四心近似椭圆画法画出上、下底椭圆，如图 9-8(c) 所示；

182

（4）作上、下底椭圆的公切线,擦去多余作图线,加深可见轮廓线,完成全图,如图9-8(d)所示。

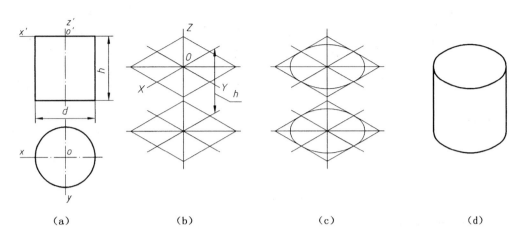

（a）　　　　　（b）　　　　　（c）　　　　　（d）

图9-8　圆柱正等轴测图的画法

[**例**]　图9-9(a)是一圆台的正投影图,画其正等轴测图。

作图步骤如下:

（1）画轴测图的坐标轴,按 h、d_1、d_2 分别作上、下底菱形,如图9-9(b)所示;

（2）用四心近似椭圆画法画出上、下底椭圆,如图9-9(c)所示;

（3）作上、下底椭圆的公切线,擦去多余作图线,加深可见轮廓线,完成全图,如图9-9(d)所示。

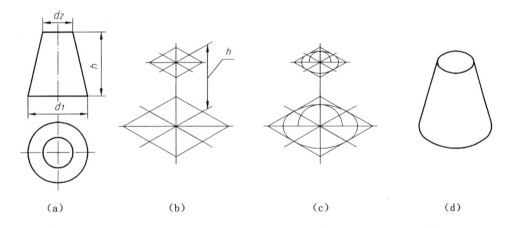

（a）　　　　　（b）　　　　　（c）　　　　　（d）

图9-9　圆台正等轴测图的画法

[**例**]　图9-10(a)是一带切口圆柱的正投影图,画其正等轴测图。

作图步骤如下:

（1）画出完整圆柱的正等轴测图,如图9-10(b)所示;

（2）按 s、h 画出截交线和截平面之间交线的正等轴测图,如图9-10(c)所示;

（3）擦去多余作图线,加深可见轮廓线,完成全图,如图9-10(d)所示。

183

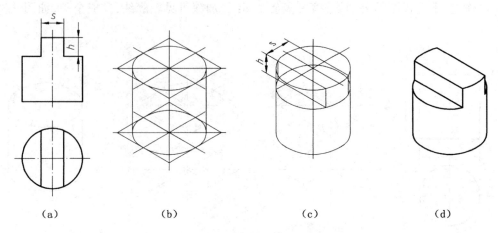

(a)	(b)	(c)	(d)

图 9-10　带切口圆柱体正等轴测图的画法

1.2.5　组合体的正等轴测图

1.圆角正等轴测图的近似画法

图 9-11(a)是带两个圆角的长方体,其圆角部分可采用近似画法。作图步骤如下:

(1)画轴测图的坐标轴和长方体的正等轴测图,对于顶面的圆弧可用近似画法画出它的正等轴测图,作图时先按 R 确定切点 Ⅰ、Ⅱ、Ⅲ、Ⅳ,再由 Ⅰ、Ⅱ、Ⅲ、Ⅳ 作相应边的垂线,其交点为 O_1、O_2,最后以 O_1、O_2 为圆心,O_1Ⅰ、O_2Ⅲ为半径,作 $\overset{\frown}{ⅠⅡ}$ 和 $\overset{\frown}{ⅢⅣ}$,如图 9-11(b)所示;

(2)把圆心 O_1、O_2,切点 Ⅰ、Ⅱ、Ⅲ、Ⅳ 按 h 向下平移,画出底面圆弧的正等轴测图,如图 9-11(c)所示。

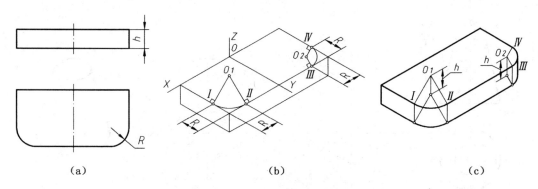

(a)	(b)	(c)

图 9-11　圆角正等轴测图的近似画法

2.组合体的正等轴测图

组合体一般由若干个基本立体组成。画组合体的轴测图,只要分别画出各基本立体的轴测图,并注意它们之间的相对位置即可。

[例]　图 9-12(a)是一组合体的正投影图,画其正等轴测图。

作图步骤如下:

(1)画轴测图的坐标轴,分别画出矩形底板、矩形立板和三角形肋板的正等轴测图,如图 9-12(b)所示;

(2)画出立板半圆柱面和圆柱孔、底板圆角和小圆柱孔的正等轴测图,如图 9-12(c)所示;

(3)擦去多余作图线,加深可见轮廓线,完成全图,如图 9-12(d)所示。

184

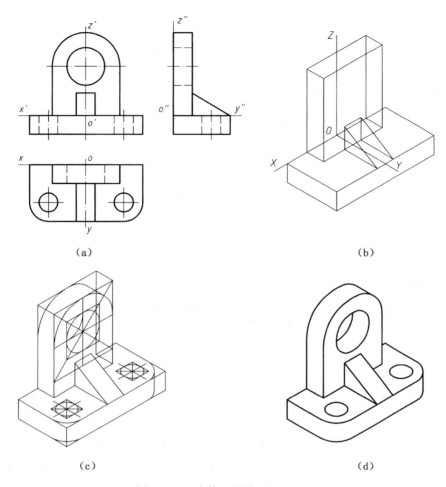

（a）

（b）

（c）

（d）

图 9-12　组合体正等轴测图的画法

1.3　斜二轴测图

1.3.1　轴间角和轴向伸缩系数

斜二轴测图的轴间角和轴测图的坐标轴画法,如图 9-13 所示。

斜二轴测图的轴向伸缩系数 $p = r = 1, q = 0.5$。显然,画斜二轴测图时,凡平行于 X 轴和 Z 轴的线段按 1:1 量取,平行于 Y 轴的线段按 1:2 量取。

1.3.2　平行于各坐标面的圆的斜二轴测图

平行于各坐标面的圆的斜二轴测图如图 9-14 所示。其中平行于 XOZ 坐标面的圆的斜二轴测图仍为大小不变的圆;平行于 XOY 和 YOZ 坐标面的圆的斜二轴测图都是椭圆,它们形状相同,作图方法一样,只是长、短轴方向不同。

当物体一个投射方向上有较多的圆或圆弧时,使物体上的这些圆或圆弧在空间处于正平面的位置,即平行于 XOZ 坐标面,那么这些圆或圆弧的斜二轴测投影反映实形,这给画轴测图带来很大方便。

图 9-15 是平行于 XOY 坐标面的圆的斜二轴测图——椭圆的近似画法。作图步骤如下:

（1）在正投影图中选定坐标原点和坐标轴,如图 9-15（a）所示;

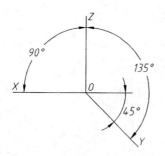

图 9-13 斜二轴测图中坐标
轴的位置

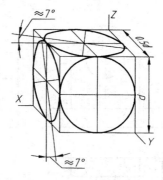

图 9-14 平行于各坐标面的圆
的斜二轴测图

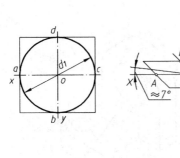

（a）

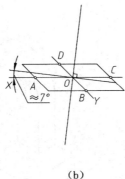

（b）

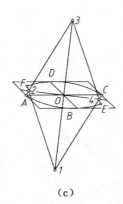

（c）

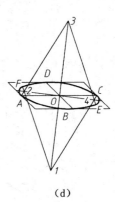

（d）

图 9-15 平行于 XOY 坐标面的圆的斜二轴测图的近似画法

（2）画轴测图的坐标轴,在 OX、OY 轴上分别作 A、C、B、D,使 $OA = OC = d_1/2$,$OB = OD = d_1/4$,并做平行四边形,过 O 作与 OX 轴成7°的直线,该直线即为长轴位置,过 O 做长轴的垂线即为短轴位置,如图9-15(b)所示;

（3）在短轴上取 $O1$、$O3$ 等于 d_1,连接 $3A$、$1C$ 交长轴于2、4两点,分别以1、3为圆心,$1C$、$3A$ 为半径画 $\overset{\frown}{CF}$、$\overset{\frown}{AE}$,连接12、34,并分别交两圆弧于 F、E,如图9-15(c)所示;

（4）以2、4为圆心,$2A$、$4C$ 为半径画 $\overset{\frown}{AF}$、$\overset{\frown}{CE}$,即完成椭圆的作图,如图9-15(d)所示。

1.3.3 立体的斜二轴测图

斜二轴测图的画法与正等轴测图的画法类似,只是轴间角和轴向伸缩系数不同。

[**例**] 图9-16(a)是一物体的正投影图,画其斜二轴测图。

由图可知,该物体由圆筒及支板两部分组成,它们的前后端面均有平行于 XOZ 坐标面的圆及圆弧。因此,画斜二轴测图时,首先确定各端面圆的圆心位置。

作图步骤如下:

（1）在正投影图中选取坐标原点和坐标轴,如图9-16(a)所示;

（2）画轴测图的坐标轴和主要轴线,确定各圆心 Ⅰ、Ⅱ、Ⅲ、Ⅳ、Ⅴ 在轴测图中的位置,如图9-16(b)所示;

（3）按正投影图上不同半径由前往后分别画出各端面的圆或圆弧,如图9-16(c)所示;

（4）画各相应圆或圆弧的公切线,擦去多余作图线,加深可见轮廓线,完成全图,如图9-16(d)所示。

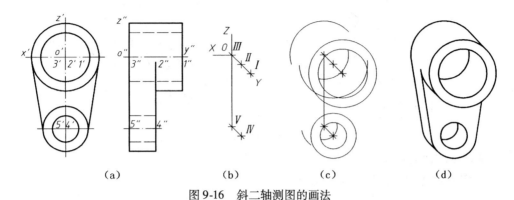

（a） （b） （c） （d）

图9-16 斜二轴测图的画法

1.4 轴测图中的剖切画法

在正投影图中,表达物体的内部形状通常采用剖视。在轴测图中,为了表达物体的内部形状,也可假想用剖切平面将物体的一部分剖去,通常是沿着两个坐标平面将物体剖去四分之一。

1.4.1 轴测剖切画法的一些规定

（1）轴测图中剖面线的方向应按图9-17绘制。注意平行于三个坐标面的剖面区域内的剖面线方向不相同。

（2）当剖切平面通过物体的肋或薄壁等结构的纵向对称平面时,这些结构都不画剖面线,而用粗实线将它与邻接部分分开,如图9-18(a)所示。若在图中表示不清时,也允许在肋或薄壁部分用细点表示被剖切部分,如图9-18(b)所示。

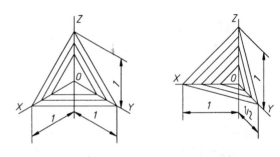

图9-17 轴测图中的剖面线方向

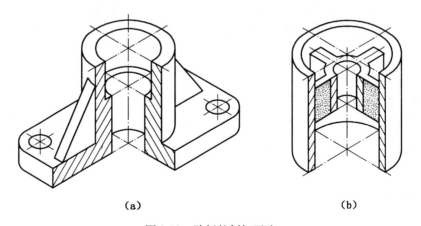

（a） （b）

图9-18 肋板的剖切画法

（3）表示物体中间折断或局部断裂时,断裂处的边界线应画波浪线,并在可见断裂面内加画细点以代替剖面线,如图9-19所示。

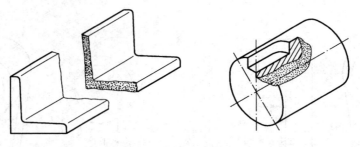

图9-19　物体断裂面画法

1.4.2　剖切轴测图的画法

1．先画物体外形再画剖面区域(见图9-20)

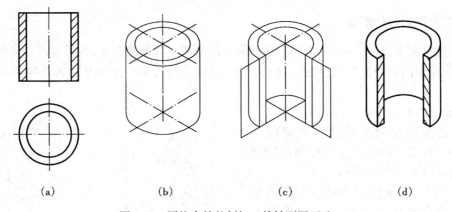

（a）　　　　　　　　（b）　　　　　　　　（c）　　　　　　　　（d）

图9-20　圆柱套筒的剖切正等轴测图画法

作图步骤如下:

（1）用四心近似椭圆画法画出圆柱套筒的正等轴测图,如图9-20(b)所示;

（2）假想用两个剖切平面沿坐标面把套筒剖开,画出剖面区域轮廓,注意剖切后圆柱孔底圆的部分正等轴测图(椭圆弧)应画出,如图9-20(c)所示;

（3）画剖面线,擦去多余作图线,加深完成全图,如图9-20(d)所示。

2．先画物体剖面区域再画物体外形(见图9-21)

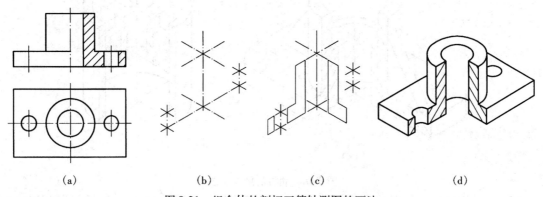

（a）　　　　　　　　（b）　　　　　　　　（c）　　　　　　　　（d）

图9-21　组合体的剖切正等轴测图的画法

作图步骤如下：

（1）先画轴测图的坐标轴及主要中心线，如图9-21（b）所示；

（2）画剖切部分的剖面区域形状，如图9-21（c）所示；

（3）画其余部分和剖面线，擦去多余作图线，加深完成全图，如图9-21（d）所示。

图9-22为剖切斜二轴测图的画法。图（a）为正投影图；图（b）为轴测图的坐标轴及主要中心线，并画出了剖切部分的剖面区域图形；图（c）为机件的剖切斜二轴测图。

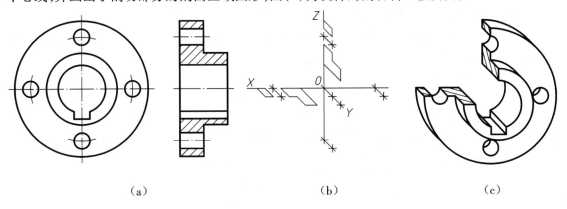

| （a） | （b） | （c） |

图9-22　剖切斜二轴测图的画法

2　展开图

在造船、机械、电子、化工和建筑等工业生产中，常常有一些零部件或设备由板材加工制成。在制造时需先画出有关的展开图，然后下料成形，再用咬缝或焊缝连接而成。

把立体表面按其实际形状和大小依次连续地摊平在一个平面上，称为立体的表面展开，展开后所得到的图形称为立体的表面展开图。图9-23表示圆柱及圆锥的表面展开示意图。

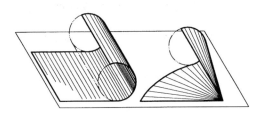

图9-23　立体的表面展开示意图

本节只介绍画表面展开图的基本方法，而在实际生产中，如果要保证制造立体的尺寸精度，则还要考虑金属板的厚度、加工工艺和节约用料等问题。

2.1　由投影图求线段实长及表面实形

立体的表面，按其几何性质可分为平面、可展曲面和不可展曲面。对于由平面或可展曲面组成的立体，可以用多种方法准确地画出它们的展开图；对于由不可展曲面组成的立体，则可用近似展开法画出展开图。

画立体表面的展开图时，需要由其投影图求出各个表面的实形或表面上各条棱线的实长。

下面介绍其求解的方法。

2.1.1 直角三角形法

一般位置线段的各个投影均不反映实长,但可根据线段的两面投影,利用直角三角形法求得线段实长。

如图9-24(a)所示,在平面 $ABba$ 内,作 $AB_0 \parallel ab$,得直角三角形 ABB_0,其中一个直角边 $AB_0 = ab$,另一直角边 $BB_0 = Bb - Aa$,即线段 AB 两端点与 H 面的距离差,斜边 AB 即为实长。这些都可以从已给线段的投影图上得到,因此,若利用线段的水平投影 ab 和两端点 B 和 A 的坐标差($\Delta Z = Z_B - Z_A$)作为直角边,画出直角三角形,就可以求出线段 AB 的实长,如图9-24(b)所示。这种求实长的方法称为直角三角形法。

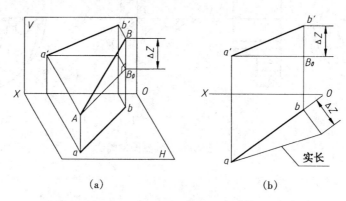

(a)   (b)

图9-24 直角三角形法求线段实长

由此可归纳出用直角三角形法求线段实长的方法是:以线段在某一投影面上的投影为直角边,线段两端点与这个投影面的距离差为另一直角边,所构成的直角三角形的斜边就是该线段的实长。

2.1.2 换面法

在图9-25(a)中,已知 $\triangle ABC$ 为铅垂面,做一个新投影面 V_1 代替 V 面,使 $V_1 \parallel \triangle ABC$。因为 $V_1 \perp H$,新投影面 V_1 与 H 面(称为不变投影面)构成了一个新投影面体系 $\dfrac{V_1}{H}$,它们的交线 X_1 称为新投影轴(简称新轴)。相应地,称 $\dfrac{V}{H}$ 体系为旧投影面体系,V 面为旧投影面,X 轴为旧投影轴(简称旧轴)。

在旧投影面体系 $\dfrac{V}{H}$ 中,$\triangle ABC$ 的两面投影均不反映实形,而在新投影面体系 $\dfrac{V_1}{H}$ 中,由于 $\triangle ABC$ 平行于 V_1 面,所以它的新投影 $\triangle a_1' b_1' c_1'$ 反映实形。这种空间几何元素的位置保持不动,用新的投影面代替旧的投影面,使空间几何元素对新投影面的相对位置变成有利于解题的位置,然后找出其在新投影面上的投影的方法,称为换面法。

如图9-25(a)所示,H 面是新、旧投影面体系的公共投影面,因此,$a' a_x = a_1' a_{x1} = Aa$,$b_1' b_x = b_1' b_{x1} = Bb$,$c' c_x = c_1' c_{x1} = Cc$。以 V_1 面和 H 面的交线 X_1 为轴,使 V_1 面旋转到与 H 面重合,则 $a_1' a \perp X_1$,$b_1' b \perp X_1$,$c_1' c \perp X_1$。由此可以得到换面法中点的投影规律,即:

(1)点的新投影和不变投影的连线,必垂直于新投影轴;

(2)点的新投影到新投影轴的距离等于旧投影到旧投影轴的距离。

190

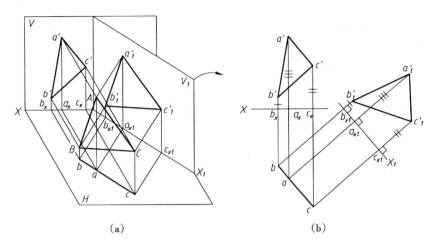

图 9-25　换面法求平面实形

用换面法求铅垂面 $\triangle ABC$ 实形的作图,如图 9-25(b)所示。

作图步骤如下:

(1)在适当位置做新轴 X_1 平行于 $\triangle ABC$ 有积聚性的投影 abc;

(2)过 a、b、c 分别做新轴 X_1 的垂线,并取 $a_1'a_{x1} = a'a_x$、$b_1'b_{x1} = b'b_x$、$c_1'c_{x1} = c'c_x$;

(3)连接 a_1'、b_1'、c_1',$\triangle a_1'b_1'c_1'$ 即为 $\triangle ABC$ 的实形。

2.2　平面立体的表面展开

求平面立体的表面展开图,就是要求出属于立体表面的所有多边形的实形,并将它们依次连续地画在一个平面上。

2.2.1　棱锥的表面展开

如图 9-26(a)所示,三棱锥的各棱面都是三角形,只要求出各三角形的实形,即可画出三棱锥的表面展开图。对于底面是其他多边形的棱锥,也可用同样的方法画出展开图。因为任意多边形均可看成由若干三角形组成。

图 9-26(a)是三棱锥 $S\text{-}ABC$ 的投影图。底面 $\triangle ABC$ 为水平面,其水平投影 $\triangle abc$ 为 $\triangle ABC$ 的实形,即 $ab = AB$,$bc = BC$,$ac = AC$。棱线 SA 为正平线,其正面投影反映实长,即 $s'a' = SA$。棱线 SB、SC 为一般位置直线,在投影图上不反映实长,但可用直角三角形法求得,如图 9-26(b)所示。求得实长后,可从任一棱线开始,依次画出各棱面 $\triangle SAB$、$\triangle SBC$、$\triangle SAC$ 和底面 $\triangle ABC$ 的实形,即得如图 9-26(c)所示三棱锥的表面展开图。

2.2.2　棱柱的表面展开

棱柱的各棱面一般为四边形,底面为多边形。求出棱柱各棱面和底面的实形,即可画出棱柱的表面展开图。

如图 9-27(a)所示的斜三棱柱,棱线为正平线,其正面投影 $d'a'$、$e'b'$ 和 $f'c'$ 反映各棱线 DA、EB 和 FC 的实长;下底面 $\triangle ABC$ 为水平面,故水平投影 $\triangle abc$ 反映实形;上底面 $\triangle DEF$ 为垂直于棱线的正垂面,可用换面法求出其实形 $\triangle d_1e_1f_1$。

已知斜三棱柱各条棱线的实长、上底和下底的实形,则可画出表面展开图。

作图步骤如下:

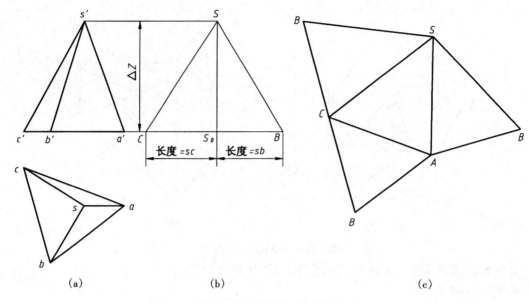

（a） （b） （c）

图 9-26　三棱锥的表面展开

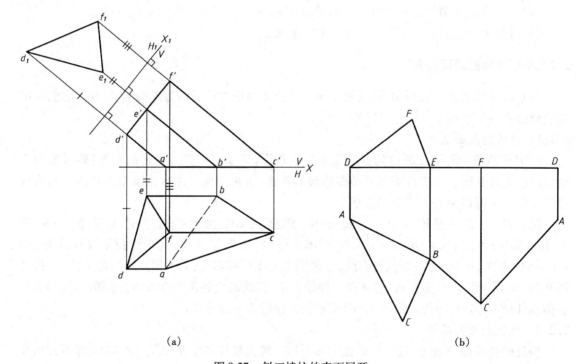

（a） （b）

图 9-27　斜三棱柱的表面展开

（1）任作一条水平线 DD，并在其上依次截取 $DE = d_1e_1$，$EF = e_1f_1$，$FD = f_1d_1$；

（2）过点 D、E、F 和 D 分别作 DD 的垂线（它们是各棱线在展开图中的位置）；

（3）在各垂线上分别截取对应棱线的实长，即 $DA = d'a'$，$EB = e'b'$，$FC = f'c'$；

（4）连 A、B、C 和 A 各点，得棱面的展开图。再分别从 AB、DE 画出下、上底的实形，即 $\triangle ABC \cong \triangle abc$，$\triangle DEF \cong \triangle d_1e_1f_1$。至此便得到斜三棱柱的表面展开图，如图 9-27（b）所示。

2.3 可展曲面的展开

曲面上的两条连续素线平行或相交时,该曲面称为可展曲面。常见的可展曲面有圆柱面和圆锥面等。当棱锥和棱柱的棱线无限增多时,它们就变成了圆锥面和圆柱面。因此作圆锥面或圆柱面的展开图时,可以采用作内接正多棱锥面或内接正多棱柱面的展开图的作图方法。

2.3.1 圆柱面的展开

如图9-23所示,正圆柱的表面展开图是一矩形,它的两边长分别是圆柱底圆周长 πd(d 为圆柱的直径)和圆柱高度 H。

如图9-28(a)所示的直角弯头由两个相同的斜截圆柱面组成。斜截圆柱面展开图的画法如图9-28(b)所示。

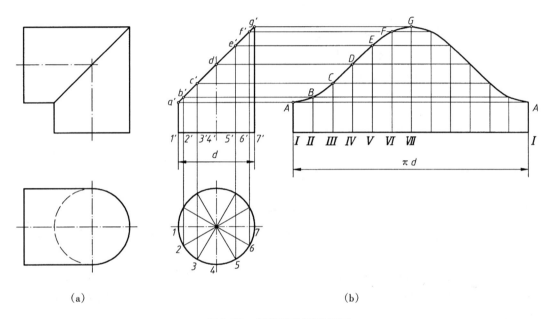

(a)   (b)

图9-28 斜截圆柱面的展开

作图步骤如下:

(1)将底圆周分成若干等份,如12等份,得到12个等分点,画出各等分点对应直素线的正面投影;

(2)将底圆周展开为一条长度等于 πd 的直线,并把它也分成相同的等份,得到Ⅰ、Ⅱ、Ⅲ、……、Ⅰ各点,过各点分别引垂线,即为各素线在展开图中的位置;

(3)在各条垂线上分别截取素线长度,如 $ⅠA = 1'a'$,$ⅡB = 2'b'$,$ⅢC = 3'c'$,……,得到 A、B、C、……、A 等点;

(4)用曲线光滑连接 A、B、C、……、A 各点,即得斜截圆柱面的展开图。

画出直立斜截圆柱面的展开图后,用同样方法,再画出水平斜截圆柱面的展开图,即得到直角弯头的表面展开图。

2.3.2 圆锥面的展开

图9-29是一正圆锥面的展开图。正圆锥的表面展开图是一扇形,其半径等于圆锥素线的

长度 L，圆心角 $\alpha = \dfrac{\overset{\frown}{\pi d}}{L}$（式中 d 为圆锥底圆直径），只要算出 α 角，即可画出圆锥的表面展开图，如图 9-29(b) 所示。

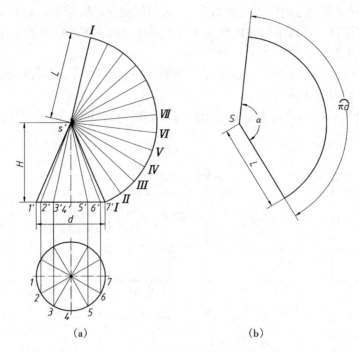

(a)　　　　　　　　　　　(b)

图 9-29　正圆锥面的展开图

正圆锥面展开图的一种近似画法是用圆锥面的内接正多棱锥展开图代替，如图 9-29(a) 所示。

作图时，将底圆分成若干等份（图中分为 12 等份），以 s' 为圆心，正圆锥的素线长 L 为半径画圆弧，按弦长 12 在圆弧上依次截取 12 等份，得扇形 $s'—I—I$，此扇形即为正圆锥面的近似展开图。

2.3.3　圆柱管制件的展开

1. 等径直角弯头的展开图

图 9-30(a) 为三节等径直角弯头的展开图，它是由三节直径相同的圆管组成。

画展开图时，可把三节等径圆管拼成一个完整的圆柱，每两节之间的分界线就是斜切圆柱的截交线。这样就可以按图 9-28 的方法作出展开图，如图 9-30(b) 所示。

2. 三通管的展开图

图 9-31 所示的三通管由两个直径不等的圆管正交而成。画展开图时，首先应精确求出相贯线，然后再分别画出大小两圆管的展开图及相贯线的展开图。作图步骤如下。

（1）先画出小圆管端面圆周的展开线，长为 πd_1，并分成若干等份，例如 12 等份，再从各分点作垂线，并在各垂线上量取相应素线的实长，即得到素线在相贯线上的点，如 I、V、II、III、IV 和 I 等点，光滑连接各点，即得到小圆管的展开图。

（2）画出大圆管的展开图，再画相贯线的展开图。为了确定相贯线上一系列点的位置，可先确定这些点所在素线的位置，例如求点 V，先在大圆管展开图上作出对称线 OO，量取 $OA =$

194

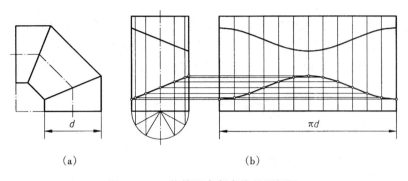

（a）　　　　　　　　　　　（b）

图 9-30　三节等径直角弯头的展开图

$\overset{\frown}{1''5''}$，过 A 作素线，取相应素线的长，即 $A\ V = a'5'$，V 点即为相贯线展开图上的点。用同样方法求出其他点，并光滑连接各点，即得大圆柱表面相贯线的展开图。

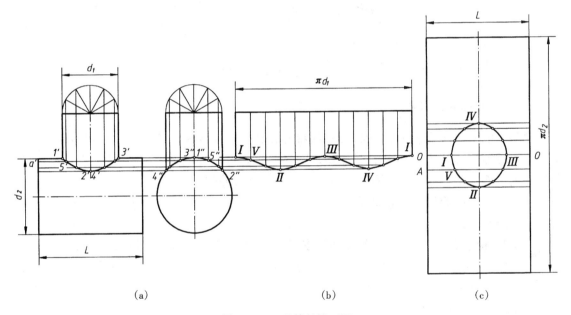

（a）　　　　　　　　　（b）　　　　　　　　　（c）

图 9-31　三通管的展开图

2.3.4　变形接头的展开

连接不同形状管子的接头称为变形接头。图 9-32（a）所示的接头，上口是圆形，用来连接圆管，下口是方形，用来连接方管，故此接头称为"天圆地方"变形接头。

由图 9-32（b）可知，变形接头的表面是由四个相同的等腰三角形和四个相同的部分倒斜圆锥面组成。下端方形的每个边就是这些等腰三角形的底边，每个顶点则是这些倒斜圆锥面的锥顶。

展开图的作图步骤如下：

（1）将圆弧 $\overset{\frown}{AD}$ 分为若干等份，例如三等份，得等分点 B、C，把 A、B、C 和 D 点与方形的顶点 I 相连，这样就把锥面 I —AD 分成三个近似三角形，如图 9-32（b）所示；

（2）用直角三角形法求出 IA、IB、IC 和 ID 的实长，$IB = IC$ 即锥面素线长，$IA = ID$ 即为等腰

195

三角形的腰长,如图9-32(b)所示;

(3)作直角三角形 $M\,\mathrm{I}\,A$,直角边 $M\,\mathrm{I}$ 为等腰三角形 $A\,\mathrm{I}\,\mathrm{IV}$ 底边 $\mathrm{I}\,\mathrm{IV}$ 的一半;

(4)从 $\mathrm{I}\,A$ 开始作锥面 $\mathrm{I}—ABCD$ 展开图,然后作等腰三角形 $D\,\mathrm{I}\,\mathrm{II}$,接着作锥面 $\mathrm{II}—DE$ ……,依次把三角形和锥面画在一起,即得到整个变形接头的展开图,如图9-32(c)所示。

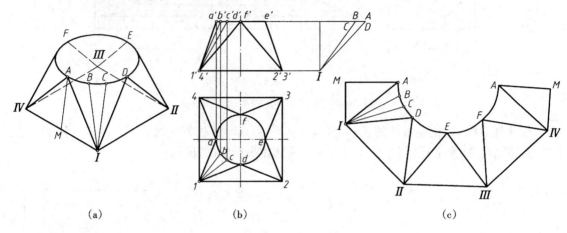

|(a)|(b)|(c)|

图9-32 变形接头的展开图

2.4 不可展曲面的近似展开

曲面上的两条连续素线是交叉的或母线是曲线时,该曲面称为不可展曲面。常见的不可展曲面有球面和环面等,它们无法展平,只能采用近似方法展开。即将其分成若干较小部分,用近似可展面代替各部分不可展曲面,最后画出近似展开图。

下面介绍球面的两种近似展开方法。

2.4.1 按柱面展开

柱面法即用圆柱面近似地代替球面来展开。如图9-33(a)所示的球面,沿经线分成若干等份,图中分为12等份,并把每一等份近似地看成一段外切正圆柱面。展开这段正圆柱面,就得到了相应球面的近似展开图。作图步骤如下:

(1)将球面的水平投影分为12等份;

(2)将球面的正面投影大圆沿圆周方向分为12等份,得到等分点 O、I、II、III、II、I 和 O 等;

(3)过各等分点画纬圆的两投影,如图9-33(b)所示;

(4)将球表面大圆弧 $\overparen{OO}$ 展成一直线 OO,$OO = \pi d/2$,d 为球面直径,在 OO 上找出等分点 I、II、III、II 和 I 等;

(5)过各等分点作 OO 垂线,这些垂线即为外切正圆柱面上的素线在展开图中的位置。对称于 OO 截取 $AA = aa$,$BB = bb$,$CC = cc$,用曲线光滑连接 O、A、B、C、B、A 和 O 等点,即得 1/12 球面的近似展开图,如图9-33(c)所示。

用同样方法,画出其他部分的展开图,其总体便是整个球面的近似展开图。

2.4.2 按锥面和柱面展开

如图9-34所示,先在球面上对称地作出若干条纬线,图中为六条,这样就把球面分成七部

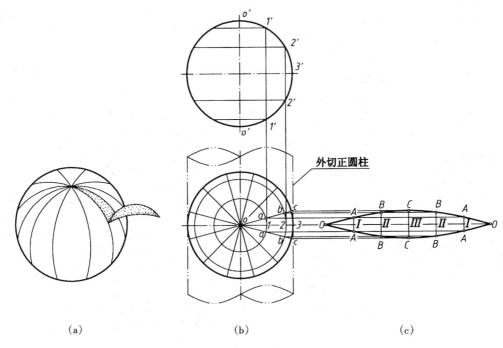

外切正圆柱

(a)　　　　　　　　(b)　　　　　　　　(c)

图 9-33　用近似柱面法展开球面

分。然后把中间部分Ⅳ近似地当做柱面展开,把Ⅱ、Ⅲ、Ⅴ、Ⅵ四部分当做截头正圆锥面展开,把Ⅰ、Ⅶ当做正圆锥面展开。各个圆锥面的顶点分别为 S_1、S_2、S_3。把各部分展开图画出,就得到如图 9-34(c)所示的球面展开图。

3　焊接图

焊接是利用电流或火焰产生的热量将被连接件局部加热至熔化,或以熔化的金属材料填充,或用加压等方法将被连接件熔接并粘连到一起的加工方法。焊接具有连接可靠、节省材料、工艺简单、结构重量轻和易于现场操作等优点,在造船、机械、电子、化工和建筑等工业部门都得到广泛的应用。

零件在焊接时,常见的焊接接头有对接接头、搭接接头、T 形接头和角接接头等。主要焊缝形式有对接焊缝、点焊缝和角焊缝等,如图 9-35 所示。

3.1　焊缝符号

在图样上,焊缝通常可用焊缝符号和焊接方法的数字代号来标注。有关焊缝符号的规定由国家标准 GB/T 12212—2012 和 GB/T 324—2008 给出,现简介其主要内容。如需进一步了解焊缝坡口的基本形式与尺寸,可查阅国家标准 GB/T 985—2008 和 GB/T 985.2—2008。

焊缝符号一般由基本符号与指引线组成,必要时还可以加上辅助符号、补充符号和焊缝尺寸符号。现分述如下。

3.1.1　基本符号

基本符号是表示焊缝横截面基本形式或特征的符号,用 0.7b 的实线绘制(b 为图样中轮

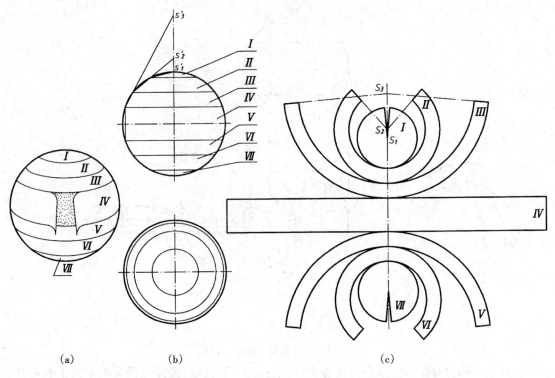

图 9-34　用锥面和柱面法展开球面

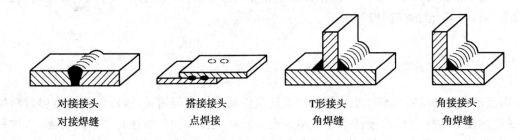

图 9-35　常见的焊接接头和焊缝形式

廓线的宽度）。常用焊缝的基本符号、图示法及标注示例见表 9-1。

表 9-1　常用焊缝的基本符号、图示法及标注方法示例

名　称	符　号	示意图（剖面）	图示法	标注方法
I 形焊缝	‖			

名　称	符　号	示意图(剖面)	图示法	标注方法
V形焊缝	V		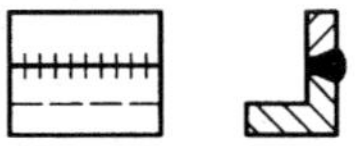	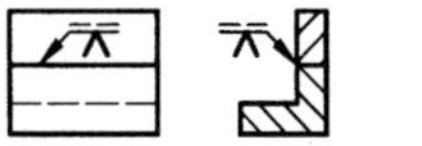
角焊缝	△	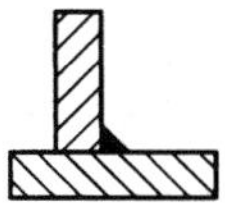	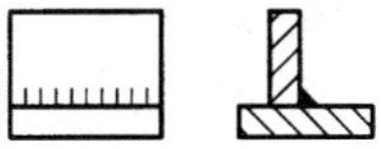	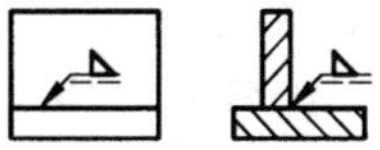
点焊缝	○		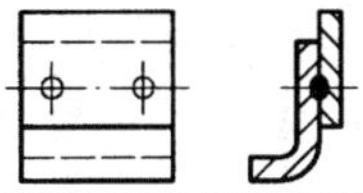	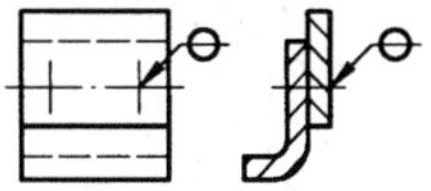

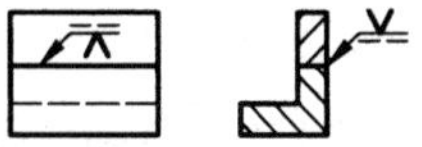

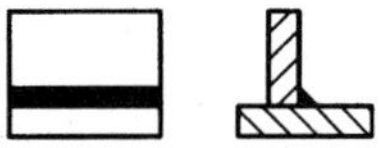

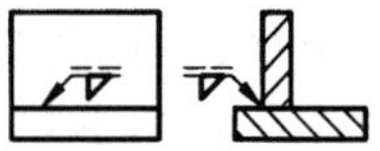

3.1.2　补充符号

补充符号用来补充说明有关焊缝或者接头的某些特征(诸如表面形状、衬垫、焊缝分布、施焊地点等)。补充符号见表9-2。

表9-2　补充符号

序号	名称	符号	说　明
1	平面	—	焊缝表面通常经过加工后平整
2	凹面	⌣	焊缝表面凹陷
3	凸面	⌢	焊缝表面凸起
4	圆滑过渡	 ⌣⌣	焊趾处过渡圆滑
5	永久衬垫	M	衬垫永久保留
6	临时衬垫	MR	衬垫在焊接完成后拆除
7	三面焊缝	⊏	三面带有焊缝
8	周围焊缝	○	沿工件周边施焊的焊缝,其标注位置为基准线与箭头线的交点处
9	现场焊缝	 ▶	在现场的焊缝
10	尾部	<	可以表示所需的信息

3.1.3　指引线

1. 组成

指引线一般由带有箭头的指引线(简称箭头线)和两条基准线(一条为细实线,另一条为细虚线)组成,如图9-36所示。

(1)箭头线用来将整个焊缝符号指到图样上的有关焊缝处,如图9-37所示。

199

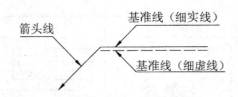

图9-36　指引线的画法

（2）基准线的上面和下面用来标注有关的焊缝符号,基准线的虚线既可画在基准线细实线的上侧,也可画在下侧。基准线一般应与图样的底边平行,必要时也可与底边垂直。

2.焊缝符号相对于基准线的位置

（1）在标注焊缝符号时,如果箭头指向焊缝的施焊面,则焊缝符号标注在基准线的细实线侧,如图9-37(a)所示。

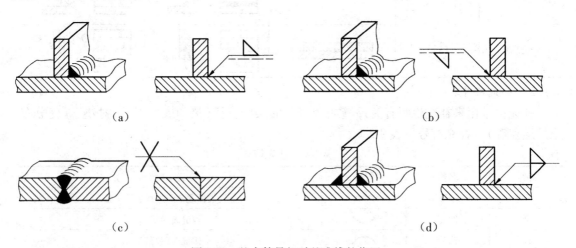

（a）　　　　　　　　　　　　　　　　　　　　　　（b）

（c）　　　　　　　　　　　　　　　　　　　　　　（d）

图9-37　基本符号相对基准线的位置

（2）如果箭头指向焊缝的施焊背面,则焊缝符号标注在基准线的细虚线一侧,如图9-37(b)所示。

（3）标注对称焊缝及双面焊缝时,基准线的虚线可省略不画,如图9-37(c)、(d)所示。

3.1.4　焊缝尺寸符号

焊缝尺寸指的是工件厚度、坡口角度和根部间隙等数据的数值。焊缝尺寸一般不标注,若设计、制造或施工需要注明焊缝尺寸时才标注。焊缝尺寸符号见表9-3。

表9-3　焊缝尺寸符号

名称	符号	名称	符号	名称	符号	名称	符号
工件厚度	δ	焊缝宽度	c	坡口角度	α	根部半径	R
根部间隙	b	相同焊缝数量	N	钝边	p	坡口深度	H
焊缝长度	l	熔核直径	d	焊缝段数	n	焊缝有效厚度	S
焊缝间距	e	余高	h	焊脚尺寸	K	坡口面角度	β

焊缝尺寸的标注原则如下:

（1）焊缝横截面上的尺寸标在基本符号的左侧;

（2）焊缝长度方向尺寸标在基本符号的右侧;

（3）坡口角度、坡口面角度、根部间隙等尺寸标在基本符号的上侧或下侧；

（4）相同焊缝数量符号标在尾部；

（5）当需要标注的尺寸数据较多又不易分辨时，可在数据前面增加相应的尺寸符号。

当箭头线方向变化时，上述原则不变，该标注原则如图9-38所示。

当若干条焊缝相同时，可用公共基准线进行标注，如图9-39所示。

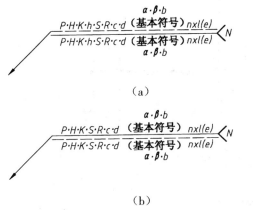

$a\cdot\beta\cdot b$
$P\cdot H\cdot K\cdot h\cdot S\cdot R\cdot c\cdot d$（基本符号）$nxl(e)$
$P\cdot H\cdot K\cdot h\cdot S\cdot R\cdot c\cdot d$（基本符号）$nxl(e)$
$a\cdot\beta\cdot b$

（a）

$a\cdot\beta\cdot b$
$P\cdot H\cdot K\cdot S\cdot R\cdot c\cdot d$（基本符号）$nxl(e)$
$P\cdot H\cdot K\cdot S\cdot R\cdot c\cdot d$（基本符号）$nxl(e)$
$a\cdot\beta\cdot b$

（b）

图9-38　焊缝尺寸的标注原则

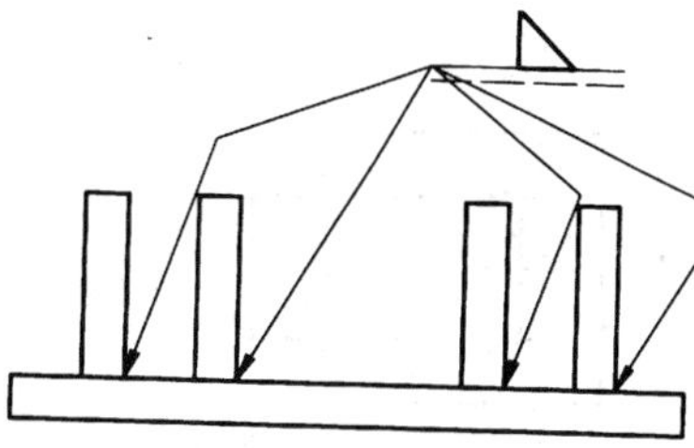

图9-39　相同焊缝的标注

3.2　焊接方法的字母符号（GB/T 5185—2005）

焊接的方法很多，常用的有电弧焊、接触焊、电渣焊、点焊和钎焊等，其中以电弧焊应用最为广泛。焊接方法可用文字在技术要求中注明，也可用数字代号直接注写在尾部符号中。常用的焊接方法的数字代号见表9-4。

表9-4　常用的焊接方法及数字代号

焊接方法	数字代号	焊接方法	数字代号	焊接方法	数字代号	焊接方法	数字代号
焊条电弧焊	111	激光焊	52	埋弧焊	12	氧-乙炔焊	11
电渣焊	72	硬钎焊	91	电子束焊	51	点焊	21

3.3　焊缝的画法及标注示例

3.3.1　焊缝的画法

（1）在垂直于焊缝的剖视图或剖面图中，一般应画出焊缝的形式并涂黑，如图9-40（a）、（b）、（c）、（e）和（f）所示。

（2）在视图中，可用栅线表示可见焊缝（栅线为细实线段，允许徒手绘制），如图9-40（b）、（c）和（d）；也可用加粗线（2d～3d）表示可见焊缝，如图9-40（e）和（f）。但在同一图样中，只允许采用一种画法。

（3）一般只用粗实线表示可见焊缝，如图9-40（a）所示。

201

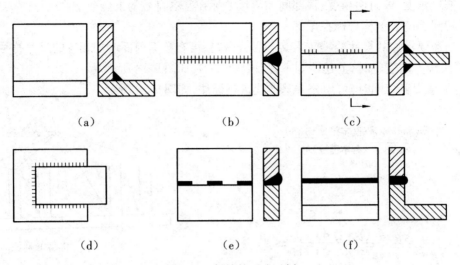

（a）　　　　　　　　　（b）　　　　　　（c）

（d）　　　　　　　　　（e）　　　　　　（f）

图 9-40　焊缝的画法示例

3.3.2　焊缝的标注示例（见表 9-5）

表 9-5　焊缝的标注示例

名　称	焊缝形式	标注示例	说　　明
对接接头			111 表示用手工电弧焊，V 形坡口，坡口角度为 a，根部间隙为 b，有 n 段焊缝，焊缝长度为 l
T 形接头			⬛ 表示在现场装配时进行焊接 ▷ 表示双面角焊缝，焊脚尺寸为 K
			▷$nxl(e)$ 表示有 n 段断续双面角焊缝，l 表示焊缝长度，e 表示断续焊缝的间距
			Z 表示交错断续角焊缝

名　称	焊缝形式	标注示例	说　明
角接接头	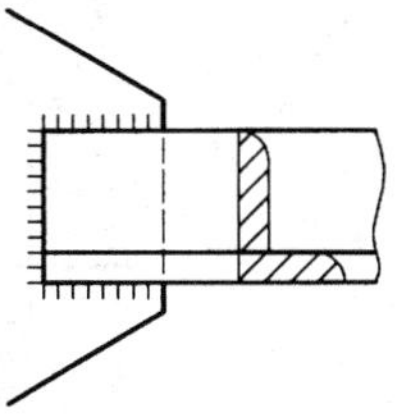	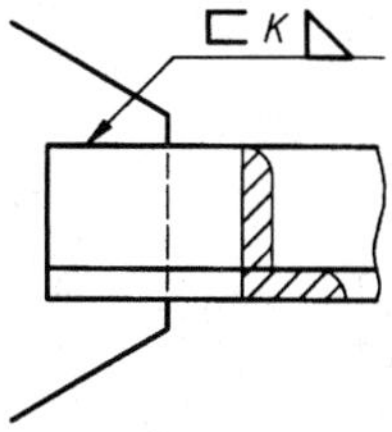 ⊏ K ◺	⊏ 表示三面焊接 ◺ 表示单面角焊缝
	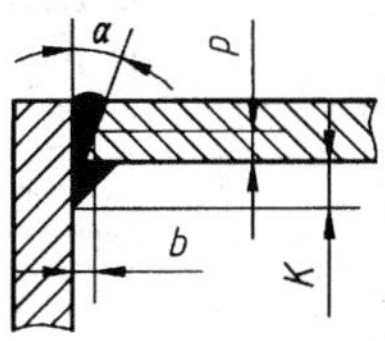 a p b K	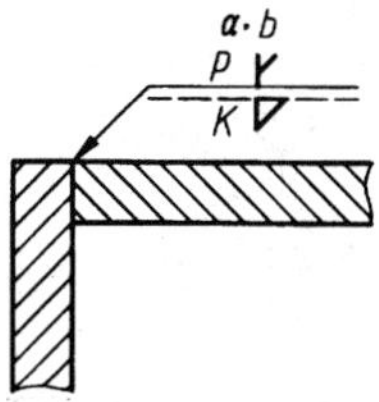 a·b p K	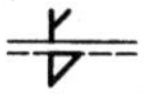 ⟊ 表示双面焊缝,上面为带钝边单边 V 形焊缝,下面为角焊缝
搭接接头	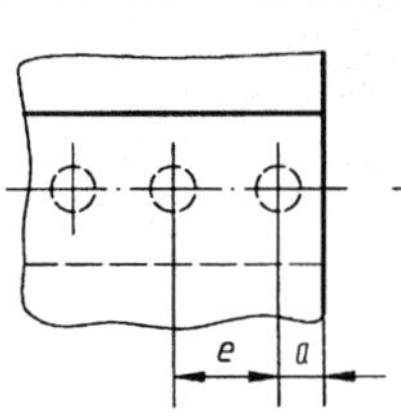 e a	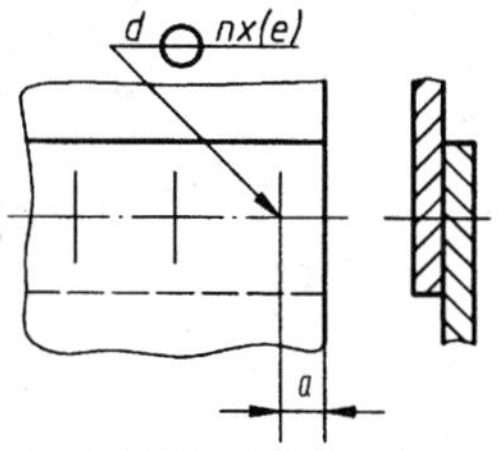 d ○ nx(e) a	○ 表示点焊缝,d 表示焊点直径,e 表示焊点的间距,a 表示焊点至板边的间距

3.3.3　焊接图示例

图 9-41 为矿用电梯的上框架梁的焊接图。从左视图中可以看出梁的主体是槽钢。由于梁要承受较大的载荷,因此需要在槽钢的前、后面上焊接加强板,以增加其荷载能力。

在主、俯视图之间的焊缝符号 ╲ 10 ◺ ⟨ 4 ✱ 中,两条斜向指引线表示所指处的前、后两块加强板的焊接要求相同,"◺"表示角焊缝,焊角尺寸为 10 mm,共有 4 条。

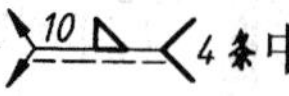

在左视图上的焊缝符号 ╲ 10 ◺ 50(100) ⟨ 4 ✱ 中,"50(100)"表示断续焊缝,焊缝长度为 50 mm,断续焊缝间距为 100 mm,共有 4 条。

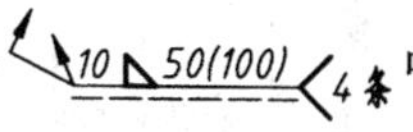

为了使加强板与槽钢之间的焊接强度达到规定的设计要求,又在前、后加强板上各加工了两个 $\phi40$ 的圆孔和两个长 76 mm 宽 18 mm 的长圆孔作为焊接使用。主视图上的焊缝符号 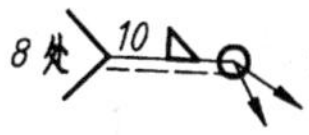 8 ✱ ╱ 10 ◺ ○ 中的"○",表示环绕孔的周围均需进行焊接,在局部放大的剖视图 A-A 和 B-B 中,画出了焊缝的横断面图。

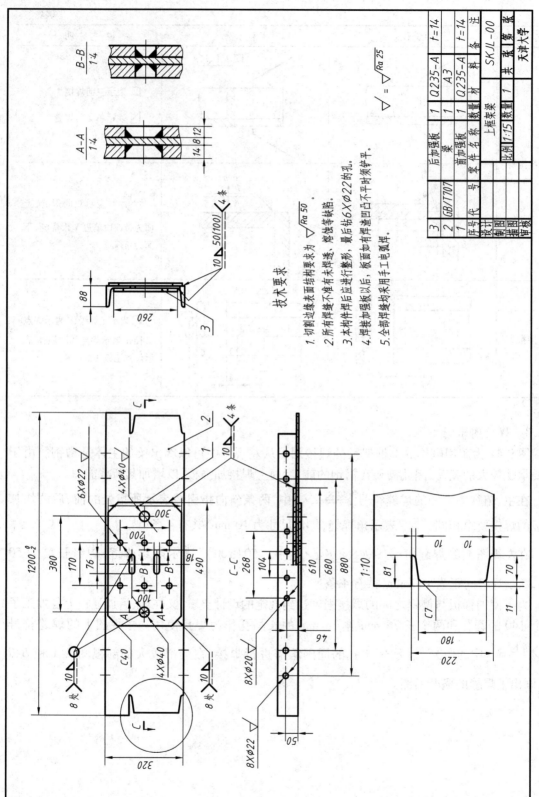

技 术 要 求

1. 切割边缘表面结构要求为 $\sqrt{Ra\,50}$。

2. 所有焊缝不准有未焊透、熔蚀等缺陷。

3. 本构件焊后应进行整形,最后钻6×∅22的孔。

4. 焊接加强板以后,板面如有焊渣凹凸不平时须铲平。

5. 全部焊缝均采用手工电弧焊。

$\nabla = \sqrt{Ra\,25}$

3		后加强板	1	Q235-A		t=14
2		梁	1	A3		
1	GB/T707	前加强板	1	Q235-A		t=14
序号	代号	零件名称	数量	材料		备注
设计			上框架梁		SKJL-00	
制图		比例 1:15	数量 1		共 张 第 张	
描图						
审核				天津大学		

图 9-41 上框架梁的焊接图

204

4 机构运动简图

4.1 概念

4.1.1 机构与构件

从结构和制造的角度分析,任何机器都是由若干零件组成。如果抛开结构和形态仅从运动的角度分析,机器实际上是由若干能完成确定运动的机构组成的。不同的机构组合方式使不同的机器具有不同的功能。机构又由若干构件组成。凡彼此之间没有相对运动,而与其他零件之间可以有相对运动的零件或零件的组合,称为构件。构件是组成机构的最基本的运动单元,构件可包含一个或若干个零件。机构中固定不动的构件称为机架;机构中相对机架可运动的构件称为活动构件。运动规律已知的活动构件称为原动件;有驱动力或驱动力矩作用的活动构件称为主动件。机构中随主动件运动而运动的活动构件称为从动件;输出运动或动力的从动件称为输出件。

在图 9-42 所示的内燃机配气机构中,摆杆 2 和安装在它上面的螺母等零件工作时作为一个整体作摆动,彼此之间没有相对运动,所以它们组成的整体称为一个构件。而凸轮 1 是单独由一个零件构成的运动单元,为最简单的构件。

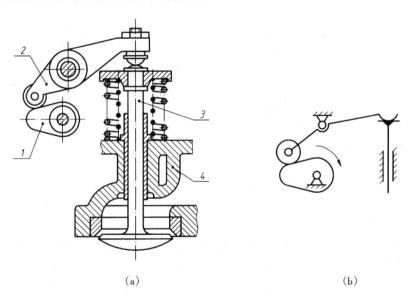

（a） （b）

图 9-42　内燃机配气机构

1—凸轮　2—摆杆　3—配气阀杆　4—机架

4.1.2 运动副

构件之间能产生某些相对运动的活动连接称为运动副。机构中的每个构件都是用运动副彼此连接的。两构件形成运动副,总是通过点、线、面的接触来实现的。通过点、线接触形成的运动副称为高副,如图 9-43(a) 所示的凸轮 1 与推杆 2 和图 9-43(b) 所示的车轮 3 与钢轨 4。通过面接触形成的运动副称为低副,如图 9-44 所示。

从运动形式来分,凡构件间仅能作相对转动的运动副称为回转副,如图 9-44(a) 所示轴 1

与支架 2 组成回转副。仅能作相对移动的运动副称为移动副,如图 9-44(b)所示为由滑块 3 和滑道 4 组成的移动副。仅能作相对螺旋运动(既有转动又沿转动轴线移动)的运动副称为螺旋副。根据组成运动副两构件间作相对平面运动或空间运动,又可将运动副分为平面运动副和空间运动副。

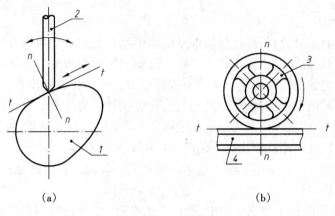

图 9-43　高副形式

1—凸轮　2—推杆　3—车轮　4—钢轨

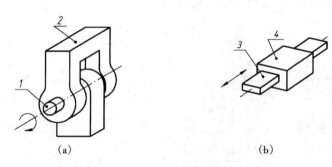

图 9-44　低副形式

1—轴　2—支架　3—滑块　4—滑道

4.2　机构运动简图

机构的运动只与原动件的运动规律、机构的组成及运动副的形式和位置有关。因此为了简明地表示出机器的运动情况和工作原理,以便进行运动分析和动力分析,可以抛开构件的具体形状与结构,用一些简单的线条和规定的图形符号,将其传动系统、构件间的相互关系和运动特性等反映运动本质的内容表达出来。这样绘制出来的简图称为机构运动简图。

如果以构件和运动副组成的符号表示机构,且图形不按精确的比例绘制,目的仅是为了表明机构的结构状况,则称这种图形为机构示意图或机构简图。

在机械制图国家标准中,规定了常用的机构和构件的机构运动简图符号(GB/T 4460—2013),现将其部分内容摘录于表 9-6 中。

绘制机构运动简图时,首先要把该机构的实际结构和运动情况搞清楚。为此,需首先定出其主动件和输出件,然后再沿着运动传递的路线搞清楚该机构主动件的运动是怎样经过从动件传递到输出件的,从而搞清楚该机构是由多少构件组成,各构件之间组成了何种形式的运动副。这样,才能正确地绘出其机构运动简图。

表9-6　机构运动简图符号

名称	基本符号	可用符号	附注
轴、杆			
构件组成部分的永久连接			
棱柱副（移动副）			
回转副 a)平面机构 b)空间机构			
机架			
机架是回转副的一部分 a)平面机构 b)空间机构			
圆柱齿轮传动（不指明齿线）			
圆锥齿轮传动（不指明齿线）			

名称	基本符号	可用符号	附注
带传动——一般符号 （不指明类型）	 或		若需指明皮带类型 可采用下列符号： 三角带　　▽ 圆带　　　○ 同步齿形带 平带 例：三角带传动
链传动——一般符号 （不指明类型）			若需指明链条类型， 可采用下列符号： 环形链 滚子链 无声链 例：无声链传动
盘形凸轮			沟槽盘形凸轮
向心轴承 a）滑动轴承 b）滚动轴承			
单向推力轴承			若有需要，可指明轴承型号
推力滚动轴承			

为了将机构运动简图表示清楚，需要恰当地选择投影面。为此，一般可以选择机器的多数构件的运动平面为投影面。必要时也可以就机器的不同部分选择两个或两个以上的投影面，然后展开到同一平面上。或者把在主运动简图上难于表示清楚的部分，再另绘一局部简图。总之，应以简单清楚地把机器的运动情况正确地表示出来为原则。

在选定投影面后,便可选择适当的比例,定出各运动副之间的相对位置,并用简单的线条、各种运动副的代表符号和常用机构运动简图符号,将机构运动简图画出来。

现以内燃机配气机构为例说明画机构运动简图的过程和方法。

(1)分析运动情况。首先要把原动部分、传动部分和输出部分区分清楚。确定机架和主动构件,然后由主动构件沿运动传递路线,分析各构件间相对运动性质及它们之间所形成的运动副种类。在图9-42(a)所示内燃机配气机构中,当凸轮1转动时,推动摆杆2摆动,摆杆2右端又推动配气阀杆3相对机架4移动,从而达到配气的目的。凸轮轴与机架、滚子轴与摆杆2、摆杆2与机架均组成回转副;凸轮1与摆杆2为线接触,组成高副;摆杆2与配气阀杆3顶端平面为点接触,也组成高副;配气阀杆3相对机架4移动组成移动副。其中机架4是固定件,凸轮1是主动件,摆杆2与配气阀杆3是从动件。

(2)测量反映各运动副间相对位置的尺寸。

(3)选择视图。通常选平行于构件运动的平面作为投影面,如图9-42(b)所示。

(4)选择合适的比例,用规定的符号和反映运动特征的简单线条画出机构运动简图。步骤如下:

a. 画出凸轮1与机架4组成的回转副及凸轮1;

b. 按凸轮1与摆杆2上滚子的相对位置,画出摆杆2与滚子组成的回转副;

c. 画出摆杆2与机架4组成的回转副及摆杆2;

d. 分别画出配气阀杆3与机架4。

内燃机配气机构的运动简图如图9-42(b)所示。

图9-45是一齿轮油泵的机构简图,该齿轮油泵的明细表见表9-7。该油泵为液压系统中一种能量转换装置,一般由电动机带动其工作,是机器中液压传动或冷却、润滑的主要设备。其工作原理是当电动机通过联轴节驱动主动轴4,由半圆键3连接带动主动齿轮2旋转,主动齿轮旋转时带动从动齿轮10转动,使吸油腔的工作空间形成部分真空,从而吸入低压油液,进入齿轮间的油液随着齿轮旋转,沿着泵体内壁旋转到高压油腔,由出口排出。运转时,若在出口管路系统中发生了阻塞或故障,出口的油压将增高,会造成油压系统设备或泵体的损坏。为防止这种事故,则在泵盖上附设有安全阀装置。当出口油压超过额定压力时,则顶开被弹簧20压紧的阀瓣19,使出口与进口相通。此时,泵的工作就成了液体在泵体内部循环,从而起到安全保护作用。通过按下罩子25,旋转调节螺杆23带动弹簧压盖22移动,以调节弹簧20对阀瓣19的压紧力,从而起到调节安全阀的额定压力。

表9-7　齿轮油泵明细表

序号	零件名称	材料	数量	规格	备注
1	泵体	HT150	1		
2	主动齿轮	45	1		
3	半圆键	Q235-A	1	6×9×22	GB/T 1099
4	主动轴	45	1		
5	封油毡圈	毛毡	1	25	JB/ZQ 4604
6	衬套	ZCuSn5Pb5Zn5	1		
7	螺塞	Q235-A	1		
8	衬套	ZCuSn5Pb5Zn5	1		

序号	零件名称	材料	数量	规格	备注
9	光轴	45	1		
10	从动齿轮	45	1		
11	垫片	工业用纸	1		
12	中间泵体	HT150	1		
13	垫片	工业用纸	1		
14	双头螺柱	Q235-A	6	M10×60	GB/T 898
15	弹簧垫圈	65Mn	8	10	GB/T 93
16	螺母	Q235-A	8	M10	GB/T 6170
17	衬套	ZCuSn6Pb6Zn3	1		
18	泵盖	HT150	1		
19	阀瓣	45	1		
20	弹簧	65Mn	1		
21	双头螺柱	Q235-A	2	M10×75	GB/T 898
22	弹簧压盖	Q235-A	1		
23	调节螺杆	Q235-A	1		
24	阀盖	Q235-A	1		
25	罩子	Q235-A	1		
26	圆柱销	Q235-A	4	6×20	GB/T 119.1
27	衬套	ZcuSn6Pb6Zn3	1		

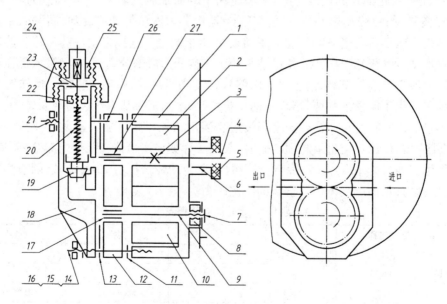

图 9-45　齿轮油泵机构简图

思考题

1.轴测图是怎样形成的？常用轴测图有哪两种？

210

2. 正等轴测图与斜二轴测图的轴间角、轴向伸缩系数分别是多少？正等轴测图的简化轴向伸缩系数是多少？

3. 试述轴测图的画图方法和步骤。

4. 试述平行于坐标面的圆的正等轴测和斜二轴测的画法。

5. 轴测剖切画法有哪些规定？剖面线方向如何确定？试述画剖切轴测图的方法与步骤。

6. 什么是立体表面的展开图？

7. 试述求作平面立体表面展开图的作图方法。

8. 试举例说明可展曲面与不可展曲面的区别。

9. 试述求作可展曲面立体表面展开图的作图方法。

10. 近似展开法的要点是什么？以球面的展开为例说明之。

11. 常用的焊接符号有哪几种？它们的代号是什么？

12. 常见的焊缝形式有哪几种？在图样中如何表达焊缝？

13. 常用焊缝的基本符号和辅助符号各有哪几种？

14. 焊接方法在图样中如何表示？

15. 试画出常用机构运动简图符号。

第10章　计算机绘图基础

1　AutoCAD 的基础知识

AutoCAD 是美国欧派克(Autodesk)公司推出的通用计算机辅助设计(CAD)软件包,它是当今世界上广泛使用的优秀 CAD 软件包之一。

AutoCAD 自 1982 年问世以来,进行了多次升级,其功能日益强大和完善。它不但具有强大的二维、三维图形处理功能,而且具有友好的界面和开放系统,广泛用于建筑、机械、石油、化工、电子、造船、航天、地质、冶金、气象及装潢设计等行业。本书以 AutoCAD 2016 为例,简要介绍 AutoCAD 的常用功能和基本命令。

1.1　AutoCAD 2016 的工作界面

1.1.1　启动 AutoCAD
AutoCAD 2016 安装后,将自动在 Windows 桌面上建立 AutoCAD 2016 快捷图标,双击该图标,即可启动 AutoCAD 并进入其初始界面,如图 10-1 所示。

1.1.2　AutoCAD 2016 工作界面简介
启动 AutoCAD 2016 之后,打开或新建一个 AutoCAD 2016 图形文件,则进入其工作界面,如图 10-2 所示。AutoCAD 2016 的工作界面与工作空间密切相关,其包含三种预定义好的工作空间,分别是"草图与注释"、"三维基础"和"三维建模"。图 10-2 为与"草图与注释"空间有关的工作界面,主要用于二维绘图,下文的内容都是基于该工作界面进行介绍。

AutoCAD 2016 的工作界面主要由作图窗口、十字光标、功能区、"应用程序"按钮、"快速访问"工具栏、下拉菜单、浮动命令行窗口、导航栏、状态栏等组成。

1)作图窗口与十字光标　作图窗口是用户用 AutoCAD 2016 进行绘图的区域。作图窗口内有一个十字光标,其交点反应当前光标的位置,用于绘图、选择对象等操作。

2)功能区　功能区由若干个选项卡,通常包括默认、插入、注释、参数化、视图、管理、输出和附加模块等选项卡,每个选项卡包含若干个面板,面板内又包含若干个成组的命令按钮和工具控件。选项卡及其面板的完整显示和隐藏,可单击选项卡最右侧的按钮 ▢ ▾ 进行设置,如图 10-3 所示。

3)"应用程序"按钮　"应用程序"按钮位于工作界面的左上角,单击该按钮后,将打开"应用程序"菜单,可执行新建、打开和保存图形文件等操作。

4)"快速访问"工具栏、标题栏与下拉菜单　"快速访问"工具栏提供了若干个常用的工具按钮,如新建、打开、保存和打印等按钮。用户可根据需要,通过单击 ▾ 打开设置菜单,修改"快速访问"工具栏显示的按钮。习惯使用下拉菜单的老用户,还可以单击"显示菜单栏"菜单项以打开 AutoCAD 早期版本的下拉菜单,如图 10-4 所示。

5)命令行窗口　命令行窗口包含当前命令行和历史命令信息,工作界面默认提供的是浮动的窗口,用户也可将它拖到其他位置。用户在执行 AutoCAD 绘图和编辑等命令的过程中,可观察命令行窗口的提示并进行相应的操作。

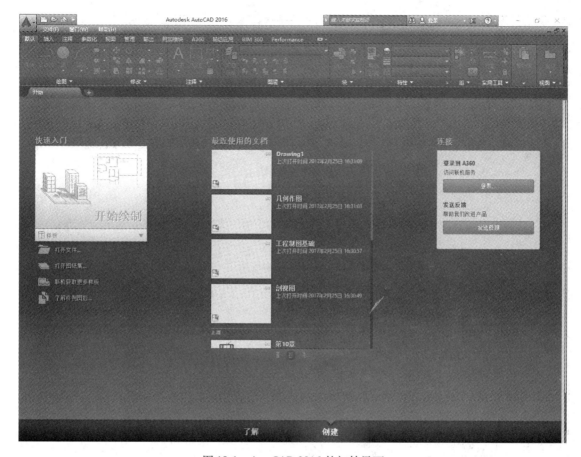

图 10-1　AutoCAD 2016 的初始界面

6）导航栏　导航栏提供全导航控制盘、平移、范围缩放、动态观察等操作按钮。用户可单击相应的按钮进行图形的显示控制。

7）状态栏　状态栏用于显示与当前绘图相关的信息和设置绘图状态,如显示当前绘图光标的坐标位置、绘图时是否打开正交限制、对象捕捉、显示图形栅格、显示线宽、动态输入等功能能状态。

1.2　AutoCAD 2016 的基本操作

1.2.1　命令的输入方法

新命令一般应在命令行窗口出现"键入命令"时输入,如图 10-5 所示。

1. 键盘输入

用键盘输入命令名。例如输入画直线的命令:

命令:LINE ↙

其中"↙"表示按回车键。有下画线的内容为用户输入内容,没有下画线的内容为 AutoCAD 提示内容。此乃本书对键盘输入命令表述的约定形式,以下不再另行说明。

2. 用鼠标从下拉菜单、功能区中输入

鼠标用于控制光标位置、选择对象以及激活命令等。在绘图窗口中鼠标指针的形状为十字准线;在下拉菜单区、功能区或对话框中,鼠标指针的形状为左上斜向箭头。将鼠标指针移

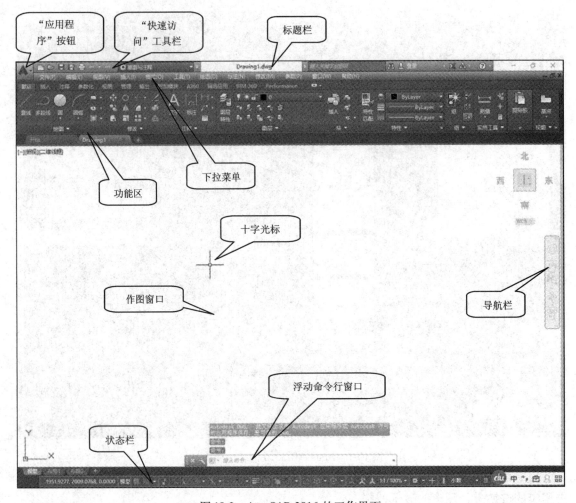

图 10-2　AutoCAD 2016 的工作界面

图 10-3　功能区的显示形式设置

到下拉菜单、工具栏的相应位置,单击鼠标左键(拾取键),即执行相应的命令。以输入画直线命令为例,本书表述用鼠标输入命令的约定形式如下:

下拉菜单　绘图(D)→直线(L)

工具栏　"默认"选项卡→"绘图"面板→

3. 命令的重复输入

刚执行完一个 AutoCAD 命令,命令行窗口显示"键入命令:"提示符。若需重新执行该命

图 10-4　"快速访问"工具栏设置

图 10-5　命令行窗口的提示

令,可按回车键或空格键,而不必重新输入该命令。

4.命令的提示

执行 AutoCAD 命令后,系统往往会在命令行窗口或作图窗口中提示一些信息和选项,按照提示用户进行选择或输入相应内容。在命令行窗口的提示中,"[ ]"中包含了多个可选选项,可选择其中的大写字母,以选择该选项;"〈 〉"符号内的文字或数值为缺省选项、缺省值或当前值,直接按回车键即可输入。

1.2.2　点和数值的输入方法

AutoCAD 采用笛卡儿直角坐标系,点的坐标用(x,y,z)表示。通用坐标系(WCS)是 Auto-CAD 定义的缺省坐标系,它以绘图窗口为 XY 平面,X 轴水平向右,Y 轴垂直向上,坐标原点在绘图窗口的左下角点,Z 轴指向操作者。绘制二维图形时,用户只需输入点的 x 和 y 坐标。

1.2.2.1　点的输入

绘图时要经常输入一些点,如线段端点、圆和圆弧的圆心等。输入点常用下面三种方法。

1.用键盘输入点的坐标值

1)输入绝对坐标值　绝对坐标是指相对于当前坐标系原点的坐标。对于二维图形应输入 x、y 的坐标值,其输入形式为"x,y"。

2)输入相对坐标值　相对坐标是指相对于当前点的坐标。对于二维图形应输入相对于当前点的 x、y 坐标增量 Δx 和 Δy 值,其输入形式为"@ Δx,Δy"。

3)输入相对极坐标值　相对极坐标是指相对于当前点的距离和角度,其输入形式为"@距离<角度"。其中角度以 x 轴正向为 0°,逆时针方向为正值,顺时针方向为负值。

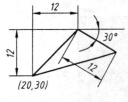

图 10-6 点的输入

应注意,输入点的坐标时,应关闭中文输入法,否则会提示坐标数值是无效的字符。

例如,用直线(LINE)命令画图 10-6,点的输入方法如下:

命令:LINE ↙

指定第一点:20,30 ↙

指定下一点或[放弃(U)]:@ 12,12 ↙

指定下一点或[放弃(U)]:@ 12 < −30 ↙

指定下一点或[闭合(C) 放弃(U)]:C ↙ (图形闭合)

2. 用鼠标在屏幕上拾取点

移动鼠标,将光标移到相应的位置,然后单击拾取键。

3. 用对象捕捉模式输入一些特殊点

用 AutoCAD 绘图时,有些点需要准确确定,例如圆心、切点、中点、垂足等,此时可利用 AutoCAD 提供的对象捕捉功能,迅速准确地捕捉到对象上的这些特殊点。

1)常用的对象捕捉模式　AutoCAD 提供了多种对象捕捉模式,见图 10-7 的对象捕捉菜单。常用的对象捕捉模式有捕捉端点、捕捉中点、捕捉交点、捕捉圆心、捕捉切点、捕捉最近点等。

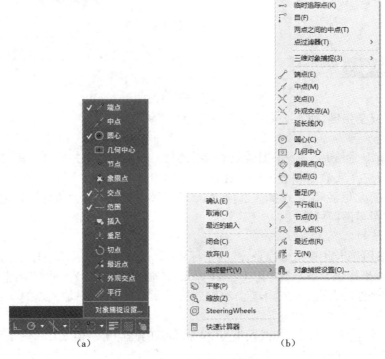

图 10-7 "对象捕捉"菜单

2)对象捕捉的设置　可设置为连续捕捉和单点捕捉两种方式。

(1)连续捕捉是用 OSNAP 命令设置一个或多个对象捕捉模式,所设定的对象捕捉模式在用户关闭之前始终有效。设定操作如下:

下拉菜单　工具(T)→绘图设置(F)…

状态栏　右侧三角形→对象捕捉设置…

216

命令:OSNAP ↓

弹出图 10-8 所示"草图设置"对话框。利用"对象捕捉"选项卡可以设置各种对象捕捉模式。此外,在绘图或编辑命令进行过程中,当提示输入点时,用户还可以单击鼠标右键,从弹出的快捷菜单中,选择"捕捉替代",然后再选择"对象捕捉设置(0)…",进行草图设置,如图 10-7(b)所示。

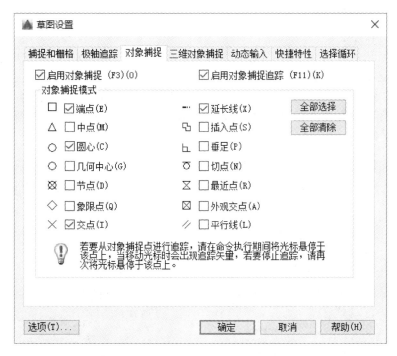

图 10-8 "草图设置"对话框

(2)单点捕捉是指所设定的对象捕捉模式只对当前点的一次输入有效,其优先于用 OSNAP 命令设置的对象捕捉模式。单点捕捉方式只能在命令运行中,当提示输入点时设定。可参考图 10-7(b),在其中选择诸如"中点"等单点捕捉模式。

1.2.2.2 数值的输入

绘图时许多命令提示要求输入数值,如角度、高度、半径、距离等。输入数值比较简单,可在命令提示后直接由键盘输入即可。

某些数值也可通过输入两点来确定。例如画圆时,在给出圆心后会询问半径,这时可输入半径值也可输入一点。若输入一点,则通过该点画圆,半径就是该点与圆心间的距离。

1.2.3 键盘上的常用功能键

1)F2   显示命令行窗口的历史信息。

2)F3   对象捕捉模式开关键,也可用状态行中"对象捕捉"按钮切换。

3)F8   正交模式开关键。在绘图过程中,绘制垂直和水平线可打开正交模式;若画倾斜线,则关闭正交模式。正交模式还可用状态行中"正交"按钮来切换。

4)Esc   中断当前命令的执行,恢复"命令:"提示符。

5)Backspace(退格键)   删除输入不正确的字符,用于修正输入中的错误。

1.2.4 图形文件的管理

图形是以扩展名为".DWG"的文件存储的。下面介绍怎样保存所绘的图形、打开已有的图形和建立新的图形。

1. 图形文件的存储

另存为(SAVEAS)命令用于将当前所绘图形以指定的文件名存盘,以便永久保存。命令操作:

下拉菜单　文件(F)→另存为(A)…

应用程序按钮 →另存为

命令:SAVEAS ↙

弹出如图 10-9 所示的对话框。利用该对话框,通过"保存于(I)"编辑框,用户可选择图形文件的存储路径,如磁盘、文件夹等。在对话框的"文件名(N)"编辑框内输入文件名,然后单击"保存(S)"按钮,AutoCAD 便把当前编辑的图形以指定的文件名存入指定的路径中。"文件类型(T)"编辑框用来选择文件要保存的类型,如选择"AutoCAD 2007/LT2007 图形(*.dwg)",则保存的图形文件与 AutoCAD 相应的低版本是兼容的。

图 10-9　"图形另存为"对话框

2. 打开已有的图形文件

打开(OPEN)命令用于打开已存储的图形文件。命令操作:

下拉菜单　文件(F)→打开(O)…

应用程序按钮 →打开→图形

命令:OPEN ↙

弹出如图 10-10 所示的对话框。用户利用该对话框选择图形文件所在的路径和名称,然后单击"打开(O)"按钮,则所选择的图形文件即在屏幕上显示出来。

218

图 10-10 "选择文件"对话框

3. 开始绘制一张新图

新建(NEW)命令用于开始一个新的绘图作业。命令操作：

下拉菜单　文件(F)→新建(N)…

应用程序按钮　　　→新建→图形

命令:NEW↙

弹出如图 10-11 所示的对话框。在对话框中指定样板图文件所在的路径、名称和类型,然后单击"打开(O)"按钮,开始新的绘图作业。

用户可根据绘图需要,使用 AutoCAD 提供的样板图文件,也可自己建立样板图文件。

4. 退出 AutoCAD

当用户要退出 AutoCAD 时,切不可直接关机,可选取下拉菜单项"文件(F)→退出(X)"退出 AutoCAD。如果退出时当前图形在修改后没有存盘,AutoCAD 会显示图 10-12 所示的对话框。若不需存盘,则单击"否(N)"按钮,退出AutoCAD;如果需要保存图形,可单击"是(Y)"按钮,然后指定图形文件的路径和名称保存图形。

2　简单二维图形的绘制

2.1　绘图环境的设置

用 AutoCAD 绘图,首先需要设置绘图环境,为绘图准备必要的条件,主要包括设置绘图界限、图层、颜色、线型、线型比例等。

2.1.1　设置绘图界限

1. 图形界限(LIMITS)命令

用该命令设置绘图界限。命令操作:

下拉菜单　格式(O)→图形界限(A)

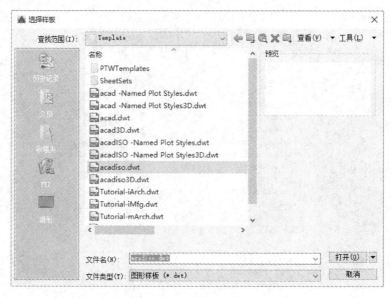

图 10-11 "选择样板"对话框

图 10-12 "AutoCAD"对话框

命令:LIMITS ✓

重新设置模型空间界限:

指定左下角点或[开(ON) 关(OFF)]〈当前值〉:0,0 ✓(指定图形左下角点)

指定右上角点〈当前值〉:420,297 ✓(指定图形右上角点,设为 A3 图幅)

选项说明如下:

1)开(ON) 打开界限检查。当界限检查打开时,AutoCAD 拒绝输入图形界限外部的点。

2)关(OFF) 关闭界限检查功能。

虽然使用 LIMITS 命令改变了绘图区域的大小,但绘图窗口内仍显示原来的绘图区域。若想改变,必须使用下面介绍的"缩放"命令操作。

2. 缩放(ZOOM)命令

该命令可以缩小或放大屏幕图形的视觉尺寸,但图形的实际尺寸不变。该命令使用工具栏操作方便直观。命令操作:

导航栏 下方三角形→图 10-13 中的选项

常用菜单选项说明如下:

1)窗口缩放 用矩形窗口的两个对角点确定观察区域,常用于局部放大显示。

2)全部缩放 将绘制的全部图形显示在绘图窗口内。

3)缩放上一个 恢复前一帧显示的图形。

2.1.2 设置图层、颜色与线型

1. 图层的概念

图层相当于没有厚度的透明纸,不同的线型分别画在不同的图层上,将各个图层互相重合后即成为一张完整的图形。

2. 图层的特性

(1)用户可在一幅图中设定任意数量的图层。

(2)每一个图层都有一个名字,由用户定义,其中 0 层是 AutoCAD 自动定义的。

(3)每个图层只设定一种颜色、线型和线宽,但不同图层上可以设置相同的颜色、线型或线宽。

(4)只能在当前图层上绘制图形。

(5)同一图形上的所有图层具有相同的坐标系、绘图界限和 ZOOM 时的缩放情况。

(6)用户可以对各图层进行打开、关闭等操作,以决定各图层的可见性。

3. 图层的建立与设置

用 LAYER 命令建立和设置图层。命令操作:

下拉菜单　格式(O)→图层(L)

功能区　"默认"选项卡→"图层"面板→

命令:LAYER ↙

弹出"图层特性管理器"对话框(图 10-14),对话框中各常用项的功能如下。

1)图层列表框　对话框中的大矩形区域是图层列表框,显示当前定义的所有图层的名称、特性与状态。图层列表框从左至右主要各项含义如下。

状态　标识当前图层。

名称　显示各图层的名字。

开　　控制图层的打开与关闭。

冻结　控制图层的冻结与解冻。

锁定　控制图层的加锁与解锁。

颜色　设置图层的颜色。

线型　设置图层的线型。

线宽　设置线宽。

打印样式　用于设置与选定图层相关联的打印样式。

打印　用于控制是否打印选定图层的对象。

图层列表框中的 0 层是 AutoCAD 自动建立的,颜色为白色。如果屏幕背景为白色,则颜色显示为黑色,线型为实线(Continuous)。

图 10-13　缩放命令的选项

范围缩放
✓ 窗口缩放
缩放上一个
实时缩放
全部缩放
动态缩放
缩放比例
中心缩放
缩放对象
放大
缩小

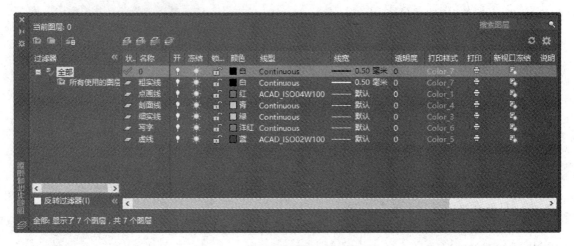

图 10-14 "图层特性管理器"对话框

2) 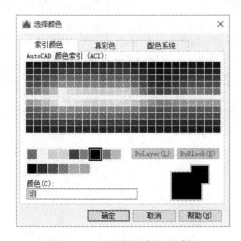 按钮 用于建立新图层。步骤如下。

（1）建立新图层。单击该按钮，在图层列表框中的名称编辑框内键入图层的名字并按回车键，则新图层即被建立。

（2）设置图层的颜色。在图层列表框中选取层名对应的颜色列，弹出"选择颜色"对话框，如图 10-15 所示。对话框含有一个 255 种颜色的调色板，用户可以从调色板中选择一种颜色（建议选择一种标准颜色），然后单击"确定"按钮。

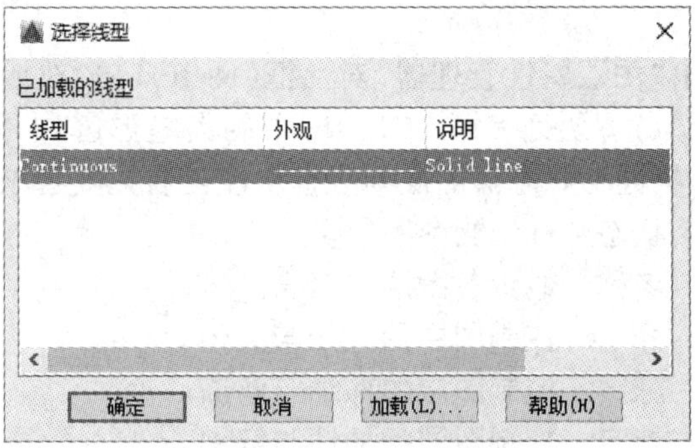

图 10-16 "选择线型"对话框

图 10-15 "选择颜色"对话框

（3）设置图层的线型。在图层列表框中选取层名对应的"线型"列，弹出"选择线型"对话框，如图 10-16 所示。如果要用的线型已经装入，可直接从线型列表框中选取某一种线型，然后单击"确定"按钮，则该层线型即设置完毕。若所需线型还未装入，则单击"加载（L）"按钮，弹出"加载或重载线型"对话框，如图 10-17 所示，在线型列表中指定要装入的线型。如按我国《技术制图》标准应指定 Continuous（实线）、ACAD_ISO02W100（虚线）、ACAD_ISO04W100（点画线）、ACAD_ISO05W100（双点画线）。如果同时指定多种线型时，需按住 Ctrl 键，然后分别单击要装入的线型（被指定的线型将醒目显示）。最后单击"确定"按钮，则被指定的线型出现在如图 10-16 所示的线型列表中，再按前面的方法设置。

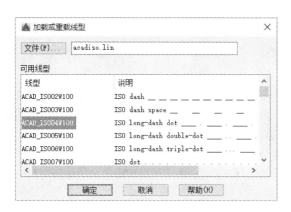

图 10-17 "加载或重载线型"对话框

图 10-18 "线宽"对话框

（4）设置显示线宽。在图层列表框中选取层名对应的"线宽"列，弹出"线宽"对话框，如图 10-18 所示，在线宽表中选取线宽。例如将"粗实线"层设为粗线，线宽 0.50；其他层设为细线，线宽 0.2。

3）✏️按钮　用于设置图层列表框中选定的图层为当前层，则该图层列表框的状态列出现当前层的指示图标✔️。

4）✏️按钮　用于删除图层列表框中所选定的图层。不含任何对象的图层才能被删除。

4.使用图层控制下拉列表

功能区"默认"选项卡中的图层控制下拉列表框显示有当前图层的名字、颜色与状态。单击层名右侧的下箭头，将打开下拉列表，如图 10-19 所示，显示出已定义的各图层的信息。

图 10-19　图层控制下拉列表

通过下拉列表可以方便地设置当前图层及图层状态。例如，单击图层名，即可将该层设置为当前层；单击小灯泡图标，即可打开或关闭该层。

5.设置线型比例

制图标准规定点画线、双点画线、虚线等的长画、短画及间隔的长度与图线宽度成倍数关系。在线型库中已按线宽为 1 定义了这些长画、短画及间隔的长度，因此，绘图时应将线型比

例设为符合线型线段长度要求的比例因子(如0.25)。设置线型比例的操作:

命令:LTSCALE √

输入新的线型比例因子⟨1.0000⟩:0.25 √

2.1.3 建立样板图

样板图是用户把绘图时要使用的标准设置(如绘图单位制、图幅、图层、尺寸样式、文本样式)以文件类型为".DWT"存储的图形文件,用于生成新图的模板。样板图中存放的设置和信息及画好的图形(如标题栏、图框)都会自动传递到新图中。以后每次画新图时用 NEW 命令,在图 10-11 所示对话框中,选用该样板图便可直接进行新图作业。

样板图也可以文件类型".DWG"存储,进行新图作业时,用打开(OPEN)命令将其打开。

2.2 基本绘图命令

AutoCAD 提供了多种绘图命令,下面仅对画直线(LINE)、画圆弧(ARC)、画圆(CIRCLE)这三种最基本的绘图命令予以说明。

1. 直线(LINE)命令(见 1.2 节)

2. 圆弧(ARC)命令

　　　下拉菜单　绘图(D)→圆弧(A)

　　　功能区　　"默认"选项卡→"绘图"面板→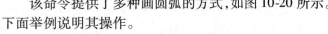

该命令提供了多种画圆弧的方式,如图 10-20 所示。下面举例说明其操作。

(1)三点画圆弧方式。

　　　下拉菜单　绘图(D)→圆弧(A)→三点(P)

　　　命令:ARC √

　　　指定圆弧的起点或[**圆心(C)**]:53,124 √(圆弧起点)

　　　指定圆弧的第二个点或[**圆心(C) 端点(E)**]:40,123 √(圆弧上的第 2 点)

　　　指定圆弧的端点:37,116 √(圆弧终点)

(2)圆心、起点、端点方式。

　　　下拉菜单　绘图(D)→圆弧(A)→圆心、起点、端点(S)

　　　命令:ARC √

　　　指定圆弧的起点或[**圆心(C)**]:C √(选取圆心项)

　　　指定圆弧的圆心:73,118 √(圆弧圆心)

　　　指定圆弧的起点:@10,−2.5 √(圆弧起点相对坐标值)

　　　指定圆弧的端点(按住 Ctrl 键以切换方向)或[**角度(A) 弦长(L)**]:64,128 √(圆弧终点)

图 10-20　画圆弧的方式

3. 圆（CIRCLE）命令

该命令提供了多种画圆的方式,如图 10-21 所示,其操作如下:

下拉菜单　绘图(D)→圆(C)

功能区　"默认"选项卡→"绘图"面板→

命令:CIRCLE ↓
指定圆的圆心或[三点(3P) 两点(2P) 切点、切点、半径(T)]:输入圆心或选项(方括号中用空格分隔的内容是各选项,不区分大小写字母)

选项说明如下:

(1)指定圆心点,则以半径或直径画圆;

(2)输入 3P,则以三点方式画圆;

(3)输入 2P,则以直径上两个端点方式画圆;

(4)输入 T,则绘制与两条线(直线、圆或圆弧)相切的圆。

[例] 以 15 为半径,绘制与已知圆和直线相切的圆,如图 10-22 所示。

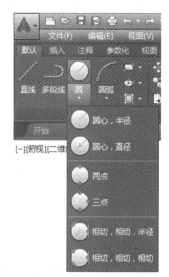

图 10-21　画圆的方式

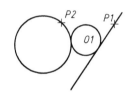

图 10-22　绘制公切圆

命令:CIRCLE ↓
指定圆的圆心或[三点(3P) 两点(2P) 切点、切点、半径(T)]:T ↓
指定对象与圆的第一个切点:(指定相切直线的 P1 处)

指定对象与圆的第二个切点:(指定相切圆的 P2 处)
指定圆的半径〈当前值〉:15 ↓(公切圆半径)

3　图形编辑

图形编辑是指对所绘图形进行修改、移动、复制、删除等操作,它可以简化作图程序,提高绘图效率和质量。

3.1　对象选择

可选择的对象是指用绘图命令绘出的图形,如直线、圆、圆弧、多段线、图块等。AutoCAD 的编辑命令在运行时一般均提示"选择对象:",这时十字光标变为一个小方框,称为选择框,要求用户选取一个或多个对象,以便对其进行编辑操作。

对象选择的方式很多,这里只介绍常用的两种。

1. 指点方式

将选择框移至欲选的对象上,然后按拾取键,则对象被选中。用户可以选择一个或多个对象。

2. 默认窗口方式

1)默认窗口方式　在"选择对象:"提示下,将选择框先移至欲选对象的左上角或左下角(不在对象上)拾取一点,然后将窗口拉到对象的右下角或右上角再拾取一点,这时窗口显示为实线围成的蓝色矩形。只有完全位于这种窗口内部的对象才被选中,如图 10-23 所示(图中的虚线表示被选中的对象)。

2)默认交叉窗口方式　在"选择对象:"提示下,如果将选择框先移至欲选对象的右上角或右下角(不在对象上)拾取一点,然后将窗口拉到对象的左下角或左上角再拾取一点,这时窗口显示为细虚线围成的绿色矩形,与该默认窗口相交以及处于窗口内的对象均被选中,如图 10-24 所示。

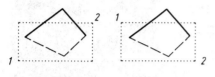
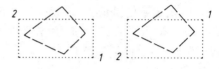

图 10-23　默认窗口方式　　　　　　　　　　　图 10-24　默认交叉窗口方式

3.2　基本编辑命令

AutoCAD 提供了许多图形编辑命令,下面仅对常用的一些编辑命令作重点说明。

1. 删除(ERASE)命令

该命令用来删除图形中指定的对象。命令操作:

　　　下拉菜单　修改(M)→删除(E)

　　　功能区　"默认"选项卡→"修改"面板→　

命令:ERASE √

选择对象:选取要删除的对象

选择对象:√(结束选择对象,已选中的对象被删除)

2. 修剪(TRIM)命令

该命令将一个或多个对象作为剪切边剪掉指定对象。命令操作:

　　　下拉菜单　修改(M)→修剪(T)

　　　功能区　"默认"选项卡→"修改"面板→　

命令:TRIM √

选择剪切边…(提示信息)

选择对象或⟨全部选择⟩:选择作为剪切边的对象或按回车键选择所有对象。

　　　　⋮

选择对象:√(结束选择剪切边)

选择要修剪的对象,或按住 Shift 键选择要延伸的对象,或[栏选(F)窗交(C)投影(P)边(E)删除(R)放弃(U)]:选择要修剪的对象

　　　　⋮

选择要修剪的对象,或按住 Shift 键选择要延伸的对象,或[栏选(F)窗交(C)投影(P)边(E)删除(R)放弃(U)]:√(结束选择)

选项说明如下:

(1)选择要修剪的对象,则重复前面的提示,因此可以修剪多个对象。

剪切边也可作为修剪的对象,修剪后不再醒目显示,但仍是剪切边。修剪时选择点落在修剪对象的哪一部分,则此部分就被剪掉。图 10-25 表示修剪的操作过程,图(a)为原图形,图(b)为选择剪切边,图(c)中"×"表示选择的修剪对象及位置,图(d)为修剪结果。

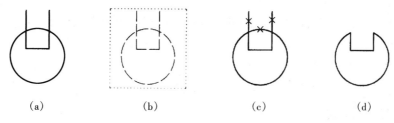

(a)   (b)   (c)   (d)

图 10-25　修剪对象

(2)按住 Shift 键选择对象,则该对象以剪切边为界延伸。

(3)输入 P,则进入设置投影模式,用于修剪三维图形。

(4)输入 E,用于设置剪切边模式。其后续提示:

输入隐含边延伸模式[延伸(E) 不延伸(N)]〈当前模式〉:输入选项

若输入 E,则剪切边为延长模式。即使剪切边不与对象相交,但延长后能与对象相交时,对象也能被修剪。若输入 N,则剪切边为不延长模式。对象必须与剪切边相交时才能被修剪。

(5)输入 U,取消最近一次修剪操作。

3. 延伸(EXTEND)命令

该命令延伸图形中指定的对象,使其端点精确地到达选定的边界(又称界限边)。命令操作:

　　下拉菜单　修改(M)→延伸(D)

　　功能区　"默认"选项卡→"修改"面板→[图标] 右侧三角形→[图标] 延伸

　　命令:EXTEND ↙

　　选择边界的边⋯(提示信息)

　　选择对象或〈全部选择〉:选择作为界限边的对象或按回车键选择所有对象

　　⋮

　　选择对象:↙(结束选择界限边)

　　选择要延伸的对象,或按住 Shift 键选择要修剪的对象,或[栏选(F) 窗交(C) 投影(P) 边(E) 放弃(U)]:选择要延伸的对象

　　⋮

　　选择要延伸的对象,或按住 Shift 键选择要修剪的对象,或[栏选(F) 窗交(C) 投影(P) 边(E) 放弃(U)]:↙(结束选择)

说明:该命令的选项操作与 TRIM 命令相似。图 10-26 表示该命令的操作过程,图(a)为原图形,图(b)中带选择框的边为选取的界限边,图(c)中带"×"的对象为要延伸的边,图(d)为延伸结果。应当注意:延伸对象的选取位置与其延伸方向有关。延伸对象总是从距离对象选择点最近的那个端点向最近的一条边界延伸。

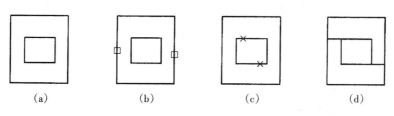

(a)   (b)   (c)   (d)

图 10-26　延伸对象

4. 偏移(OFFSET)命令

该命令用于设置距离或通过指定点将指定对象进行平移复制,例如绘制同心圆、平行线等。命令操作:

下拉菜单　修改(M)→偏移(S)

功能区　"默认"选项卡→"修改"面板

命令:OFFSET √

指定偏移距离或[通过(T) 删除(E) 图层(L)]〈当前值〉:输入偏移距离或选项

选项说明如下。

(1)输入偏移的距离值,其后续循环提示:

选择要偏移的对象,或[退出(E) 放弃(U)]〈退出〉:选择要偏移的对象

指定要偏移的那一侧上的点,或[退出(E) 多个(M) 放弃(U)]〈退出〉:在复制侧指定一点或输入 E 退出命令;输入 M 将使用当前偏移距离重复进行偏移操作;输入 U 则恢复前一个偏移。

(2)输入 T,则表示创建通过指定点的对象,其后续循环提示:

选择要偏移的对象,或[退出(E) 放弃(U)]〈退出〉:选择要偏移的对象

指定通过点或[退出(E) 多个(M) 放弃(U)]〈退出〉:指定偏移对象要通过的点

(3)输入 E,可设置在偏移源对象后是否将其删除。

(4)输入 L,确定将偏移对象创建在当前图层上还是源对象所在图层上。

说明:对平行线,可先画出其中一条,再通过该命令按指定尺寸进行平移复制,然后用修剪、延伸等命令进行编辑,这通常是提高绘图速度和精度的一种绘图方法。

5. 圆角(FILLET)命令

该命令用给定半径的圆弧分别与两指定对象相切连接。命令操作:

下拉菜单　修改(M)→圆角(F)

功能区　"默认"选项卡→"修改"面板→

命令:FILLET √

选择第一个对象或[放弃(U) 多线段(P) 半径(R) 修剪(T) 多个(M)]:输入选项

选项说明如下。

(1)输入 R,设置圆角半径,其后续提示:

指定圆角半径〈当前值〉:输入圆角半径值

若需改变圆角半径,必须首选此项。

(2)选择圆弧连接的第 1 条线,其后续提示:

选择第二个对象,或按住 Shift 键选择要应用角点的对象或[半径(R)]:选择圆弧连接的第 2 条线

按当前半径对选择的两条交线进行圆弧连接;若按住 Shift 键选择第二个对象,则两对象形成半径为零度交角。

(3)输入 T,设置修剪模式,其后续提示:

输入修剪模式选项[修剪(T) 不修剪(N)]〈当前模式〉:输入选项

若输入 T,设为修剪模式,即将选定的两条线从切点处修剪掉。若输入 N,设为不修剪模式,即选定的两条线不作修剪。

(4)输入 M,则为多组对象进行圆弧连接。将重复提示,直到按回车键结束命令。

命令操作如图 10-27 所示。

说明:

(1)连接同一图层上两对象的圆角位于该图层上,连接不同图层上两对象的圆角位于当前图层上;

(2)圆角半径大于连接对象的长度时,无法进行连接。

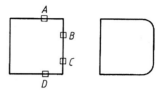

图 10-27 矩形倒圆角

6. 镜像(MIRROR)命令

该命令用于对图形进行镜像复制,原图形可以保留,也可以删除。命令操作:

下拉菜单 修改(M)→镜像(I)

功能区 "默认"选项卡→"修改"面板→

命令:MIRROR ↙

选择对象:选择要镜像的对象,如图 10-28(a)

⋮

选择对象:↙

指定镜像线的第一点:指定镜像线上的第 1 点,如图 10-28(a)中 P1 点

指定镜像线的第二点:指定镜像线上的第 2 点,如图 10-28(a)中 P2 点

要删除源对象吗?〔是(Y) 否(N)〕〈否〉:用回车键响应或输入 N 或输入 Y

说明:用回车键响应或输入 N,则保留原图形,如图 10-28(c)所示。若输入 Y,则删除原图形,如图 10-28(b)所示。

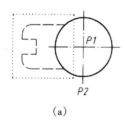 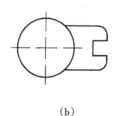 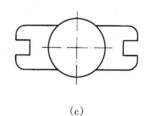

(a) (b) (c)

图 10-28 镜像图形

对于较复杂的对称图形,可先画其一半,再用镜像(MIRROR)命令镜像出另一半,这样作图较简捷。

7. 移动(MOVE)命令

该命令将指定的对象从当前位置平移到另一指定的位置。命令操作:

下拉菜单 修改(M)→移动(V)

功能区 "默认"选项卡→"修改"面板→

命令:MOVE ↙

选择对象:选取要移动的对象

⋮

选择对象:↙(结束选择对象)

指定基点或[位移(D)]〈位移〉:指定移动基点,如图 10-29(a)中 P1 点

指定第二个点或〈使用第一个点作为位移〉:指定位移的第 2 点,如图 10-29(b)中 P2

229

点。或回车默认用第一个点的坐标作为从原图到新图间的相对位移量。

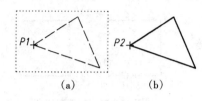

（a）　　　　　（b）

图 10-29　移动图形

说明：也可在"指定基点或［位移（D）］〈位移〉："提示下输入 D，然后按提示指定位移量。

8. 复制（COPY）命令

该命令用于复制图形，命令操作：

下拉菜单　修改（M）→复制（Y）

功能区　"默认"选项卡→"修改"面板→

命令：COPY ↙

选择对象：选择要复制的对象

　　︙

选择对象：↙

指定基点或［位移（D）　模式（O）］〈位移〉：指定基点

指定第二个点或［阵列（A）］〈使用第一个点作为位移〉：指定位移的第 2 点

指定第二个点或［阵列（A）　退出（E）　放弃（U）］〈退

出〉：(可连续多次复制)

　　︙

指定第二个点或［阵列（A）　退出（E）　放弃（U）］〈退

出〉：↙ (结束命令)

复制图形操作过程如图 10-30 所示。

选项说明如下。

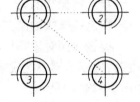

图 10-30　复制图形

1）模式（O）　可设置复制一个还是多个。

2）阵列（A）　可输入项目数，则按相同的相对位移值连续复制多个源对象。

9. 其他常用编辑命令

1）打断（BREAK）命令　该命令用于删除图线的一部分或将其断开为两个对象。命令输入：

下拉菜单　修改（M）→打断（K）

功能区　"默认"选项卡→"修改"面板→ 修改 →

2）倒角（CHAMFER）命令　该命令按已知倒角宽度将两条交线切出倒角。命令输入：

下拉菜单　修改（M）→倒角（C）

功能区　"默认"选项卡→"修改"面板→ 右侧三角形→ 倒角

3）旋转（ROTATE）命令　该命令将选定的对象绕指定的基点旋转某一角度。当角度值大于零时，按逆时针方向旋转；当角度值小于零时，按顺时针方向旋转。命令输入：

下拉菜单　修改（M）→旋转（R）

功能区　"默认"选项卡→"修改"面板→

4）比例缩放（SCALE）命令　该命令在 X、Y、Z 方向按相同的比例系数放大或者缩小图形的实际尺寸。命令输入：

下拉菜单　修改（M）→缩放（L）

230

功能区 "默认"选项卡→"修改"面板→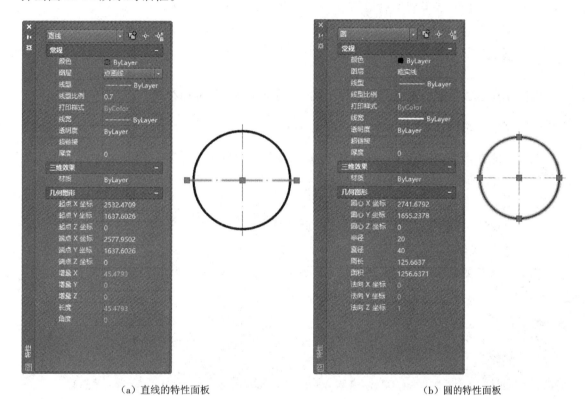

5)特性(PROPERTIES)命令 该命令用特性对话框显示选定对象的所有特性或属性,如图层、颜色、线型和数据等。用户可利用该对话框修改选定对象的特性。命令操作:

下拉菜单 修改(M)→特性(P)

功能区 "默认"选项卡→"特性"面板→ **特性** 右侧斜箭头

"视图"选项卡→"选项卡"面板→ 特性

弹出图 10-31 所示对话框。

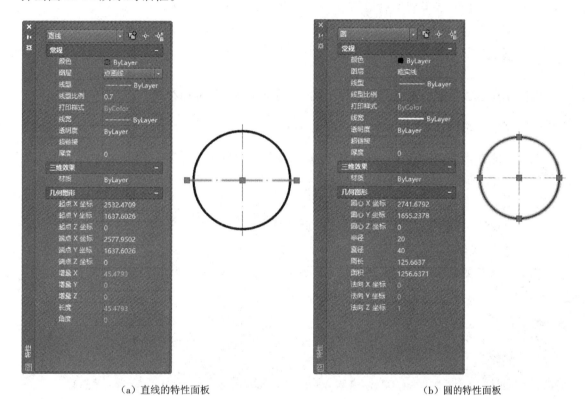

（a）直线的特性面板　　　　　　　　　　　　　　（b）圆的特性面板

图 10-31 "特性"面板

选中要修改特性的图形对象后,"特性"面板会显示该对象的相应的特性项目,这时可选择修改项目进行修改。例如,当点画线或虚线错画在实线图层上时,则只需修改它们的图层即可。

6)特性匹配(MATCHPROP)命令 该命令可将源对象的某些或全部特性复制给一个或多个目标对象,如图层、颜色、线型、线型比例等均可复制。命令操作:

下拉菜单 修改(M)→特性匹配(M)

功能区 "默认"选项卡→"特性"面板→ 特性匹配

命令输入后提示用户选择源对象,再选择目标对象。

7）放弃（U）命令　该命令撤销最近一次执行过的命令，并取消所执行命令的结果。"放弃"命令还可以连续执行，按命令执行相反的顺序取消一个个已执行过的命令，直至一幅图的开始。命令输入：

　　　下拉菜单　编辑（E）→放弃（U）

　　　"快速访问"工具栏　

8）重做（REDO）命令　该命令恢复被最近一次"放弃"命令撤销的命令。"重做"命令必须紧跟"放弃"命令来执行，否则无效。命令输入：

　　　下拉菜单　编辑（E）→重做（R）

　　　"快速访问"工具栏　➡

4　图案填充

图案填充是在指定区域内填充某种图案，可用于绘制各种剖面符号。

4.1　图案填充（BHATCH）命令

该命令能在指定点周围自动寻找封闭边界，也可由用户指定边界，并用选定的图案填充该封闭区域。命令操作：

　　　下拉菜单　绘图（D）→图案填充（H）

　　　功能区　"默认"选项卡→"绘图"面板→⊞

　　　命令：BHATCH ↓

功能区最右侧出现"图案填充创建"上下文选项卡，并切换显示该选项卡的面板，如图10-32 所示。

图10-32　"图案填充创建"上下文选项卡

1. 选择填充图案

图10-33　"填充图案类型"下拉列表框

图案填充应首先选择所使用的图案类型。在图 10-32 所示的选项卡中，打开"特性"面板左上角的图案填充类型下拉列表框，选择"用户定义"，并修改"特性"面板中"图案填充角度"为 45°或 135°及填充图案比例的数值（如图 10-33 所示），可定义一组间隔相等的平行斜直线。机械图样中，绘制通用剖面线和金属材料的剖面符号，可选用该填充图案及特性。若定义非金属材料的剖面符号，可在"图案"面板中选择名为"ANSI37"的图案类型。

2. 选择图案填充边界

"边界"面板中的按钮,可用来选择图案填充的边界。

1) 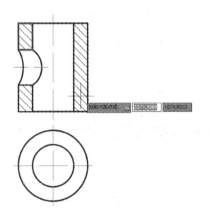按钮　以拾取点的方式自动构造一个区域边界。单击该按钮,或执行图案填充命令过程中,在命令行窗口提示:

拾取内部点或[选择对象(S) 放弃(U) 设置(T)]:

此时可在作图窗口内要填充的区域中任意拾取一点,AutoCAD 将在该点周围自动搜索封闭的填充边界并填充图案,如图 10-34 所示。如果边界不封闭,则弹出"图案填充-边界定义错误"对话框,此时应检查所选点的周边图线是否有相交处为开口的情况,并作出适当的编辑调整。若要构造多个边界,可连续拾取多个边界内的点。如果要取消某个已选边界,在"边界"面板选择"删除"按钮,然后选择要删除的边界。若直接按回车键,则退出"图案填充"命令。

2) 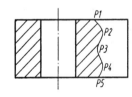按钮　以选择图线的方式确定填充区域的边界。单击该按钮,在命令行窗口提示:

选择对象或[拾取内部点(K) 放弃(U) 设置(T)]:

此时用户可根据需要选取构成填充区域的边界。用这种方法选定的边界应首尾相连,否则填充的结果不正确。

图 10-34　剖面线的绘制

4.2　波浪线的绘制

图形中的波浪线可用样条曲线(SPLINE)命令绘制,如图 10-35 所示。绘制操作如下:

下拉菜单　绘图(D)→样条曲线(S)→拟合点(F)

功能区　"默认"选项卡→"绘图"面板→绘图 ▼ →

图 10-35　波浪线的绘制

命令:SPLINE

当前设置:方式 = 拟合　节点 = 弦

指定第一个点或[方式(M)/节点(K)/对象(O)]:_ M

输入样条曲线创建方式[拟合(F)/控制点(CV)]<拟合>:_ FIT

当前设置:方式 = 拟合　节点 = 弦

指定第一个点或[方式(M) 节点(K) 对象(O)]:输入 *P1* 点

输入下一个点或[起点切向(T) 公差(L)]:输入 *P2* 点

输入下一个点或[端点相切(T) 公差(L) 放弃(U)]:输入 *P3* 点

输入下一个点或[端点相切(T) 公差(L) 放弃(U) 闭合(C)]:输入 *P4* 点

输入下一个点或[端点相切(T) 公差(L) 放弃(U) 闭合(C)]:输入 *P5* 点

输入下一个点或[端点相切(T) 公差(L) 放弃(U) 闭合(C)]:↙

5 文字书写

工程图样上的文字主要有数字、字母和汉字。绘制 CAD 工程图样时,在书写文字之前要根据"机械制图"国家标准规定,用"文字样式"(STYLE)命令来定义文字样式。

5.1 文字样式(STYLE)命令

用文字样式(STYLE)命令可以创建和修改文字样式,并指定当前文字样式。命令操作:

下拉菜单　格式(O)→文字样式(S)

功能区　"默认"选项卡→"注释"面板→ 注释 ▾ → A

命令:STYLE ↙

显示"文字样式"对话框如图 10-36 所示。

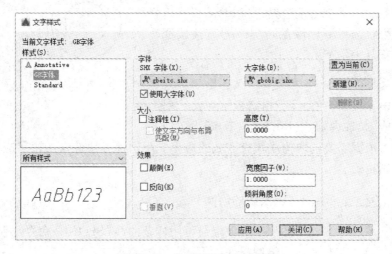

图 10-36　"文字样式"对话框

1.创建新文字样式

图 10-37　"新建文字样式"对话框

(1)单击"新建(N)"按钮,弹出"新建文字样式"对话框,如图 10-37 所示。输入新样式名后按"确定"按钮,返回"文字样式"对话框。新文字样式名便显示在"样式(S)"列表框中,并成为当前文字样式。

(2)若定义书写数字、字母和汉字的文字样式,在"SHX 字体(X)"下拉列表框中选择"gbeitc. shx",并勾选"使用大字体(U)"复选框,然后在"大字体(B)"下拉列表框中选择"gbcbig. shx"。

(3)在"宽度因子(W):"编辑框中设置文字的宽度比例因子(即字的宽、高比)。宽度因子设为 1. 0000。

(4)在"倾斜角度(O):"编辑框中设置文字的倾斜角度,即与铅垂方向的夹角,向右倾斜角度为正,向左倾斜角度为负。倾斜角度设为 0。

(5)在"高度(T)"编辑框中指定文字的高度。一般设为默认值 0. 0000。

其他选项取默认值。单击"应用(A)"按钮,则一种新文字样式定义完毕。

2. 指定当前文字样式

在"文字样式"对话框的"样式(S)"列表框中选择某文字样式名称,然后单击"置为当前(C)"按钮,则该文字样式即成为当前文字样式。

在书写文字之前,可先将所定义的相应文字样式指定为当前文字样式,否则写出的文字不合要求或出现乱码。

5.2 单行文字(DTEXT)命令

该命令在图中按指定位置、方向和高度书写单行文字。命令操作:

下拉菜单 绘图(D)→文字(X)单行文字(S)

功能区 "默认"选项卡→"注释"面板→ 文字 ⏷ A 单行文字

命令:DTEXT √

当前文字样式:"文字样式名" 当前文字高度:字高:(提示信息) **注释性:**(提示信息)

指定文字的起点或[对正(J) 样式(S)]:输入选项

(1)输入一个点,则将此点作为书写文字的起点,即左下角点,又称左对正。其后续提示:

指定高度〈缺省值〉:输入字高

指定文字的旋转角度〈缺省值〉:输入旋转角(与水平方向所成的角度)

此时屏幕上出现闪烁的光标,即可输入要写的文字。按回车键换行,按两次回车键结束输入。文字输入过程中,还可在文字框中移动光标修正错误,如在文字框外点击鼠标指针,则以此为新的起点另起一行书写文字。

(2)输入 S,将改变文字样式。其后续提示:

输入样式名或[?]〈当前文字样式名〉:输入由 STYLE 命令定义过的文字样式名

又回到 DTEXT 命令下的提示,但文字样式已经改变。

(3)输入 J,将设置文字对正方式。文字对正方式有多种,如左上、正中、充满等。

说明如下。

(1)输入文字时大小写字符要分清,结束字符输入时不能用空格键代替回车键,因为此处空格键为空字符,所以它不能结束输入。

(2)不能从键盘上直接键入的某些字符,采用以"%%"开头的控制码输入,如:

%%D 表示书写度"°",如书写 45° 应输入 45%%D。

%%C 表示书写直径的尺寸符号"φ",如书写 φ50 应输入 %%C50。

%%P 表示书写正负公差符号"±",如书写 ±0.05 应输入 %%P0.05。

6 尺寸标注

6.1 尺寸标注样式的设置和建立

尺寸标注样式即尺寸线、尺寸界线、尺寸箭头和尺寸数字等的形式及大小。若使尺寸标注样式符合我国国家标准规定,在标注尺寸之前首先要对尺寸标注样式进行设置。下面仅对与我国国家标准规定相关的设置内容予以说明。

命令操作：

> 下拉菜单　格式(O)→标注样式(D)…　或　标注(N)→标注样式(S)…

> 功能区　"默认"选项卡→"注释"面板→[注释 ▼] → [⊢]

弹出"标注样式管理器"对话框,如图 10-38 所示。对话框中主要选项的含义如下:

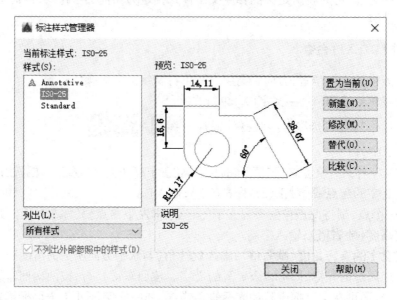

图 10-38　"标注样式管理器"对话框

1)"当前标注样式"　用于显示当前标注样式名称,如 ISO-25。

2)"样式(S)"框　显示已建立的标注样式名称。

3)"预览"框　显示在"样式"框中选择的标注样式的效果示意图。

4)"置为当前(U)"按钮　将"样式"框中选择的标注样式设置为当前样式。

5)"新建(N)"按钮　用于创建新的标注样式。

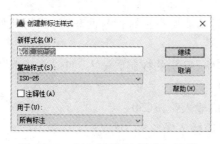

图 10-39　"创建新标注样式"对话框

在对话框中,单击"新建(N)..."按钮,弹出图 10-39 所示"创建新标注样式"对话框。在该对话框中设置新标注样式的名称、选择新标注样式的基础样式。对于新样式,用户仅需修改那些与基础样式不同的特性。在对话框中还可指定新样式的应用范围,并创建一种仅适用于特定标注类型的样式设置。设置完成后,单击"继续"按钮,弹出如图 10-40 所示"新建标注样式"对话框,在该对话框中进行新尺寸标注样式的设置。

6.1.1　在"线"选项卡中设置尺寸线和尺寸界线的格式

1.在"尺寸线"区设置尺寸线

1)"基线间距(A)"编辑框　用于设置基线尺寸两平行尺寸线之间的间距(图 10-41 中的 A)。一般设为 2～2.5 倍字高。

2)"隐藏"选项　控制尺寸线的显示。尺寸线被分成两部分,与第 1 条尺寸界线相邻的为第 1 条尺寸线;与第 2 条尺寸界线相邻的为第 2 条尺寸线。选中时,表示隐藏该尺寸线而不画

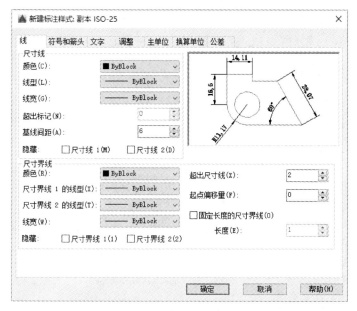

图 10-40 "新建标注样式"对话框

出。

2. 在"尺寸界线"区设置尺寸界线

1)"超出尺寸线(X)"编辑框 设置尺寸界线末端超出尺寸线的长度(图 10-41 中的 B)。一般设为 2。

2)"起点偏移量(F)"编辑框 设置尺寸界线的起点偏移距离(图 10-41 中的 C)。机械图样中设为 0。

3)"隐藏"选项 控制尺寸界线的显示。选中时,表示隐藏该尺寸界线而不画出。

预览窗口显示当前尺寸标注设置的效果。

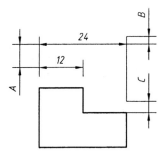

图 10-41 尺寸标注的几何特性

6.1.2 在"符号和箭头"选项卡中(图 10-42)设置箭头、符号和圆心标记等格式

1. "第一个(T)和第二个(D)"下拉列表

设置尺寸线两端箭头的形式,一般设置为"实心闭合"。

2. "箭头大小(I)"编辑框

设置箭头的长度,一般等于字高。

3. "圆心标记"区

设置圆和圆弧的圆心标记格式。

6.1.3 在"文字"选项卡中(图 10-43)设置尺寸文字

1. 在"文字外观"区设置尺寸文字的外观

1)"文字样式(Y)"下拉列表 设置尺寸文字的样式。

2)"文字高度(T)"编辑框 设置尺寸文字的字高,一般设为 2.5 或 3.5。

2. 在"文字位置"区设置尺寸文字的方位

1)"垂直(V)"下拉列表 设置尺寸文字相对于尺寸线的垂向位置。一般应设为"上方",即尺寸文字在尺寸线的上方。

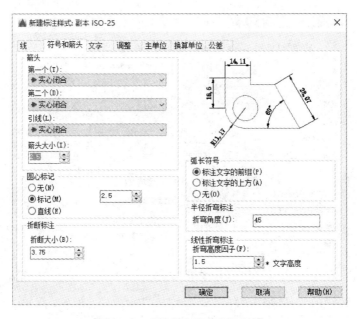

图 10-42　"符号和箭头"选项卡

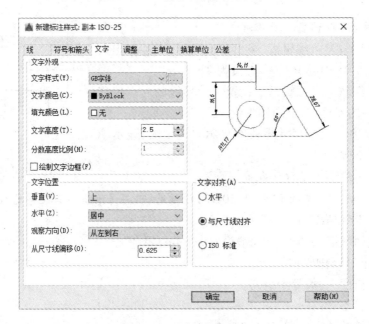

图 10-43　"文字"选项卡

2）"水平（Z）"下拉列表　设置尺寸文字沿尺寸线的水平向位置。一般应设为"居中"。

3）"从尺寸线偏移（O）"编辑框　设置尺寸文字与尺寸线的偏置距离。一般设为 0.5 ~ 1。

3. 在"文字对齐（A）"区设置尺寸文字的排列形式

一般选"与尺寸线对齐"，即与尺寸线平行。

6.1.4　在"调整"选项卡中（图 10-44）调整尺寸箭头、文字、引线和尺寸线的放置位置

当尺寸箭头和文字在两尺寸界线之间放置不下时，按照国标，一般将文字移到尺寸界线之外，因此在"调整选项（F）"区选择"文字"项。在"优化（T）"区选择"在尺寸界线之间绘制尺

238

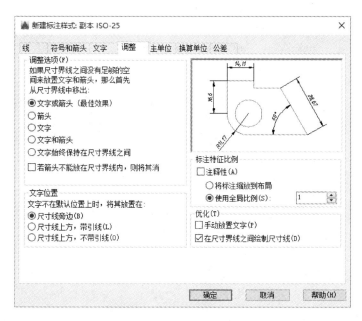

图 10-44　"调整"选项卡

寸线(D)"。

6.1.5　在"主单位"选项卡中(图10-45)设置主尺寸的单位和精度

在"线性标注"区,一般将"单位格式(U)"设为"小数","精度(P)"设为"0","小数分隔符(C)"设为句点"."。

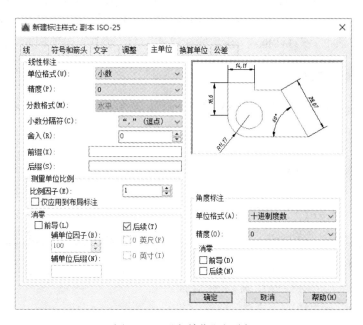

图 10-45　"主单位"选项卡

在"角度标注"区,一般将"单位格式(A)设为"十进制度数","精度(O)"设为"0"。

6.1.6　在"公差"选项卡中(图10-46)设置尺寸公差的显示格式

公差格式中各项内容视标注需要进行设置。

图10-46 "公差"选项卡

上述各选项卡中未涉及的项目均取默认值。

上述各项设置完毕后,单击"确定"按钮,回到图10-38所示对话框,再单击"关闭"按钮,则一种新尺寸标注样式建立完毕。可根据标注尺寸的需要建立多种尺寸标注样式。标注尺寸时,需要哪种尺寸样式,则通过图10-38的"置为当前(U)"按钮,将其设置为当前尺寸样式。

若对某种尺寸样式进行修改,则使用图10-38的"修改(M)…"按钮。单击该按钮后显示"修改标注样式"对话框,该对话框与"新建标注样式"对话框中的选项相同,此处不再赘述。

6.2 尺寸标注和尺寸编辑

AutoCAD提供了多种尺寸标注和编辑命令,如图10-47所示。下面对常用的几种尺寸标注和编辑命令作重点说明。

6.2.1 尺寸标注命令

1.线性尺寸(DIMLINEAR)命令

该命令标注水平尺寸、垂直尺寸、旋转尺寸,如图10-48所示。命令操作:

下拉菜单　标注(N)→线性(L)

功能区　"默认"选项卡→"注释"面板→ ▨ 右侧三角形→ ▨ 线性

命令:DIMLINEAR ↙

指定第一条尺寸界线原点或〈选择对象〉:

在此提示下用户有两种输入方法。

(1)输入第1条尺寸界线的起点,其后续提示:

指定第二条尺寸界线原点:输入第2条尺寸界线的起点

指定尺寸线位置或[**多行文字(M) 文字(T) 角度(A) 水平(H) 垂直(V) 旋转(R)**]:

在此提示下,可直接指定尺寸线位置或输入其他选项:

a. 指定尺寸线位置(输入一点),则标注出测量值,命令结束。

b. 输入 T,表示用户要输入新的尺寸文字。其后续提示:

输入标注文字〈测量值〉:输入尺寸文字

然后又重新显示前面的提示,再指定尺寸线位置,命令结束。

c. 输入 R,表示要标注旋转指定角度的尺寸。

d. 输入 H 或 V,表示要标注水平或垂直尺寸。也可不必输入 H 或 V 选项,而直接移动光标标注。

(2)用回车响应,表示用自动方式确定两条尺寸界线起点。其后续提示:

选择标注对象:选择一条直线、圆弧或圆

若选择的是直线或圆弧,则以直线或圆弧的两个端点为尺寸界线的起点;若选择一个圆,则以圆的两个对角象限点作为尺寸界线的起点。

图 10-47 "标注"下拉菜单和工具栏

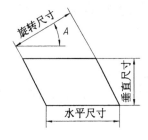

图 10-48 线性尺寸

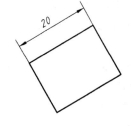

图 10-49 对齐尺寸

后续操作与(1)输入方法相同。

2. 对齐尺寸(DIMALIGNED)命令

对齐尺寸的特点是尺寸线与两尺寸界线起点的连线平行,如图 10-49 所示。

命令操作:

　　　下拉菜单　标注(N)→对齐(G)

　　　功能区　"默认"选项卡→"注释"面板→右侧三角形→对齐

　　　命令:DIMALIGNED ↓

后续提示和操作过程与线性尺寸命令基本相同。

3. 直径尺寸(DIMDIAMETER)命令、半径尺寸(DIMRADIUS)命令

直径尺寸命令和半径尺寸命令的提示和操作完全相同。

命令操作:

　　　下拉菜单　标注(N)→直径(D)

241

半径(R)

功能区 "默认"选项卡→"注释"面板→ 右侧三角形→⊙直径
→⊙半径

命令:DIMDLAMETER↓或 DIMRADIUS↓

选择圆弧或圆:选择要标注尺寸的圆弧或圆

指定尺寸线位置或[多行文字(M)/文字(T)/角度(A)]:

在此提示下,可直接指定尺寸线位置或输入其他选项。

(1)指定尺寸线位置(输入一点),则标注测量值并自动注写 ϕ 或 R,结束命令。

(2)输入 T,表示用户要输入新的尺寸文本。其后续提示:

输入标注文字〈测量值〉:输入尺寸符号和文本(如 ϕ15 应输入%%C15)

之后,重新显示前面的提示,再指定尺寸线位置。

4.角度尺寸(DIMANGULAR)命令

命令操作:

下拉菜单 标注(N)→角度(A)

功能区 "默认"选项卡→"注释"面板→ 右侧三角形→角度

命令:DIMANGULAR ↓

选择圆弧、圆、直线或〈指定顶点〉:输入选项

选项说明如下:

(1)选择圆弧,自动确定圆弧端点为角度尺寸的两尺寸界线起点,圆弧圆心为角度顶点;

(2)选择圆,则所选择点为第一条尺寸界线起点,圆心为角度顶点,然后提示指定角的第二个端点;

(3)选择直线,将标注两直线间的夹角,然后提示选择第二条直线;

(4)按回车键,则用三点来确定一个角度,然后提示指定角的顶点、指定角的第一个端点、指定角的第二个端点。

要标注的角度被上述选项定义后,则提示:

指定标注弧线位置或[多行文字(M) 文字(T) 角度(A) 象限点(Q)]:指定一点来确定尺寸弧线的位置,同时也确定标注角度尺寸的区域

6.2.2 尺寸编辑

1.修改尺寸数字和尺寸线的位置

选取要修改的尺寸,尺寸上出现蓝色小方框,拾取某个方框(变成红色),移动光标到合适位置,单击鼠标左键即可,如图 10-50 所示。

2.修改尺寸数字的内容

在尺寸数字上双击鼠标左键,然后把光标移动到要修改的位置输入文字或字符,如图 10-51 所示,把光标移动到尺寸数字左侧,输入"%%c",则可加上直径符号"ϕ"。

3.修改尺寸的标注样式

选取要修改的尺寸,然后打开"默认"选项卡"注释"面

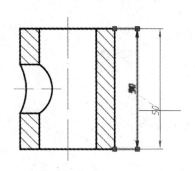

图 10-50 修改尺寸数字位置

板中的标注样式下拉列表框,选取其他标注样式,如图 10-52 所示。

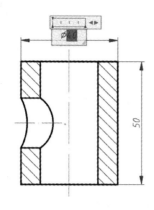

图 10-51　修改尺寸数字内容

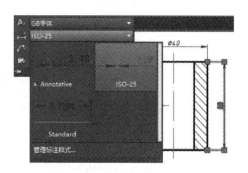

图 10-52　修改尺寸的标注样式

7　图块

图块是定义好的并赋予名称的一组对象,这些对象可以是绘制在几个图层上的若干对象。一组对象一旦被定义为图块,AutoCAD 就把它当做一个对象来处理。在绘图过程中,使用图块可以提高绘图速度,便于建立图形库及修改,并缩短文件长度。零件图中表面结构要求的标注以及图框、标题栏的绘制均可以利用图块的功能来实现。

7.1　图块的建立

1. 创建块(BLOCK)命令

该命令用于定义选定的对象为图块。命令操作:

下拉菜单　绘图(D)→块(K)→创建(M)…

功能区　"默认"选项卡→"块"面板→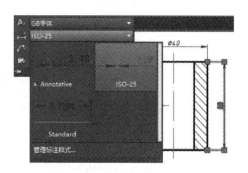

命令:BLOCK ↙

显示图 10-53 所示"块定义"对话框。对话框主要选项含义如下。

(1)"名称(N)"文本框用于设置块的名称。块名最长可达 255 个字符,可以包括字母、数字、空格等,也可为汉字。

(2)"基点"选项用于指定块的插入基点。用户可以单击"拾取点(K)"按钮,在绘图窗口上选择一点,或者在下面的"X"、"Y""Z"文本框中输入基点的坐标。

(3)"对象"选项用于指定新块中要包含的对象,以及块创建后选定的对象的特性。"选择对象(T)"按钮用于选择构成块的对象。单击该按钮,对话框暂时消失,在图上选择对象,按回车键后重显对话框。"保留(R)"单选按钮确定创建块后保留构成块的对象。"转换为块(C)"单选按钮将创建块的对象保留下来并将其转换为块。"删除(D)"单选按钮确定创建块后删除构成块的对象。

(4)"设置"和"方式"选项用于设置块的插入单位及块是否允许被分解等。

定义完块名、选择完对象和基点后,单击"确定"按钮,则图块创建成功。

图 10-53　"块定义"对话框

图 10-54　"写块"对话框

2.写块命令

"创建"命令定义的块只能在当前图形中使用,如果需要在其他图形中使用,则必须将块以图形文件保存下来。"写块"命令可将对象或块保存到文件中,命令操作:

　　　　命令:WBLOCK ↙

显示图 10-54 所示的"写块"对话框。对话框选项含义如下。

(1)"源"选项用于指定保存到文件的块或对象。"块(B)"单选按钮用于将已有块保存到文件中,用户可以从下拉列表中选择当前图形的块。"整个图形(E)"单选按钮用于将整个图形作为块保存到文件中。"对象(O)"单选按钮用于将选择的对象保存到文件中。其他选项的含义同"创建块"命令。

(2)"目标"选项用于确定保存块的新文件的路径、名称以及插入块时所用的单位。

7.2　图块的插入

用插入块(INSERT)命令插入图块或图形文件。命令操作:

　　　下拉菜单　插入(I)→块(B)…

　　　功能区:"默认"选项卡→"块"面板→[插入]→更多选项…

　　　命令:INSERT ↙

显示"插入"对话框如图 10-55 所示,对话框中各选项含义如下。

(1)"名称(N)"下拉列表框确定要插入的块名或图形文件名。用户可以在该框中输入块名,或单击下拉箭头从列表框中选择块名,或者单击"浏览(B)…"按钮,从弹出的对话框中查

图 10-55 "插入"对话框

找块名或图形文件名。

（2）"插入点"、"比例"和"旋转"选项确定块的插入点、块的插入比例和旋转角度。具体数值可在"X"、"Y"、"Z"编辑框中输入，也可利用"在屏幕上指定"复选框在绘图窗口中指定。

（3）"分解（D）"复选框确定是否将块分解后再插入。复选框打开时将插入分解的块，否则插入的块是一个整体。

说明：也可点击"块"面板中![插入],在弹出的小窗口中直接选取已定义的块名进行图块插入。插入块时一般将当前图层设为 0 层，以便块中各图层属性保持不变。否则，所插入块中 0 层上的对象将按当前层的属性（如线型、颜色等）绘制。

8 绘图举例

绘制图 10-56 所示填料压盖零件图的步骤如下。

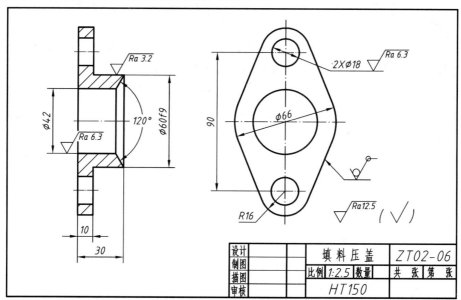

图 10-56 填料压盖

245

8.1 设置绘图环境

(1)根据该零件尺寸设为 A4 图幅(210×297),将长边置于水平位置使用。

(2)用图层(LAYER)命令设置图层、颜色和线型。如设置:"细实线"层为绿色,实线(Continuous),画细实线、注尺寸用;"粗实线"层为白色,实线(Continuous),画粗实线用;"细点画线"层为红色,细点画线(ACAD_ISO04W100),画轴线和中心线用;"细虚线"层为黄色,细虚线(ACAD_ISO02W100),画细虚线用;"剖面线"层为青色,实线(Continuous),画剖面线用;"文字"层为品红,实线(Continuous),填写标题栏用。用线型比例(LTSCALE)命令设置全局线型比例为 0.25。

制图国家标准推荐的线型、颜色设置见 GB/T 18229—2000。

(3)用文字样式(STYLE)命令设置文字样式。为定义符合《机械制图》国家标准的中西文文字样式,字体选择"gbeitc.shx",勾选"使用大字体(U))"复选框,并在"大字体(B)"中选择"gbcbig.shx";高度设为 0.0000,宽度因子为 1.0000,倾斜角度为 0。

(4)按图中尺寸标注形式设置尺寸标注样式(详见本章第 6 节尺寸标注)。

(5)将上述设置保存为样板图备用。如果已有所要求的样板图,上述步骤可省去。

8.2 绘制图框和标题栏

图框和标题栏可直接在图中绘制,也可先定义为图块,再将其插入图中,还可在样板图中建立。

8.3 绘制图形

(1)在"细点画线"层上用直线(LINE)命令画出主、左两视图中的轴线和对称中心线。

(2)在"粗实线"层上用圆(CIRCLE)命令画出左视图中 $\phi66$、$\phi42$、$\phi18$、$\phi32$($R16$)的圆,用直线(LINE)命令(捕捉 $\phi66$、$\phi32$ 两圆切点)画出 4 条切线,然后用修剪(TRIM)命令修剪多余圆弧。

(3)在"粗实线"层上画出主视图中的粗实线。对于水平方向的平行线,可用偏移(OFFSET)命令将图中画好的点画线进行平移复制,然后将其修改到粗实线层;也可用直线(LINE)命令绘制,预先设置交点目标捕捉模式,再由左视图按投影规律画出。对于垂直方向的平行线,可用直线(LINE)命令先画出其中一条,再用偏移(OFFSET)命令进行平移复制,最后用修剪(TRIM)命令进行修剪。

(4)用打断(BREAK)命令删除过长的轴线和中心线,如果有多余的图线用删除(ERASE)命令擦去。

8.4 填充剖面线

在"剖面线"层上,用图案填充(BHATCH)命令填充剖面线(详见本章第 4 节图案填充)。

8.5 注写尺寸

在"细实线"层上用线性尺寸(DIMLINEAR)命令注写垂直和水平尺寸 $\phi42$、$\phi60$、90、10、30;用直径(DIMDIAMETER)命令注写直径尺寸 $2\times\phi18$、$\phi66$;用半径(DIMRADIUS)命令注写

半径尺寸 *R*16。

8.6 标注表面结构要求

表面结构的图形符号可用绘图方式标注,也可用图块方式标注。

1. 绘图方式标注

(1)在"细实线"层上用绘图命令画出字高为 1 的去除材料和不去除材料的表面结构的图形符号,如图 10-57 所示。

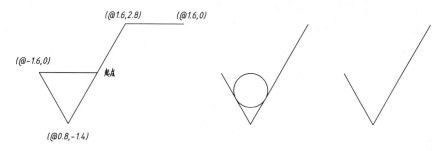

图 10-57　表面结构的图形符号

(2)用比例缩放(SCALE)命令将表面结构的图形符号放大,放大倍数等于图中字高。例如,当图中尺寸数字高度为 2.5 时,则本图要求将去除材料的表面结构符号放大 2.5 倍。

(3)用复制(COPY)命令和旋转(ROTATE)命令将表面结构的图形符号标注在图形中,并用单行文字(DETXT)命令注写高度参数值。

2. 图块方式标注

(1)在"细实线"层用绘图命令按图 10-57 所示画出字高为 1 的表面结构的图形符号。

(2)将表面结构的图形符号定义为图块,并选择符号尖端为块的插入基点。

(3)插入块,采用对象捕捉方式确定零件表面的插入点,用字高作为块的插入比例。例如,图 10-56 中表面结构符号的插入比例为尺寸数字高度值 2.5。

(4)图块插入完毕,再用文字命令注写表面结构的参数值。

8.7 填写标题栏

将定义好的中西文文字样式作为当前文字样式,在"文字"层上用单行文字(DTEXT)命令填写标题栏的内容(详见本章第 5 节注写文字)。

8.8 整理存图

最后还要对图中的各项内容进行认真仔细审核,并用移动(MOVE)命令将视图进行合理布局(注意保持两视图的投影对应关系),满意且无误后用另存为(SAVEAS)命令存储图形。

思考题

1. AutoCAD 的工作界面主要由哪些项目组成?

2. 怎样输入 AutoCAD 的命令? 若输入命令有误,如何改正?

3. AutoCAD 的哪个命令用于观察图形？如何观察图形？

4. 图层的作用是什么？如何建立新图层？如何设置图层的颜色和线型？如何快速设置当前图层？

5. 对象捕捉的意义是什么？有哪些常用的对象捕捉模式？怎样设置？

6. 在绘制 CAD 工程图样时,怎样建立符合《机械制图》国家标准的文字样式？

7. 怎样建立尺寸标注样式？建立多种尺寸标注样式有什么意义？

8. 怎样建立样板图？建立样板图有什么意义？

9. 建立图块的意义是什么？怎样建立和插入图块？

10. 简述使用 AutoCAD 绘制零件图的步骤。零件图中表面结构的图形符号可用哪几种方法绘出？

附 录

一、基本知识

1. 标题栏

标题栏一般放在图纸看图方向的右下角,其大小及格式在 GB/T 10609.1—2008 中已有规定,附图 1 中标题栏的大小、格式仅在教学中使用。

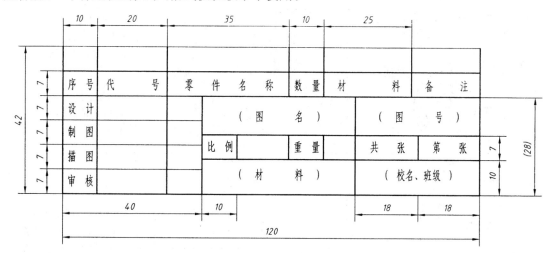

附图 1　教学用标题栏的大小及格式

一般作业需使用 120×28 大小格式的标题栏。装配图上,除用 120×28 大小的标题栏外,还要在其上面加上明细栏。

2. 椭圆的近似画法

已知椭圆的长轴和短轴,用四心法画近似的椭圆,如附图 2 所示。

(1)画出椭圆的长轴 AB、短轴 CD。

(2)在 OC 上取 $OE = OA$。

(3)连 AC,并取 $CF = CE$。

(4)作 AF 的垂直平分线,交长轴于 O_1,交短轴于 O_2,按对称性,找出 O_3、O_4。

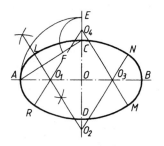

附图 2　椭圆的近似画法

(5)分别以 O_1、O_3 为圆心,O_1A 为半径画圆弧 $\overparen{RAL}$ 和 $\overparen{NBM}$;以 O_2、O_4 为圆心,O_2C 为半径画圆弧 $\overparen{LCN}$ 和 $\overparen{MDR}$,完成近似椭圆的作图。

3. 尺寸的简化注法

在技术图样中,常用的尺寸简化注法参见附表 1。

附表1

简　化　后	简　化　前	说　　明
		标注尺寸时,可使用单边箭头
		标注尺寸时,可采用带箭头的指引线
		标注尺寸时,也可采用不带箭头的指引线
 		一组同心圆弧或圆心位于一条直线上的多个不同心圆弧的尺寸,可用共用的尺寸线和箭头依次表示
 	 	一组同心圆或尺寸较多的台阶孔的尺寸,也可用共用的尺寸线和箭头依次表示
		在同一图形中,对于尺寸相同的孔、槽等成组要素,可仅在一个要素上注出其尺寸和数量

二、螺纹

1. 普通螺纹的直径与螺距系列（GB/T 193—2003）

附表 2   mm

公称直径D、d 第一系列	第二系列	第三系列	螺距P 粗牙	细牙	公称直径D、d 第一系列	第二系列	第三系列	螺距P 粗牙	细牙
1	1.1		0.25	0.2	68			6	4, 3, 2, 1.5
1.2			0.25	0.2			70		6, 4, 3, 2, 1.5
	1.4		0.3	0.2	72				6, 4, 3, 2, 1.5
1.6	1.8		0.35	0.2			75		4, 3, 2, 1.5
2			0.4	0.25		76			6, 4, 3, 2, 1.5
	2.2		0.45	0.25			78		2
2.5			0.45	0.35	80				6, 4, 3, 2, 1.5
3			0.5	0.35			82		2
	3.5		0.6	0.35		85			6, 4, 3, 2
4			0.7	0.5	90	95			6, 4, 3, 2
	4.5		0.75	0.5	100	105			6, 4, 3, 2
5			0.8	0.5	110	115			6, 4, 3, 2
		5.5		0.5			120		6, 4, 3, 2
6	7		1	0.75	125	130			8, 6, 4, 3, 2
8		9	1.25	1, 0.75			135		6, 4, 3, 2
10			1.5	1.25, 1, 0.75	140				8, 6, 4, 3, 2
		11	1.5	1.5, 1, 0.75			145		6, 4, 3, 2
12			1.75	1.25, 1	150				8, 6, 4, 3, 2
	14		2	1.5, 1.25ᵃ, 1			155		6, 4, 3
		15		1.5, 1	160				8, 6, 4, 3
16			2	1.5, 1			165		6, 4, 3
		17		1.5, 1	170				8, 6, 4, 3
	18		2.5	2, 1.5, 1			175		6, 4, 3
20	22		2.5	2, 1.5, 1	180				8, 6, 4, 3
24			3	2, 1.5, 1			185		6, 4, 3
		25		2, 1.5, 1	190				8, 6, 4, 3
		26		1.5			195		6, 4, 3
	27		3	2, 1.5, 1	200				8, 6, 4, 3
		28		2, 1.5, 1			205		6, 4, 3
30			3.5	(3), 2, 1.5, 1	210				8, 6, 4, 3
		32		2, 1.5			215		6, 4, 3
	33		3.5	(3), 2, 1.5	220				8, 6, 4, 3
		35ᵇ		1.5			225		6, 4, 3
36			4	3, 2, 1.5			230		8, 6, 4, 3
		38		1.5			235		6, 4, 3
	39		4	3, 2, 1.5	240				8, 6, 4, 3
		40		3, 2, 1.5			245		6, 4, 3
42	45		4.5	4, 3, 2, 1.5	250				8, 6, 4, 3
48			5	4, 3, 2, 1.5			255		6, 4
		50		3, 2, 1.5		260			8, 6, 4
	52		5	4, 3, 2, 1.5			265		6, 4
		55		4, 3, 2, 1.5			270		8, 6, 4
56			5.5	4, 3, 2, 1.5			275		6, 4
		58		4, 3, 2, 1.5	280				8, 6, 4
	60		5.5	4, 3, 2, 1.5			285		6, 4
		62		4, 3, 2, 1.5			290		8, 6, 4
64			6	4, 3, 2, 1.5			295		6, 4
		65		4, 3, 2, 1.5	300				8, 6, 4

注：(1)优先选用第一系列，其次是第二系列，第三系列尽量不用。
(2)括号内尺寸尽可能不用。
(3) ᵃ仅用于发动机的火花塞，ᵇ仅用于轴承的锁紧螺母。

251

2. 普通螺纹的基本尺寸（GB/T 196—2003）

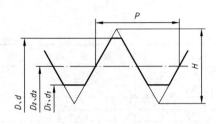

表中数值按下列公式计算,数值圆整到小数点后第三位。

$$D_2 = D - 2 \times \frac{3}{8}H; d_2 = d - 2 \times \frac{3}{8}H;$$

$$D_1 = D - 2 \times \frac{5}{8}H; d_1 = d - 2 \times \frac{5}{8}H;$$

$$H = \frac{\sqrt{3}}{2}P = 0.866\,025\,404P。$$

附表3　　　　　　　　　　　　　　　　　　　mm

公称直径 D、d	螺距 P	中径 D_2 或 d_2	小径 D_1 或 d_1	公称直径 D、d	螺距 P	中径 D_2 或 d_2	小径 D_1 或 d_1
1	0.25	0.838	0.729	11	1.5	10.026	9.376
	0.2	0.870	0.783		1	10.350	9.917
1.1	0.25	0.938	0.829		0.75	10.513	10.188
	0.2	0.970	0.883	12	1.75	10.863	10.106
1.2	0.25	1.038	0.929		1.5	11.026	10.376
	0.2	1.070	0.983		1.25	11.188	10.647
1.4	0.3	1.205	1.075		1	11.350	10.917
	0.2	1.270	1.183	14	2	12.701	11.835
1.6	0.35	1.373	1.221		1.5	13.026	12.376
	0.2	1.470	1.383		1.25	13.188	12.647
1.8	0.35	1.573	1.421		1	13.350	12.917
	0.2	1.670	1.583	15	1.5	14.026	13.376
2	0.4	1.740	1.567		1	14.350	13.917
	0.25	1.838	1.729	16	2	14.701	13.835
2.2	0.45	1.908	1.713		1.5	15.026	14.376
	0.25	2.038	1.929		1	15.350	14.917
2.5	0.45	2.208	2.013	17	1.5	16.026	15.376
	0.35	2.273	2.121		1	16.350	15.917
3	0.5	2.675	2.459	18	2.5	16.376	15.294
	0.35	2.773	2.621		2	16.701	15.835
3.5	0.6	3.110	2.850		1.5	17.026	16.376
	0.35	3.273	3.121		1	17.350	16.917
4	0.7	3.545	3.242	20	2.5	18.376	17.294
	0.5	3.675	3.459		2	18.701	17.835
4.5	0.75	4.013	3.688		1.5	19.026	18.376
	0.5	4.175	3.959		1	19.350	18.917
5	0.8	4.480	4.134	22	2.5	20.376	19.294
	0.5	4.675	4.459		2	20.701	19.835
5.5	0.5	5.175	4.959		1.5	21.026	20.376
6	1	5.350	4.917		1	21.350	20.917
	0.75	5.513	5.188	24	3	22.051	20.752
7	1	6.350	5.917		2	22.701	21.835
	0.75	6.513	6.188		1.5	23.026	22.376
8	1.25	7.188	6.647		1	23.350	22.917
	1	7.350	6.917	25	2	23.701	22.835
	0.75	7.513	7.188		1.5	24.026	23.376
9	1.25	8.188	7.647		1	24.350	23.917
	1	8.350	7.917	26	1.5	25.026	24.376
	0.75	8.513	8.188	27	3	25.051	23.752
10	1.5	9.026	8.376		2	25.701	24.835
	1.25	9.188	8.647		1.5	26.026	25.376
	1	9.350	8.917		1	26.350	25.917
	0.75	9.513	9.188				

公称直径 D、d	螺距 P	中径 D_2 或 d_2	小径 D_1 或 d_1	公称直径 D、d	螺距 P	中径 D_2 或 d_2	小径 D_1 或 d_1
28	2	26.701	25.835	56	5.5	52.428	50.046
	1.5	27.026	26.376		4	53.402	51.670
	1	27.350	26.917		3	54.051	52.752
30	3.5	27.727	26.211		2	54.701	53.835
	3	28.051	26.752		1.5	55.026	54.376
	2	28.701	27.835	58	4	55.402	53.670
	1.5	29.026	28.376		3	56.051	54.752
	1	29.350	28.917		2	56.701	55.835
32	2	30.701	29.835		1.5	57.026	56.376
	1.5	31.026	30.376	60	5.5	56.428	54.046
33	3.5	30.727	29.211		4	57.402	55.670
	3	31.051	29.752		3	58.051	56.752
	2	31.701	30.835		2	58.701	57.835
	1.5	32.026	31.376		1.5	59.026	58.376
35	1.5	34.026	33.376	62	4	59.402	57.670
36	4	33.402	31.670		3	60.051	58.752
	3	34.051	32.752		2	60.701	59.835
	2	34.701	33.835		1.5	61.026	60.376
	1.5	35.026	34.376	64	6	60.103	57.505
38	1.5	37.026	36.376		4	61.402	59.670
39	4	36.402	34.670		3	62.051	60.752
	3	37.051	35.752		2	62.701	61.835
	2	37.701	36.835		1.5	63.026	62.376
	1.5	38.026	37.376	65	4	62.402	60.670
40	3	38.051	36.752		3	63.051	61.752
	2	38.701	37.835		2	63.701	62.835
	1.5	39.026	38.376		1.5	64.026	63.376
42	4.5	39.077	37.129	68	6	64.103	61.505
	4	39.402	37.670		4	65.402	63.670
	3	40.051	38.752		3	66.051	64.752
	2	40.701	39.835		2	66.701	65.835
	1.5	41.026	40.376		1.5	67.026	66.376
45	4.5	42.077	40.129	70	6	66.103	63.505
	4	42.402	40.670		4	67.402	65.670
	3	43.051	41.752		3	68.051	66.752
	2	43.701	42.835		2	68.701	67.835
	1.5	44.026	43.376		1.5	69.026	68.376
48	5	44.752	42.587	72	6	68.103	65.505
	4	45.402	43.670		4	69.402	67.670
	3	46.051	44.752		3	70.051	68.752
	2	46.701	45.835		2	70.701	69.835
	1.5	47.026	46.376		1.5	71.026	70.376
50	3	48.051	46.752	75	4	72.402	70.670
	2	48.701	47.835		3	73.051	71.752
	1.5	49.026	48.376		2	73.701	72.835
52	5	48.752	46.587		1.5	74.026	73.376
	4	49.402	47.670	76	6	72.103	69.505
	3	50.051	48.752		4	73.402	71.670
	2	50.701	49.835		3	74.051	72.752
	1.5	51.026	50.376		2	74.701	73.835
55	4	52.402	50.670		1.5	75.026	74.376
	3	53.051	51.752	78	2	76.700	75.835
	2	53.701	52.835				
	1.5	54.026	53.376				

3. 梯形螺纹的直径与螺距系列(GB/T 5796.2—2005)(摘录)

附表4

mm

公称直径 d		螺距 P	公称直径 d		螺距 P
第一系列	第二系列		第一系列	第二系列	
8		1.5	70		16,10,4
	9	2,1.5		75	16,10,4
10		2,1.5	80		16,10,4
	11	3,2		85	18,12,4
12		3,2	90		18,12,4
	14	3,2		95	18,12,4
16		4,2	100		20,12,4
	18	4,2		110	20,12,4
20		4,2	120		22,14,6
	22	8,5,3		130	22,14,6
24		8,5,3	140		24,14,6
	26	8,5,3		150	24,16,6
28		8,5,3	160		28,16,6
	30	10,6,3		170	28,16,6
32		10,6,3	180		28,18,8
	34	10,6,3		190	32,18,8
36		10,6,3	200		32,18,8
	38	10,7,3		210	36,20,8
40		10,7,3	220		36,20,8
	42	10,7,3		230	36,20,8
44		12,7,3	240		36,22,8
	46	12,8,3		250	40,22,12
48		12,8,3	260		40,22,12
	50	12,8,3		270	40,24,12
52		12,8,3	280		40,24,12
	55	14,9,3		290	44,24,12
60		14,9,3	300		44,24,12
	65	16,10,4			

注:(1)优先选用第一系列的直径。第三系列未收入。

(2)每一直径的螺距系列中第一个数为优先选用的螺距。

4. 梯形螺纹的基本尺寸（GB/T 5796.3—2005）（摘录）

有关数值按下列公式计算：

① $D_1 = d - 2H_1 = d - P$；

② $D_4 = d + 2a_c$；

③ $d_3 = d - 2h_3 = d - P - 2a_c$；

④ $d_2 = D_2 = d - H_1 = d - 0.5P$。

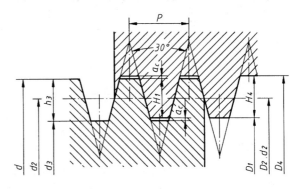

附表 5

mm

公称直径 d		螺距	中径	大径	小径	
第一系列	第二系列	P	$d_2 = D_2$	D_4	d_3	D_1
10		1.5	9.25	10.30	8.20	8.50
		2	9.00	10.50	7.50	8.00
	11	2	10.00	11.50	8.50	9.00
		3	9.50	11.50	7.50	8.00
12		2	11.00	12.50	9.50	10.00
		3	10.50	12.50	8.50	9.00
	14	2	13.00	14.50	11.50	12.00
		3	12.50	14.50	10.50	11.00
16		2	15.00	16.50	13.50	14.00
		4	14.00	16.50	11.50	12.00
	18	2	17.00	18.50	15.50	16.00
		4	16.00	18.50	13.50	14.00
20		2	19.00	20.50	17.50	18.00
		4	18.00	20.50	15.50	16.00
	22	3	20.50	22.50	18.50	19.00
		5	19.50	22.50	16.50	17.00
		8	18.00	23.00	13.00	14.00
24		3	22.50	24.50	20.50	21.00
		5	21.50	24.50	18.50	19.00
		8	20.00	25.00	15.00	16.00
	26	3	24.50	26.50	22.50	23.00
		5	23.50	26.50	20.50	21.00
		8	22.00	27.00	17.00	18.00
28		3	26.50	28.50	24.50	25.00
		5	25.50	28.50	22.50	23.00
		8	24.00	29.00	19.00	20.00
	30	3	28.50	30.50	26.50	27.00
		6	27.00	31.00	23.00	24.00
		10	25.00	31.00	19.00	20.00
32		3	30.50	32.50	28.50	29.00
		6	29.00	33.00	25.00	26.00
		10	27.00	33.00	21.00	22.00

公称直径 d		螺距	中径	大径	小径	
第一系列	第二系列	P	$d_2 = D_2$	D_4	d_3	D_1
	34	3	32.50	34.50	30.50	31.00
		6	31.00	35.00	27.00	28.00
		10	29.00	35.00	23.00	24.00
36		3	34.50	36.50	32.50	33.00
		6	33.00	37.00	29.00	30.00
		10	31.00	37.00	25.00	26.00
	38	3	36.50	38.50	34.50	35.00
		7	34.50	39.00	30.00	31.00
		10	33.00	39.00	27.00	28.00
40		3	38.50	40.50	36.50	37.00
		7	36.50	41.00	32.00	33.00
		10	35.00	41.00	29.00	30.00

注:(1)外螺纹大径为公称直径。

(2)公式中 a_c 为牙顶间隙。当 $P=1.5$ 时,$a_c=0.15$;$P=2\sim5$ 时,$a_c=0.25$;$P=6\sim12$ 时,$a_c=0.5$;$P=14\sim44$ 时,$a_c=1$。

5. 55°非密封管螺纹(GB/T 7307—2001)

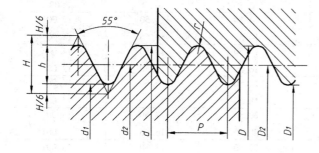

相关尺寸按下列公式计算:

$$P = \frac{25.4}{n};$$

$$H = 0.960\ 491P;$$

$$h = 0.640\ 327P;$$

$$r = 0.137\ 329P;$$

$$D = d;$$

$$D_2 = d_2 = d - h$$
$$= d - 0.640\ 327P;$$

$$D_1 = d_1 = d - 2h = d - 1.280\ 654P。$$

附表6 　　　　　　　　　　　　　　　　　　　　mm

尺寸代号	每25.4 mm 内的牙数 n	螺距 P	大径 d、D	中径 d_2、D_2	小径 d_1、D_1	牙高 h
1/4	19	1.337	13.157	12.301	11.445	0.856
3/8	19	1.337	16.662	15.806	14.950	0.856
1/2	14	1.814	20.955	19.793	18.631	1.162
3/4	14	1.814	26.441	25.279	24.117	1.162
1	11	2.309	33.249	31.770	30.291	1.479
1¼	11	2.309	41.910	40.431	38.952	1.479
1½	11	2.309	47.803	46.324	44.845	1.479
2	11	2.309	59.614	58.135	56.656	1.479
2½	11	2.309	75.184	73.705	72.226	1.479
3	11	2.309	87.884	86.405	84.926	1.479

三、螺纹紧固件

1. 六角头螺栓 GB/T 5782—2016）

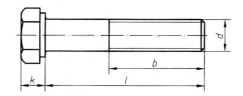

标记示例：

螺栓　GB/T 5782　M12×80（螺纹规格为 M12、公称长度 $l = 80$ mm、性能等级为 8.8 级、表面不经处理、产品等级为 A 级的六角头螺栓）

附表 7   mm

螺纹规格	s	k	l	b		
				$l_{公称} \leq 125$	$125 < l_{公称} \leq 200$	$l_{公称} > 200$
M1.6	3.20	1.1	12~16	9	15	28
M2	4.00	1.4	16~20	10	16	29
M2.5	5.00	1.7	16~25	11	17	30
M3	5.50	2	20~30	12	18	31
M4	7.00	2.8	25~40	14	20	33
M5	8.00	3.5	25~50	16	22	35
M6	10.00	4	30~60	18	24	37
M8	13.00	5.3	40~80	22	28	41
M10	16.00	6.4	45~100	26	32	45
M12	18.00	7.5	50~120	30	36	49
M16	24.00	10	65~160	38	44	57
M20	30.00	12.5	80~200	46	52	65
M24	36.00	15	90~240	54	60	73
M30	46	18.7	110~300	66	72	85
M36	55.0	22.5	140~360	—	84	97
M42	65.0	26	160~440	—	96	109
M48	75.0	30	180~480	—	108	121
M56	85.0	35	220~500	—	—	137
M64	95.0	40	260~500	—	—	153
M3.5	6.00	2.4	20~35	13	19	32
M14	21.00	8.8	60~140	34	40	53
M18	27.00	11.5	70~180	42	48	61
M22	34.00	14	90~220	50	56	69
M27	41	17	100~260	60	66	79
M33	50	21	130~320	—	78	91
M39	60.0	25	150~380	—	90	103
M45	70.0	28	180~440	—	102	115
M52	80.0	33	200~480	—	116	129
M60	90.0	38	240~500	—	—	145

（左侧纵向文字：优选的螺纹规格 / 非优选的螺纹规格）

注：长度系列：12、16、20、25、30、35、40、45、50、55、60、65、70、80、90、100、110、120、130、140、150、160、180、200、220、240、260、280、300、320、340、360、380、400、420、440、460、480、500。

2. 双头螺柱

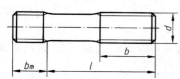

A型

B型

$b_m = 1d$（GB/T 897—1988）

$b_m = 1.25d$（GB/T 898—1988）

$b_m = 1.5d$（GB/T 899—1988）

$b_m = 2d$（GB/T 900—1988）

标记示例：

螺柱 GB/T 897 M10×50（两端均为粗牙普通螺纹，$d = 10$ mm，$l = 50$ mm，性能等级为 4.8 级，不经表面处理，B 型，$b_m = 1d$ 的双头螺柱）

螺柱 GB/T 897 M10—M10×1×50（旋入机件一端为粗牙普通螺纹，旋入螺母一端为螺距 $P = 1$ mm 的细牙普通螺纹，$d = 10$ mm，$l = 50$ mm，性能等级为 4.8 级，不经表面处理，B 型，$b_m = 1d$ 的双头螺柱）

附表 8

mm

螺纹规格 d	M5	M6	M8	M10	M12	M16	M20	M24	M30	M36	M42	M48
$b_m = 1d$	5	6	8	10	12	16	20	24	30	36	42	48
$b_m = 1.25d$	6	8	10	12	15	20	25	30	38	45	52	60
$b_m = 1.5d$	8	10	12	15	18	24	30	36	45	54	63	72
$b_m = 2d$	10	12	16	20	24	32	40	48	60	72	84	96
l						b						
16	10											
(18)	10											
20	10											
(22)		10	12									
25		14	16	14								
(28)		14	16	14	16							
30	16	14	16	14	16							
(32)	16		16	16	20	20						
35	16			16	20	20						
(38)	16			16	20	20	25					
40	16			16	20	20	25					
45		18			20	20	30	30				
50		18			20	20	30	30				
(55)		18	22		26	30	35	30				
60		18	22	26	26	30	35	45	40			
(65)		18	22	26	26	30	35	45	40			
70			22	30	30	38	35	45	40	45	50	
(75)		18	22	30	30	38	35	45	40	45	50	
80			22	30	30	38	46	45	50	45	50	60
(85)				30	30	38	46	45	50	45	50	60
90				30	30	38	46	54	50	60	70	60
(95)			22	30	30	38	46	54	66	60	70	80
100				30	30	38	46	54	66	60	70	80

258

3. 螺钉

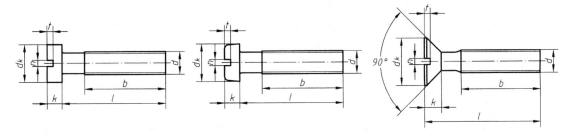

开槽圆柱头螺钉　　　　　开槽盘头螺钉　　　　　开槽沉头螺钉
（GB/T 65—2016）　　　　（GB/T 67—2016）　　　　（GB/T 68—2016）

标记示例：

螺钉　GB/T 65　M5×20（螺纹规格为 M5、公称长度 l = 20 mm、性能等级为 4.8 级、表面不经处理的 A 级开槽圆柱头螺钉）

附表 9（GB/T 65—2016）　　　　　　　　　　　　　mm

螺纹规格	$d_{k\,max}$	k_{max}	$n_{公称}$	t_{min}	l	b
M4	7.00	2.60	1.2	1.10	5~40	
M5	8.50	3.30	1.2	1.30	6~50	$l \leqslant 40$ 为全螺纹
M6	10.00	3.9	1.6	1.60	8~60	$l > 40, b_{min} = 38$
M8	13.00	5.0	2	2.00	10~80	
M10	16.00	6.0	2.5	2.40	12~80	

附表 10（GB/T 67—2016）　　　　　　　　　　　　mm

螺纹规格	$d_{k\,max}$	k_{max}	$n_{公称}$	t_{min}	l	b
M4	8.00	2.40	1.2	1	5~40	
M5	9.50	3.00	1.2	1.2	6~50	$l \leqslant 40$ 为全螺纹
M6	12.00	3.6	1.6	1.4	8~60	$l > 40, b_{min} = 38$
M8	16.00	4.8	2	1.9	10~80	
M10	20.00	6.0	2.5	2.4	12~80	

附表 11（GB/T 68—2016）　　　　　　　　　　　　mm

螺纹规格	$d_{k\,max}$	k_{max}	$n_{公称}$	t_{min}	l	b
M4	8.40	2.7	1.2	1.0	6~40	
M5	9.30	2.7	1.2	1.1	8~50	$l \leqslant 45$ 为全螺纹
M6	11.30	3.3	1.6	1.2	8~60	$l > 45, b_{min} = 38$
M8	15.80	4.65	2	1.8	10~80	
M10	18.30	5	2.5	2.0	12~80	

注：长度系列为 5、6、8、10、12、（14）、16、20、25、30、35、40、45、50、（55）、60、（65）、70、（75）、80。（括号内的规格尽量不用）

4.1 型六角螺母(GB/T 6170—2015)

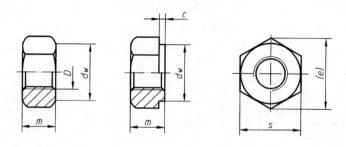

标记示例:

螺母 GB/T 6170 M12(螺纹规格为 M12、性能等级为 8 级、表面不经处理、产品等级为 A 级的 1 型六角螺母)

附表12
mm

	螺纹规格	s_{max}	e_{min}	m_{max}	$d_{w\,min}$	c_{max}
优选的螺纹规格	M1.6	3.20	3.41	1.30	2.40	0.20
	M2	4.00	4.32	1.60	3.10	0.20
	M2.5	5.00	5.45	2.00	4.10	0.30
	M3	5.50	6.01	2.40	4.60	0.40
	M4	7.00	7.66	3.20	5.90	0.40
	M5	8.00	8.79	4.70	6.90	0.50
	M6	10.00	11.05	5.20	8.90	0.50
	M8	13.00	14.38	6.80	11.60	0.60
	M10	16.00	17.77	8.40	14.60	0.60
	M12	18.00	20.03	10.80	16.60	0.60
	M16	24.00	26.75	14.80	22.50	0.80
	M20	30.00	32.95	18.00	27.70	0.80
	M24	36.00	39.55	21.50	33.30	0.80
	M30	46.00	50.85	25.60	42.80	0.80
	M36	55.00	60.79	31.00	51.10	0.80
	M42	65.00	71.3	34.00	60.00	1.00
	M48	75.00	82.60	38.00	69.50	1.00
	M56	85.00	93.56	45.00	78.70	1.00
	M64	95.00	104.86	51.00	88.20	1.00
非优选的螺纹规格	M3.5	6.00	6.58	2.80	5.00	0.40
	M14	21.00	23.36	12.80	19.60	0.60
	M18	27.00	29.56	15.80	24.90	0.80
	M22	34.00	37.29	19.40	31.40	0.80
	M27	41.00	45.20	23.80	38.00	0.80
	M33	50.00	55.37	28.70	46.60	0.80
	M39	60.00	66.44	33.40	55.90	1.00
	M45	70.00	76.95	36.00	64.70	1.00
	M52	80.00	88.25	42.00	74.20	1.00
	M60	90.00	99.21	48.00	83.40	1.00

5. 垫圈

小垫圈—A 级 (GB/T 848—2002)　　平垫圈—A 级 (GB/T 97.1—2002)

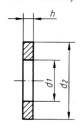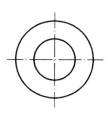

标记示例:

垫圈　GB/T 97.1　8 (公称直径为 8 mm、性能等级为 200HV、不经表面处理的平垫圈)

附表 13　　　　　　　　　　　　　　　　　　　mm

公称尺寸		4	5	6	8	10	12	16	20	24	30	36
小垫圈	d_1	4.3	5.3	6.4	8.4	10.5	13	17	21	25	31	37
	d_2	8	9	11	15	18	20	28	34	39	50	60
	h	0.5	1	1.6	1.6	1.6	2	2.5	3	4	4	5
平垫圈	d_1	4.3	5.3	6.4	8.4	10.5	13	17	21	25	31	37
	d_2	9	10	12	16	20	24	30	37	44	56	66
	h	0.8	1	1.6	1.6	2	2.5	3	3	4	4	5

注:小垫圈—A 级用于圆柱头螺钉;平垫圈—A 级用于 A 和 B 级的螺栓等。

标准型弹簧垫圈 (GB/T 93—1987)

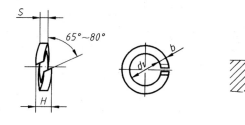

标记示例:

垫圈　GB/T 93　16 (公称直径为 16 mm、材料为 65Mn、表面氧化的标准型弹簧垫圈)

附表 14　　　　　　　　　　　　　　　　　　　mm

公称尺寸	4	5	6	8	10	12	(14)	16	(18)	20	(22)	24	(27)	30	36	42	48
d_1	4.1	5.1	6.1	8.1	10.2	12.2	14.2	16.2	18.2	20.2	22.5	24.5	27.5	30.5	36.5	42.5	48.5
$S(b)$	1.1	1.3	1.6	2.1	2.6	3.1	3.6	4.1	4.5	5	5.5	6	6.8	7.5	9	10.5	12
$m \leq$	0.55	0.65	0.8	1.05	1.3	1.55	1.8	2.05	2.25	2.5	2.75	3	3.4	3.75	4.5	5.25	6
H_{min}	2.2	2.6	3.2	4.2	5.2	6.2	7.2	8.2	9	10	11	12	13.6	15	18	21	24

注:括号内尺寸尽量不用。

四、螺纹连接结构
1. 普通螺纹收尾、肩距、退刀槽和倒角(GB/T 3—1997)

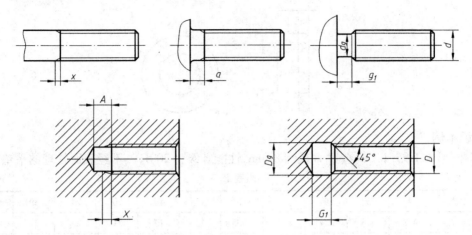

附表 15

mm

螺 距	收 尾		肩 距		退 刀 槽			
P	x_{max}	X_{max}	a_{max}	A	$g_{1\ min}$	d_g	G_1	D_g
0.2	0.5	0.8	0.6	1.2				
0.25	0.6	1	0.75	1.5	0.4	$d-0.4$		
0.3	0.75P	1.2	0.9	1.8	0.5	$d-0.5$		
0.35	0.9	1.4	1.05	2.2	0.6	$d-0.6$		
0.4	1	1.6	1.2	2.5	0.6	$d-0.7$		
0.45	1.1	1.8	1.35	2.8	0.7	$d-0.7$		
0.5	1.25	2	1.5	3	0.8	$d-0.8$	2	
0.6	1.5	2.4	1.8	3.2	0.9	$d-1$	2.4	
0.7	1.75	2.8	2.1	3.5	1.1	$d-1.1$	2.8	$D+0.3$
0.75	1.9	3	2.25	3.8	1.2	$d-1.2$	3	
0.8	2	3.2	2.4	4	1.3	$d-1.3$	3.2	
1	2.5	4	3	5	1.6	$d-1.6$	4	
1.25	3.2	5	4	6	2	$d-2$	5	
1.5	3.8	6	4.5	7	2.5	$d-2.3$	6	
1.75	4.3	7	5.3	9	3	$d-2.6$	7	
2	5	8	6	10	3.4	$d-3$	8	
2.5	6.3	10	7.5	12	4.4	$d-3.6$	10	
3	7.5	12	9	14	5.2	$d-4.4$	12	$D+0.5$
3.5	9	14	10.5	16	6.2	$d-5$	14	
4	10	16	12	18	7	$d-5.7$	16	
4.5	11	18	13.5	21	8	$d-6.4$	18	
5	12.5	20	15	23	9	$d-7$	20	
5.5	14	22	16.5	25	11	$d-7.7$	22	
6	15	24	18	28	11	$d-8.3$	24	
参考值	$\approx 2.5P$	$=4P$	$\approx 3P$	$\approx(6\sim5)P$	—	—	$=4P$	—

注:(1)d 和 D 分别为外螺纹和内螺纹的公称直径代号。

(2)倒角尺寸:外螺纹始端端面的倒角一般为45°,也可采用60°或30°倒角;倒角深度应大于或等于螺纹牙型高度。

内螺纹入口端面的倒角一般为120°,也可采用90°倒角;端面倒角直径为(1.05~1)D。

262

2．通孔与沉孔

紧固件　螺栓和螺钉通孔（GB/T 5277—1985）　紧固件　沉头螺钉用沉孔（GB/T 152.2—2014）

紧固件　圆柱头用沉孔（GB/T 152.3—1988）　紧固件　六角头螺栓和六角螺母用沉孔（GB/T 152.4—1988）

附表 16　　　　　　　　　　　　　　　　　　　　　　mm

螺 纹 规 格			M4	M5	M6	M8	M10	M12	M16	M20	M24	M30	M36
通孔	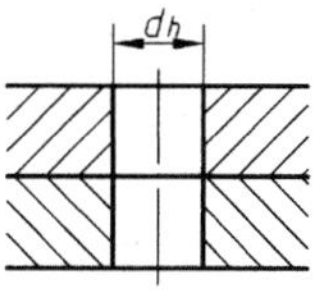	d_h 精装配	4.3	5.3	6.4	8.4	10.5	13	17	21	25	31	37
		d_h 中等装配	4.5	5.5	6.6	9	11	13.5	17.5	22	26	33	39
		d_h 粗装配	4.8	5.8	7	10	12	14.5	18.5	24	28	35	42
沉头螺钉用沉孔	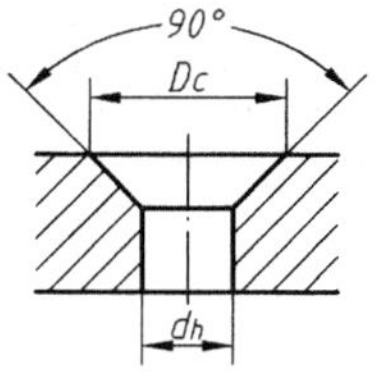	D_C（公称）	9.4	10.40	12.60	17.30	20.0	—	—	—	—	—	—
圆柱头用沉孔	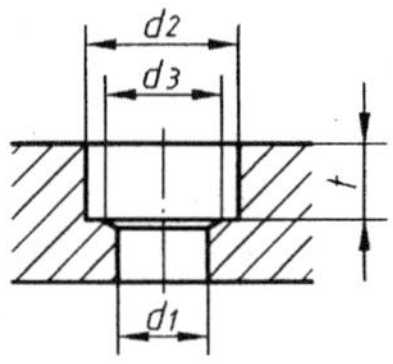	d_2	8.0	10.0	11.0	15.0	18.0	20.0	26.0	33.0	40.0	48.0	57.0
		d_3	—	—	—	—	—	16	20	24	28	36	42
		t ①	4.6	5.7	6.8	9.0	11.0	13.0	17.5	21.5	25.5	32.0	38.0
		t ②	3.2	4.0	4.7	6.0	7.0	8.0	10.5	12.5	—	—	—
六角头螺栓和六角螺母用沉孔	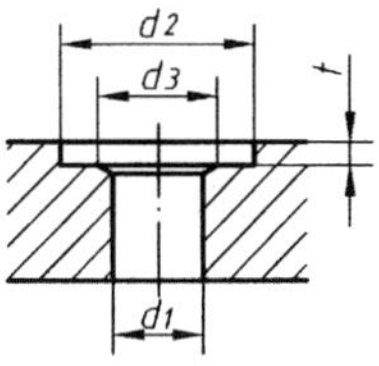	d_2	10	11	13	18	22	26	33	40	48	61	71
		d_3	—	—	—	—	—	16	20	24	28	36	42

注：（1）t 值①用于内六角圆柱头螺钉；t 值②用于开槽圆柱头螺钉。

（2）图中 d_1 的尺寸均按中等装配的通孔确定。

（3）对于六角头螺栓和六角螺母用沉孔中尺寸 t，只要能制出与通孔轴线垂直的圆平面即可。

五、销

1. 圆柱销 淬硬钢和马氏体不锈钢(GB/T 119.2—2000)

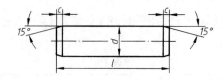

标记示例:

销 GB/T 119.2 6×30(公称直径 $d = 6$ mm、公差为 m6、公称长度 $l = 30$ mm、材料为钢、普通淬火(A 型)、表面氧化处理的圆柱销)

附表 17 mm

d m6	1	1.5	2	2.5	3	4	5	6	8	10	12	16	20
l	3～10	4～16	5～20	6～24	8～30	10～40	12～50	14～60	18～80	22～100	26～	40～	50～
$c \approx$	0.2	0.3	0.35	0.4	0.5	0.63	0.8	1.2	1.6	2	2.5	3	3.5

注:长度系列为 3、4、5、6、8、10、12、14、16、18、20、22、24、26、28、30、32、35、40、45、50、55、60、65、70、75、80、85、90、95、100,大于 100 按 20 递增。

2. 圆锥销(GB/T 117—2000)

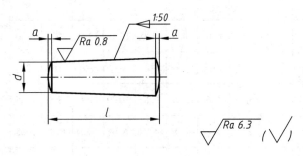

图示为 A 型(磨削)。B 型(切削或冷镦)锥面表面粗糙度 $R_a = 3.2$ μm。

标记示例:

销 GB/T 117 10×60(公称直径 $d = 10$ mm、长度 $l = 60$ mm、材料为 35 钢、热处理硬度 28～38 HRC、表面氧化处理的 A 型圆锥销)

附表 18 mm

d	0.6	0.8	1	1.2	1.5	2	2.5	3	4	5	6	8	10
l	4～8	5～12	6～16	6～20	8～24	10～35	10～35	12～45	14～55	18～60	22～90	22～120	26～160
$a \approx$	0.08	0.1	0.12	0.16	0.2	0.25	0.3	0.4	0.5	0.63	0.8	1	1.2

注:长度系列同圆柱销。

264

3. 开口销(GB/T 91—2000)

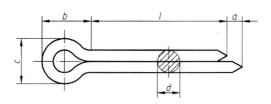

允许制造的型式

标记示例：

销 GB/T 91　5×50(公称规格为 5 mm、l = 50 mm、材料为 Q215 或 Q235、不经表面处理的开口销)

附表 19

mm

公称规格 (销孔直径)	d_{max}	c_{max}	$b_≈$	a_{max}	l
0.6	0.5	1.0	2	1.6	4 ~ 12
0.8	0.7	1.4	2.4	1.6	5 ~ 16
1	0.9	1.8	3	1.6	6 ~ 20
1.2	1.0	2.0	3	2.5	8 ~ 25
1.6	1.4	2.8	3.2	2.5	8 ~ 32
2	1.8	3.6	4	2.5	10 ~ 40
2.5	2.3	4.6	5	2.5	12 ~ 50
3.2	2.9	5.8	6.4	3.2	14 ~ 63
4	3.7	7.4	8	4	18 ~ 80
5	4.6	9.2	10	4	22 ~ 100
6.3	5.9	11.8	12.6	4	32 ~ 125
8	7.5	15	16	4	40 ~ 160
10	9.5	19	20	6.3	45 ~ 200
13	12.4	24.8	26	6.3	71 ~ 250
16	15.4	30.8	32	6.3	112 ~ 280
20	19.3	38.5	40	6.3	160 ~ 280

注:长度系列为 4、5、6、8、10、12、14、16、18、20、22、25、28、32、36、40、45、50、56、63、71、80、90、100、112、125、140、160、180、200、224、250、280。

六、键

1. 平键

普通型　平键（GB/T 1096—2003）

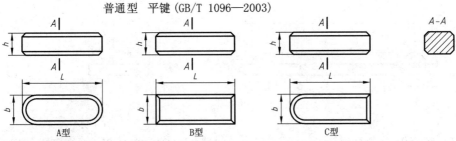

A型　　　　B型　　　　C型　　　　A—A

标注示例：

GB/T 1096　键 16×10×100（宽 b＝16 mm、高 h＝10 mm、长 L＝100 mm的普通A型平键）

GB/T 1096　键 B 16×10×100（宽 b＝16 mm、高 h＝10 mm、长 L＝100 mm的普通B型平键）

GB/T 1096　键 C 16×10×100（宽 b＝16 mm、高 h＝10 mm、长 L＝100 mm的普通C型平键）

附表 20　　　　　　　　　　　　　　　　　　mm

宽度 b

基本尺寸	2	3	4	5	6	8	10	12	14	16	18	20	22	25	28	32	36	40	45	50	56	63	70	80	90	100
极限偏差(h8)	0 / −0.014		0 / −0.018			0 / −0.022		0 / −0.027				0 / −0.033				0 / −0.039			0 / −0.046						0 / −0.054	

高度 h

基本尺寸	2	3	4	5	6	7	8	8	9	10	11	12	14	14	16	18	20	22	25	28	32	32	36	40	45	50
极限偏差 矩形(h11)	—		—			0 / −0.090						0 / −0.110				0 / −0.130			0 / −0.160							
极限偏差 方形(h8)	0 / −0.014		0 / −0.018			—																				

长度 L

基本尺寸	极限偏差(h14)
6	0
8	−0.36
10	
12	0
14	−0.43
16	
18	
20	0
22	−0.52
25	
28	
32	0
36	−0.62
40	
45	
50	
56	0
63	−0.74
70	
80	
90	0
100	−0.87
110	
125	0
140	−1.00
160	
180	
200	0
220	−1.15
250	
280	0 / −1.30
320	0
360	−1.40
400	
450	0
500	−1.55

（长度范围为标准长度范围矩阵）

平键 键槽的剖面尺寸(GB/T 1095—2003)

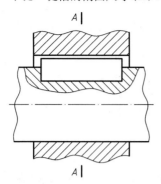
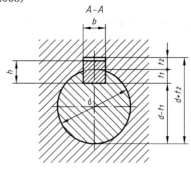

附表 21

mm

键尺寸 $b \times h$	宽度 b 基本尺寸	极限偏差 正常联结 轴 N9	极限偏差 正常联结 毂 JS9	极限偏差 紧密联结 轴和毂 P9	极限偏差 松联结 轴 H9	极限偏差 松联结 毂 D10	深度 轴 t_1 基本尺寸	深度 轴 t_1 极限偏差	深度 毂 t_2 基本尺寸	深度 毂 t_2 极限偏差
2×2	2	−0.004 −0.029	±0.0125	−0.006 −0.031	+0.025 0	+0.060 +0.020	1.2	+0.1 0	1.0	+0.1 0
3×3	3						1.8		1.4	
4×4	4	0 −0.030	±0.015	−0.012 −0.042	+0.030 0	+0.078 +0.030	2.5		1.8	
5×5	5						3.0		2.3	
6×6	6						3.5		2.8	
8×7	8	0 −0.036	±0.018	−0.015 −0.051	+0.036 0	+0.098 +0.040	4.0		3.3	
10×8	10						5.0		3.3	
12×8	12	0 −0.043	±0.0215	−0.018 −0.061	+0.043 0	+0.120 +0.050	5.0	+0.2 0	3.3	+0.2 0
14×9	14						5.5		3.8	
16×10	16						6.0		4.3	
18×11	18						7.0		4.4	
20×12	20	0 −0.052	±0.026	−0.022 −0.074	+0.052 0	+0.149 +0.065	7.5		4.9	
22×14	22						9.0		5.4	
25×14	25						9.0		5.4	
28×16	28						10.0		6.4	
32×18	32	0 −0.062	±0.031	−0.026 −0.088	+0.062 0	+0.180 +0.080	11.0		7.4	
36×20	36						12.0		8.4	
40×22	40						13.0		9.4	
45×25	45						15.0		10.4	
50×28	50						17.0		11.4	
56×32	56	0 −0.074	±0.037	−0.032 −0.106	+0.074 0	+0.220 +0.100	20.0	+0.3 0	12.4	+0.3 0
63×32	63						20.0		12.4	
70×36	70						22.0		14.4	
80×40	80						25.0		15.4	
90×45	90	0 −0.087	±0.0435	−0.037 −0.124	+0.087 0	+0.260 +0.120	28.0		17.4	
100×50	100						31.0		19.5	

267

2. 半圆键

普通型 半圆键 (GB/T 1099.1—2003)

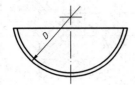

标注示例:

GB/T 1099.1 键 6×10×25(宽 $b=6$ mm、高 $h=10$ mm、直径 $D=25$ mm的普通型半圆键)

附表 22

mm

键尺寸 $b \times h \times D$	宽度b		高度h		直径D	
	基本尺寸	极限偏差	基本尺寸	极限偏差 (h12)	基本尺寸	极限偏差 (h12)
1×1.4×4	1		1.4		4	0 −0.120
1.5×2.6×7	1.5		2.6	0 −0.10	7	
2×2.6×7	2		2.6		7	0 −0.150
2×3.7×10	2		3.7		10	
2.5×3.7×10	2.5		3.7	0 −0.12	10	
3×5×13	3		5		13	
3×6.5×16	3		6.5		16	0 −0.180
4×6.5×16	4	0 −0.025	6.5		16	
4×7.5×19	4		7.5		19	0 −0.210
5×6.5×16	5		6.5	0 −0.15	16	0 −0.180
5×7.5×19	5		7.5		19	
5×9×22	5		9		22	
6×9×22	6		9		22	0 −0.210
6×10×25	6		10		25	
8×11×28	8		11	0 −0.18	28	
10×13×32	10		13		32	0 −0.250

半圆键 键槽的剖面尺寸 (GB/T 1098—2003)

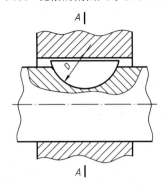

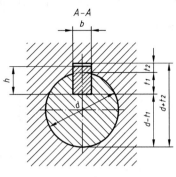

附表 23

mm

键尺寸 $b×h×D$	键 槽									
	宽 度 b					深 度				
	基本尺寸	极 限 偏 差				轴 t_1		毂 t_2		
		正常联结		紧密联结	松联结		基本尺寸	极限偏差	基本尺寸	极限偏差
		轴 N9	毂 JS9	轴和毂 P9	轴 H9	毂 D10				
$1×1.4×4$ $1×1.1×4$	1						1.0		0.6	
$1.5×2.6×7$ $1.5×2.1×7$	1.5						2.0		0.8	
$2×2.6×7$ $2×2.1×7$	2						1.8	+0.1 0	1.0	
$2×3.7×10$ $2×3×10$	2	−0.004 −0.029	±0.0125	−0.006 −0.031	+0.025 0	+0.060 +0.020	2.9		1.0	
$2.5×3.7×10$ $2.5×3×10$	2.5						2.7		1.2	
$3×5×13$ $3×4×13$	3						3.8		1.4	
$3×6.5×16$ $3×5.2×16$	3						5.3		1.4	+0.1 0
$4×6.5×16$ $4×5.2×16$	4						5.0	+0.2 0	1.8	
$4×7.5×19$ $4×6×19$	4						6.0		1.8	
$5×6.5×16$ $5×5.2×19$	5						4.5		2.3	
$5×7.5×19$ $5×6×19$	5	0 −0.030	±0.015	−0.012 −0.042	+0.030 0	+0.078 +0.030	5.5		2.3	
$5×9×22$ $5×7.2×22$	5						7.0		2.3	
$6×9×22$ $6×7.2×22$	6						6.5		2.8	
$6×10×25$ $6×8×25$	6						7.5	+0.3 0	2.8	
$8×11×28$ $8×8.8×28$	8	0 −0.036	±0.018	−0.015 −0.051	+0.036 0	+0.098 +0.040	8.0		3.3	+0.2 0
$10×13×32$ $10×10.4×32$	10						10		3.3	

269

七、倒圆与倒角（GB/T 6403.4—2008）

零件倒圆与倒角

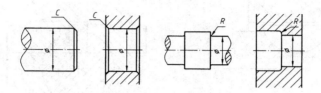

附表24　　　　　　　　　　　　　　　　　　　　　mm

ϕ	<3	>3~6	>6~10	>10~18	>18~30	>30~50	>50~80	>80~120	>120~180
B 或 R	0.2	0.4	0.6	0.8	1.0	1.6	2.0	2.5	3.0

八、砂轮越程槽（GB/T 6403.5—2008）

回转面及端面砂轮越程槽的型式如下图所示，尺寸见附表25。

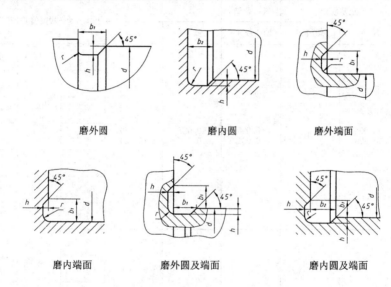

磨外圆　　　　　　　磨内圆　　　　　　　磨外端面

磨内端面　　　　　磨外圆及端面　　　　磨内圆及端面

附表25　　　　　　　　　　　　　　　　　　　　　mm

b_1	0.6	1.0	1.6	2.0	3.0	4.0	5.0	8.0	10
b_2	2.0	3.0		4.0		5.0		8.0	10
h	0.1	0.2		0.3	0.4		0.6	0.8	1.2
r	0.2	0.5		0.8	1.0		1.6	2.0	3.0
d		~10		>10~50		50~100		>100	

注：(1)越程槽内与直线相交处，不允许产生尖角。

（2）越程槽深度 h 与圆弧半径 r 要满足 $r \leqslant 3h$。

九、极限与配合

1. 孔的极限偏差(GB/T 1800.4—1999)(常用优先公差带)

附表26　　　　　　　　　　　　　　　　　　　　　　　　　　　　μm

公称尺寸 (mm)		公　差　带								
		C	D	F	G	H				
大于	至	11	9	8	7	6	7	8	9	10
−	3	+120 +60	+45 +20	+20 +6	+12 +2	+6 0	+10 0	+14 0	+25 0	+40 0
3	6	+145 +70	+60 +30	+28 +10	+16 +4	+8 0	+12 0	+18 0	+30 0	+48 0
6	10	+170 +80	+76 +40	+35 +13	+20 +5	+9 0	+15 0	+22 0	+36 0	+58 0
10	14	+205 +95	+93 +50	+43 +16	+24 +6	+11 0	+18 0	+27 0	+43 0	+70 0
14	18									
18	24	+240 +110	+117 +65	+53 +20	+28 +7	+13 0	+21 0	+33 0	+52 0	+84 0
24	30									
30	40	+280 +120	+142 +80	+64 +25	+34 +9	+16 0	+25 0	+39 0	+62 0	+100 0
40	50	+290 +130								
50	65	+330 +140	+174 +100	+76 +30	+40 +10	+19 0	+30 0	+46 0	+74 0	+120 0
65	80	+340 +150								
80	100	+390 +170	+207 +120	+90 +36	+47 +12	+22 0	+35 0	+54 0	+87 0	+140 0
100	120	+400 +180								
120	140	+450 +200	+245 +145	+106 +43	+54 +14	+25 0	+40 0	+63 0	+100 0	+160 0
140	160	+460 +210								
160	180	+480 +230								
180	200	+530 +240	+285 +170	+122 +50	+61 +15	+29 0	+46 0	+72 0	+115 0	+185 0
200	225	+550 +260								
225	250	+570 +280								
250	280	+620 +300	+320 +190	+137 +56	+69 +17	+32 0	+52 0	+81 0	+130 0	+210 0
280	315	+650 +330								
315	355	+720 +360	+350 +210	+151 +62	+75 +18	+36 0	+57 0	+89 0	+140 0	+230 0
355	400	+760 +400								
400	450	+840 +440	+385 +230	+165 +68	+83 +20	+40 0	+63 0	+97 0	+155 0	+250 0
450	500	+880 +480								

271

公称尺寸 (mm)		公 差 带						
		H		K	N		P	S	U
大于	至	11	12	7	7	9	7	7	7
—	3	+60 / 0	+100 / 0	0 / −10	−4 / −14	−4 / −29	−6 / −16	−14 / −24	−18 / −28
3	6	+75 / 0	+120 / 0	+3 / −9	−4 / −16	0 / −30	−8 / −20	−15 / −27	−19 / −31
6	10	+90 / 0	+150 / 0	+5 / −10	−4 / −19	0 / −36	−9 / −24	−17 / −32	−22 / −37
10	14	+110	+180	+6	−5	0	−11	−21	−26
14	18	0	0	−12	−23	−43	−29	−39	−44
18	24	+130	+210	+6	−7	0	−14	−27	−33 / −54
24	30	0	0	−15	−28	−52	−35	−48	−40 / −61
30	40	+160	+250	+7	−8	0	−17	−34	−51 / −76
40	50	0	0	−18	−33	−62	−42	−59	−61 / −86
50	65	+190	+300	+9	−9	0	−21	−42 / −72	−76 / −106
65	80	0	0	−21	−39	−74	−51	−48 / −78	−91 / −121
80	100	+220	+350	+10	−10	0	−24	−58 / −93	−111 / −146
100	120	0	0	−25	−45	−87	−59	−66 / −101	−131 / −166
120	140							−77 / −117	−155 / −195
140	160	+250	+400	+12	−12	0	−28	−85 / −125	−175 / −215
160	180	0	0	−28	−52	−100	−68	−93 / −133	−195 / −235
180	200							−105 / −151	−219 / −265
200	225	+290	+460	+13	−14	0	−33	−113 / −159	−241 / −287
225	250	0	0	−33	−60	−115	−79	−123 / −169	−267 / −313
250	280	+320	+520	+16	−14	0	−36	−138 / −190	−295 / −347
280	315	0	0	−36	−66	−130	−88	−150 / −202	−330 / −382
315	355	+360	+570	+17	−16	0	−41	−169 / −226	−369 / −426
355	400	0	0	−40	−73	−140	−98	−187 / −244	−414 / −471
400	450	+400	+630	+18	−17	0	−45	−209 / −272	−467 / −530
450	500	0	0	−45	−80	−155	−108	−229 / −292	−517 / −580

2. 轴的极限偏差（GB/T 1800.4—1999）（常用优先公差带）

附表 27 μm

公称尺寸 (mm)		公 差 带											
		e		f					g			h	
大于	至	8	9	5	6	7	8	9	5	6	7	5	6
–	3	–14 –28	–14 –39	–6 –10	–6 –12	–6 –16	–6 –20	–6 –31	–2 –6	–2 –8	–2 –12	0 –4	0 –6
3	6	–20 –38	–20 –50	–10 –15	–10 –18	–10 –22	–10 –28	–10 –40	–4 –9	–4 –12	–4 –16	0 –5	0 –8
6	10	–25 –47	–25 –61	–13 –19	–13 –22	–13 –28	–13 –35	–13 –49	–5 –11	–5 –14	–5 –20	0 –6	0 –9
10	14	–32 –59	–32 –75	–16 –24	–16 –27	–16 –34	–16 –43	–16 –59	–6 –14	–6 –17	–6 –24	0 –8	0 –11
14	18												
18	24	–40 –73	–40 –92	–20 –29	–20 –33	–20 –41	–20 –53	–20 –72	–7 –16	–7 –20	–7 –28	0 –9	0 –13
24	30												
30	40	–50 –89	–50 –112	–25 –36	–25 –41	–25 –50	–25 –64	–25 –87	–9 –20	–9 –25	–9 –34	0 –11	0 –16
40	50												
50	65	–60 –106	–60 –134	–30 –43	–30 –49	–30 –60	–30 –76	–30 –104	–10 –23	–10 –29	–10 –40	0 –13	0 –19
65	80												
80	100	–72 –126	–72 –159	–36 –51	–36 –58	–36 –71	–36 –90	–36 –123	–12 –27	–12 –34	–12 –47	0 –15	0 –22
100	120												
120	140	–85 –148	–85 –185	–43 –61	–43 –68	–43 –83	–43 –106	–43 –143	–14 –32	–14 –39	–14 –54	0 –18	0 –25
140	160												
160	180												
180	200	–100 –172	–100 –215	–50 –70	–50 –79	–50 –96	–50 –122	–50 –165	–15 –35	–15 –44	–15 –61	0 –20	0 –29
200	225												
225	250												
250	280	–110 –191	–110 –240	–56 –79	–56 –88	–56 –108	–56 –137	–56 –186	–17 –40	–17 –49	–17 –69	0 –23	0 –32
280	315												
315	355	–125 –214	–125 –265	–62 –87	–62 –98	–62 –119	–62 –151	–62 –202	–18 –43	–18 –54	–18 –75	0 –25	0 –36
355	400												
400	450	–135 –232	–135 –290	–68 –95	–68 –108	–68 –131	–68 –165	–68 –223	–20 –47	–20 –60	–20 –83	0 –27	0 –40
450	500												

公称尺寸 (mm)		公　差　带											
		h						js			k		
大于	至	7	8	9	10	11	12	5	6	7	5	6	7
－	3	0 −10	0 −14	0 −25	0 −40	0 −60	0 −100	±2	±3	±5	+4 0	+6 0	+10 0
3	6	0 −12	0 −18	0 −30	0 −48	0 −75	0 −120	±2.5	±4	±6	+6 +1	+9 +1	+13 +1
6	10	0 −15	0 −22	0 −36	0 −58	0 −90	0 −150	±3	±4.5	±7	+7 +1	+10 +1	+16 +1
10	14	0 −18	0 −27	0 −43	0 −70	0 −110	0 −180	±4	±5.5	±9	+9 +1	+12 +1	+19 +1
14	18												
18	24	0 −21	0 −33	0 −52	0 −84	0 −130	0 −210	±4.5	±6.5	±10	+11 +2	+15 +2	+23 +2
24	30												
30	40	0 −25	0 −39	0 −62	0 −100	0 −160	0 −250	±5.5	±8	±12	+13 +2	+18 +2	+27 +2
40	50												
50	65	0 −30	0 −46	0 −74	0 −120	0 −190	0 −300	±6.5	±9.5	±15	+15 +2	+21 +2	+32 +2
65	80												
80	100	0 −35	0 −54	0 −87	0 −140	0 −220	0 −350	±7.5	±11	±17	+18 +3	+25 +3	+38 +3
100	120												
120	140	0 −40	0 −63	0 −100	0 −160	0 −250	0 −400	±9	±12.5	±20	+21 +3	+28 +3	+43 +3
140	160												
160	180												
180	200	0 −46	0 −72	0 −115	0 −185	0 −290	0 −460	±10	±14.5	±23	+24 +4	+33 +4	+50 +4
200	225												
225	250												
250	280	0 −52	0 −81	0 −130	0 −210	0 −320	0 −520	±11.5	±16	±26	+27 +4	+36 +4	+56 +4
280	315												
315	355	0 −57	0 −89	0 −140	0 −230	0 −360	0 −570	±12.5	±18	±28	+29 +4	+40 +4	+61 +4
355	400												
400	450	0 −63	0 −97	0 −155	0 −250	0 −400	0 −630	±13.5	±20	±31	+32 +5	+45 +5	+68 +5
450	500												